VDE- Schriftenreihe 140

Schnelleinstieg in die neue DIN VDE 0100-410

Schutz gegen elektrischen Schlag

Ing. Werner Hörmann
Dipl.-Ing. Heinz Nienhaus
Dipl.-Ing. Bernd Schröder

1997

VDE-VERLAG GMBH · Berlin · Offenbach

Die Deutsche Bibliothek – CIP-Einheitsaufnahme

Hörmann, Werner:
Schnelleinstieg in die neue DIN VDE 0100-410 : Schutz gegen elektrischen Schlag / Werner Hörmann ; Heinz Nienhaus ; Bernd Schröder. – Berlin ; Offenbach : VDE-VERLAG, 1997
(Verband Deutscher Elektrotechniker: VDE-Schriftenreihe ; 140)
ISBN 3-8007-2264-X

ISSN 0506-6719
ISBN 3-8007-2264-X

Druck: Druckerei Zach, Berlin 9711

Vorwort

Etwa zeitgleich mit der Herausgabe der neuen DIN VDE 0100-410 (VDE 0100 Teil 410):1997-01 – der Norm mit Pilotfunktion bezüglich des Schutzes gegen elektrischen Schlag – wurden die Autoren von zahlreichen Anwendern dieser Norm um eine schriftliche Zusammenfassung und Interpretation der wesentlichen Neuerungen gebeten. Mit dieser »Zusammenfassung« sollte dem Errichter elektrischer Anlagen – mit relativ geringem zeitlichen Aufwand – ein gewisser Schnelleinstieg in den geänderten Norm-Inhalt ermöglicht werden.
Diesem Wunsch wird mit dem vorliegenden Buch entsprochen. Es erleichtert dem Anwender der DIN VDE 0100-410 (VDE 0100 Teil 410), sich mit der Neufassung vertraut zu machen. Insbesondere werden die Unterschiede zur früheren Norm aufgedeckt, die nicht jedem beim ersten Durchlesen auffallen. Das Buch hilft somit dem Praktiker, die Neuerungen schnell zu erfassen und damit ihre Bedeutung für die tägliche Arbeit abzuschätzen.
Die DIN VDE 0100-410 (VDE 0100 Teil 410) wird in der Reihenfolge der Abschnitte der Norm kommentiert. Dem Schwerpunkt dieses Schnelleinstiegs entsprechend werden vor allem die Neuerungen praxisnah interpretiert und in anschaulichen und konkretisierenden Bildern verdeutlicht. Auszüge aus DIN VDE 0100-410 (VDE 0100 Teil 410):1997-01 und DIN VDE 0100-470 (VDE 0100 Teil 470): 1996-02 im Abschnitt 8 erleichtern das Nachlesen.
Ein umfangreiches Stichwortverzeichnis – nicht nur zu diesem Buch, sondern auch zu der kommentierten DIN VDE 0100-410 (VDE 0100 Teil 410) und einigen weiteren Normen im direkten Umfeld dieser Norm – ermöglicht ein schnelles und zeitsparendes Auffinden gesuchter Textstellen. Vor allem durch die sinnvolle Verknüpfung der Oberbegriffe mit näher spezifizierenden Begriffen wird die sonst aufwendige Suche nach den gewünschten Textstellen in den Normen und in diesem erläuternden Buch auf ein Mindestmaß reduziert.
Das in DIN VDE 0100-410 (VDE 0100 Teil 410) behandelte Thema »Schutz gegen elektrischen Schlag« hat Pilotfunktion für die Sicherheit aller elektrotechnischen Erzeugnisse. Für den Aspekt »Schutz gegen elektrischen Schlag« ist DIN VDE 0100-410 (VDE 0100 Teil 410) somit eine Grundnorm. Das heißt, die Normungsgremien haben die grundlegenden Festlegungen der Grundnorm zu berücksichtigen und dürfen nur in begründeten Fällen in Abstimmung mit den für die Pilotfunktion zuständigen Gremien abweichende Regeln aufstellen.
Um die Grundlagen und Hintergründe der elektrotechnischen Sicherheit zu verstehen, ist das Verständnis für die Anforderungen der DIN VDE 0100-410 (VDE 0100 Teil 410) eine unabdingbare Voraussetzung. Dieses Buch bietet dabei eine wertvolle Hilfe.

Dank gilt allen Kollegen – insbesondere denen aus dem DKE-Unterkomitee 221.3 »Schutzmaßnahmen«, die durch Fachdiskussionen zur Lösung vieler Sachfragen beigetragen haben. Ebenso sei Herrn Dipl.-Ing. R. Werner, VDE VERLAG GMBH, für die gute Zusammenarbeit beim Entstehen dieses Buchs gedankt.

September 1997 Die Verfasser

Inhalt

1	**Begriffe**	7
2	**Gestaltung der DIN VDE 0100-410 (VDE 0100 Teil 410):1997-01**	21
3	**Allgemeines zum Schutz gegen elektrischen Schlag (Schutz gegen gefährliche Körperströme) (DIN VDE 0100 Teil 410, Kapitel 41)**	29
4	**Schutz sowohl gegen direktes als auch bei indirektem Berühren (DIN VDE 0100 Teil 410, Hauptabschnitt 411)**	31
4.1	Schutz durch Kleinspannung SELV und PELV (DIN VDE 0100 Teil 410, Abschnitt 411.1), sowie FELV (DIN VDE 0100 Teil 470, Abschnitt 471.3)	31
4.1.1	SELV im Vergleich zur bisherigen Schutzkleinspannung	32
4.1.2	PELV im Vergleich zur bisherigen Funktionskleinspannung mit sicherer Trennung	34
4.1.3	FELV im Vergleich zur bisherigen Funktionskleinspannung ohne sichere Trennung	35
4.1.4	Gemeinsames Verlegen der Kabel und Leitungen von Stromkreisen, die unterschiedlichen Spannungsbereichen angehören	36
4.2	Schutz durch Begrenzung von Beharrungsberührungsstrom und Ladung (DIN VDE 0100 Teil 410, Abschnitt 411.2)	42
5	**Schutz gegen elektrischen Schlag unter normalen Bedingungen (Schutz gegen direktes Berühren oder Basisschutz) (DIN VDE 0100 Teil 410, Hauptabschnitt 412)**	43
5.1	Schutz durch Isolierung von aktiven Teilen (DIN VDE 0100 Teil 410, Abschnitt 412.1)	43
5.2	Schutz durch Abdeckungen oder Umhüllungen (DIN VDE 0100 Teil 410, Abschnitt 412.2)	44
5.3	Schutz durch Hindernisse (DIN VDE 0100 Teil 410, Abschnitt 412.3)	45
5.4	Schutz durch Abstand (DIN VDE 0100 Teil 410, Abschnitt 412.4)	46
5.5	Zusätzlicher Schutz durch RCDs (Schutz bei direktem Berühren) (DIN VDE 0100 Teil 410, Abschnitt 412.5)	51

6 Schutz gegen elektrischen Schlag unter Fehlerbedingungen (Schutz bei indirektem Berühren oder Fehlerschutz) (DIN VDE 0100 Teil 410, Hauptabschnitt 413) 59
6.1 Schutz durch automatische Abschaltung der Stromversorgung (DIN VDE 0100 Teil 410, Abschnitt 413.1) 59
6.1.1 Allgemeines (DIN VDE 0100 Teil 410, Unterabschnitt 413.1.1) . . . 61
6.1.2 Potentialausgleich (DIN VDE 0100 Teil 410, Unterabschnitt 413.1.2) 63
6.1.3 TN-Systeme (DIN VDE 0100 Teil 410, Unterabschnitt 413.1.3) . . . 68
6.1.4 TT-Systeme (DIN VDE 0100 Teil 410, Unterabschnitt 413.1.4) . . . 83
6.1.5 IT-Systeme (DIN VDE 0100 Teil 410, Unterabschnitt 413.1.5) 87
6.1.6 Zusätzlicher Potentialausgleich (DIN VDE 0100 Teil 410, Unterabschnitte 413.1.2.2 und 413.1.6) . 105
6.1.6.1 Zusätzlicher Potentialausgleich als Ersatz für nichterfüllbare Abschaltbedingungen 105
6.1.6.2 Zusätzlicher Potentialausgleich in Anlagen mit erhöhtem Risiko (Gruppe 700 der DIN VDE 0100) 108
6.2 Schutz durch Verwendung von Betriebsmitteln der Schutzklasse II oder durch gleichwertige Isolierung (DIN VDE 0100 Teil 410, Abschnitt 413.2) 115
6.3 Schutz durch nichtleitende Räume (DIN VDE 0100 Teil 410, Abschnitt 413.3) 121
6.4 Schutz durch erdfreien örtlichen Potentialausgleich (DIN VDE 0100 Teil 410, Abschnitt 413.4) 124
6.5 Schutz durch Schutztrennung (DIN VDE 0100 Teil 410, Abschnitt 413.5) 127

7 Kurzfassung der Änderungen gegenüber der früheren Ausgabe DIN VDE 0100-410 (VDE 0100 Teil 410):1983-11 135

8 Auszüge aus DIN VDE 0100-410 (VDE 0100 Teil 410):1997-01 und DIN VDE 0100-470 (VDE 0100 Teil 470):1996-02 137
8.1 Auszug aus DIN VDE 0100-410 (VDE 0100 Teil 410):1997-01 . . . 139
8.2 Auszug aus DIN VDE 0100-470 (VDE 0100 Teil 470):1996-02 . . . 169

9 Literatur 175
9.1 Normen, Entwürfe, Beiblätter 175
9.2 Weitere Literatur 185

10 Stichwörter 189
10.1 Hinweise zur Benutzung des Stichwortverzeichnisses 189
10.2 Stichwortverzeichnis 192

1 Begriffe

Damit Anforderungen der Normen eindeutig von den Anwendern verstanden werden, ist es erforderlich, in den Normen verwendete Begriffe, deren Bedeutung nicht als eindeutig bekannt vorausgesetzt werden kann, zu definieren. Generell werden Begriffe der Elektrotechnik im Internationalen Elektrotechnischen Wörterbuch (englisch: International Electrotechnical Vocabulary), dem **IEV** mit der Hauptnummer IEC 50, definiert. Das Kapitel IEC 50(826) enthält Begriffe für »Elektrische Anlagen von Gebäuden«. Es ist in Deutschland in der Norm DIN VDE 0100-200 (VDE 0100 Teil 200) umgesetzt. Darüber hinaus enthalten die übrigen Normen von DIN VDE 0100 (VDE 0100) Erklärungen von Begriffen, die in der jeweiligen Norm, aber nicht in der gesamten Normenreihe von Bedeutung sind. Das Kapitel IEC 50(195) ist bei IEC zur Zeit in Arbeit und enthält Begriffe zur Erdung und zum Schutz gegen elektrischen Schlag, die hier noch nicht berücksichtigt wurden. Die Übersetzung eines Vorläufers des derzeitigen Kapitels 50(195)[1] wurde als Entwurf DIN IEC 1(Sec)1471-195:1995-02 veröffentlicht. DIN 31000-2 (VDE 1000 Teil 2) enthält Begriffe zur Sicherheitstechnik. DIN VDE 0470-1 (VDE 0470 Teil 1) enthält Begriffe, die zum Verständnis des Schutzes von Betriebsmitteln durch Gehäuse oder Umhüllungen wichtig sind. Die nachfolgenden, alphabetisch geordneten Begriffserklärungen entsprechen inhaltlich denjenigen aus den genannten Normen und werden auch in dieser Bedeutung in diesem Buch verwendet.

Abdeckung
Ein Teil, durch das Schutz gegen direktes Berühren in allen üblichen Zugangs- oder Zugriffsrichtungen gewährt wird.
DIN VDE 0100-200 (VDE 0100 Teil 200)

Ableitstrom (in einer Anlage)
Ein Strom, der in einem fehlerfreien Stromkreis zur Erde oder zu einem fremden leitfähigen Teil fließt.
Hinweis: Dieser Strom kann eine kapazitive Komponente haben, insbesondere bedingt durch die Verwendung von Kondensatoren.
DIN VDE 0100-200 (VDE 0100 Teil 200)

Aktives Teil
Jeder Leiter oder jedes leitfähige Teil, das dazu bestimmt ist, bei ungestörtem

[1] Zur Zeit IEC 1/1655/FDIS:1997-01
Bezugsquelle: DKE, Stresemannallee 15, 60596 Frankfurt am Main

Betrieb unter Spannung zu stehen, einschließlich des Neutralleiters, aber vereinbarungsgemäß nicht der PEN-Leiter.
Hinweis: Dieser Begriff besagt nicht unbedingt, daß die Gefahr elektrischen Schlages besteht.
DIN VDE 0100-200 (VDE 0100 Teil 200)

Ausbreitungswiderstand
Ausbreitungswiderstand eines Erders ist der Widerstand der Erde zwischen dem Erder und der Bezugserde.
DIN VDE 0100-200 (VDE 0100 Teil 200)

Ausreichender Abstand als Schutz gegen Zugang zu gefährlichen Teilen
Ein Abstand, um das Berühren oder Annähern einer Zugangssonde mit einem gefährlichen Teil zu verhindern.
DIN VDE 0470-1 (VDE 0470 Teil 1)

Basisisolierung
Basisisolierung ist die Isolierung von aktiven Teilen, um den grundlegenden Schutz gegen gefährliche Körperströme sicherzustellen.
Hinweis: Die Basisisolierung ist nicht notwendigerweise identisch mit dem Begriff »Betriebsisolierung«.
DIN VDE 0100-200 (VDE 0100 Teil 200)

Berührungsspannung
Spannung, die zwischen gleichzeitig berührbaren Teilen während eines Isolationsfehlers auftreten kann.
Hinweis 1: Vereinbarungsgemäß wird dieser Begriff nur im Zusammenhang mit Schutzmaßnahmen bei indirektem Berühren angewendet.
Hinweis 2: Es gibt Fälle, in denen der Wert der Berührungsspannung durch die Impedanz der Person, die mit diesen Teilen in Berührung ist, erheblich beeinflußt werden kann.
DIN VDE 0100-200 (VDE 0100 Teil 200)

Betriebserdung
Betriebserdung ist die Erdung eines Punktes des Betriebsstromkreises, die für den ordnungsgemäßen Betrieb von Geräten oder Anlagen notwendig ist. Sie wird bezeichnet:

- als **unmittelbar,** wenn sie außer dem Erdungswiderstand keine weiteren Widerstände enthält,
- als **mittelbar,** wenn sie über zusätzliche ohmsche, induktive oder kapazitive Widerstände hergestellt ist.

DIN VDE 0100-200 (VDE 0100 Teil 200)

Differenzstrom
Die Summe der Momentanwerte von Strömen, die an einer Stelle der elektrischen Anlage durch alle aktiven Leiter eines Stromkreises fließen.

Hinweis 1: Bei Fehlerstrom-Schutzeinrichtungen nach den Normen der Reihe DIN VDE 0664 (VDE 0664) wird der Differenzstrom mit »Fehlerstrom« bezeichnet.
Hinweis 2: Bei der Summe handelt es sich um die vektorielle Summe (Betrag und Phasenlage) der Ströme, die in anderen Sprachen »algebraische Summe« genannt wird.
DIN VDE 0100-200 (VDE 0100 Teil 200)

Direktes Berühren
Berühren aktiver Teile durch Personen oder Nutztiere (Haustiere).
DIN VDE 0100-200 (VDE 0100 Teil 200)

Elektrisch unabhängige Erder
Erder, die in einem solchen Abstand voneinander angebracht sind, daß der höchste Strom, der durch einen Erder fließen kann, das Potential der anderen Erder nicht nennenswert beeinflußt.
DIN VDE 0100-200 (VDE 0100 Teil 200)

Elektrische Betriebsmittel
Alle Gegenstände, die zum Zwecke der Erzeugung, Umwandlung, Verteilung und Anwendung von elektrischer Energie benutzt werden, z. B. Maschinen, Transformatoren, Schaltgeräte, Meßgeräte, Schutzeinrichtungen, Kabel und Leitungen, Stromverbrauchsgeräte.
DIN VDE 0100-200 (VDE 0100 Teil 200)

Elektrische Verbrauchsmittel
Betriebsmittel, die dazu bestimmt sind, elektrische Energie in andere Formen der Energie umzuwandeln, z. B. in Licht, Wärme oder mechanische Energie.
DIN VDE 0100-200 (VDE 0100 Teil 200)

Elektrischer Schlag
Pathophysiologischer Effekt, ausgelöst von einem elektrischen Strom, der den menschlichen Körper oder den Körper eines Tieres durchfließt.
DIN VDE 0100-200 (VDE 0100 Teil 200)

Elektrischer Stromkreis (einer Anlage)
Alle elektrischen Betriebsmittel einer Anlage, die von demselben Speisepunkt versorgt und die durch dieselbe(n) Überstrom-Schutzeinrichtung(en) geschützt wird (werden).
DIN VDE 0100-200 (VDE 0100 Teil 200)

Endstromkreis (eines Gebäudes)
Ein Stromkreis, an den unmittelbar Stromverbrauchsmittel oder Steckdosen angeschlossen sind.
DIN VDE 0100-200 (VDE 0100 Teil 200)

Erde
Das leitfähige Erdreich, dessen elektrisches Potential an jedem Punkt vereinbarungsgemäß gleich null gesetzt wird.
Hinweis 1: Das Wort »Erde« ist auch die Bezeichnung sowohl für die Erde als Ort, als auch für die Erde als Stoff, z. B. die Bodenarten Humus, Lehm, Sand, Kies, Gestein.
Hinweis 2: Der Definitionstext setzt vereinbarungsgemäß den stromlosen Zustand des Erdreichs voraus. Im Bereich von Erdern oder Erdungsanlagen kann das Erdreich ein von Null abweichendes Potential haben. Für diesen Begriff wurde früher der Begriff »Bezugserde« verwendet.
DIN VDE 0100-200 (VDE 0100 Teil 200)

Erden
Erden heißt, einen elektrisch leitfähigen Teil über eine Erdungsanlage mit der Erde zu verbinden.
DIN VDE 0100-200 (VDE 0100 Teil 200)

Erder
Ein leitfähiges Teil oder mehrere leitfähige Teile, die in gutem Kontakt mit Erde sind und mit dieser eine elektrische Verbindung bilden.
DIN VDE 0100-200 (VDE 0100 Teil 200)

Erdschluß
Erdschluß ist eine durch einen Fehler, auch über einen Lichtbogen entstandene leitende Verbindung eines Außenleiters oder eines betriebsmäßig isolierten Neutralleiters mit Erde oder geerdeten Teilen.
DIN VDE 0100-200 (VDE 0100 Teil 200)

Erdschlußstrom
Erdschlußstrom ist der Strom, der infolge eines Erdschlusses zum Fließen kommt.
DIN VDE 0100-200 (VDE 0100 Teil 200)

Erdung
Erdung ist die Gesamtheit aller Mittel und Maßnahmen zum Erden. Sie wird als offen bezeichnet, wenn Überspannungs-Schutzeinrichtungen, z. B. Schutzfunkenstrecken, in die Erdungsleitung eingebaut sind.
DIN VDE 0100-200 (VDE 0100 Teil 200)

Erdungsanlage
Erdungsanlage ist eine örtlich abgegrenzte Gesamheit miteinander leitend verbundener Erder oder in gleicher Weise wirkender Metallteile (z. B. Mastfüße, Bewehrungen, Kabelmetallmäntel) und Erdungsleiter.
DIN VDE 0100-200 (VDE 0100 Teil 200)

Erdungsleiter
Ein Schutzleiter, der die Haupterdungsklemme oder -schiene mit dem Erder verbindet.
DIN VDE 0100-200 (VDE 0100 Teil 200)

Fehlerstrom
Fehlerstrom ist der Strom, der durch einen Isolationsfehler zum Fließen kommt (siehe auch den Hinweis unter der Begriffserklärung des Differenzstroms).
DIN VDE 0100-200 (VDE 0100 Teil 200)

Fremdes leitfähiges Teil
Ein leitfähiges Teil, das nicht zur elektrischen Anlage gehört, das jedoch ein elektrisches Potential einschließlich des Erdpotentials einführen kann.
Hinweis: Zu den fremden leitfähigen Teilen gehören auch leitfähige Fußböden und Wände, wenn über diese Erdpotential eingeführt werden kann.
DIN VDE 0100-200 (VDE 0100 Teil 200)

Fundamenterder
Fundamenterder ist ein Leiter, der in Beton eingebettet ist, der mit der Erde großflächig in Berührung steht.
DIN VDE 0100-200 (VDE 0100 Teil 200)

Gefahr
Gefahr ist eine Sachlage, bei der das Risiko größer als das Grenzrisiko ist.
DIN VDE 31000-2 (VDE 1000 Teil 2)

Gefährlicher Körperstrom
Ein Strom, der den Körper eines Menschen oder Tieres durchfließt und der Merkmale hat, die üblicherweise einen pathophysiologischen (schädigenden) Effekt auslösen.
DIN VDE 0100-200 (VDE 0100 Teil 200)

Gefährliches aktives Teil
Ein aktives Teil, das unter bestimmten äußeren Einflüssen einen elektrischen Schlag geben kann.
DIN VDE 0470-1 (VDE 0470 Teil 1)

Gefährliches mechanisches Teil
Ein sich bewegendes Teil, außer einer glatten sich drehenden Welle, das zu berühren gefährlich ist.
DIN VDE 0470-1 (VDE 0470 Teil 1)

Gefährliches Teil
Ein Teil, dem sich zu nähern oder das zu berühren gefährlich ist.
DIN VDE 0470-1 (VDE 0470 Teil 1)

Gehäuse
→ siehe unter »Umhüllung« insbesondere Hinweis 1

Gesamterdungswiderstand
Der Widerstand zwischen der Haupterdungsklemme oder -schiene und Erde.
Hinweis 1: Das Wort »Erde« ist hier im Sinne der Begriffserklärung von »Erde« als leitfähiges Erdreich angewendet, d. h., der Ausbreitungswiderstand wird mit berücksichtigt.
Hinweis 2: Im VDE-Vorschriftenwerk wird im allgemeinen anstelle des Begriffs »Haupterdungsklemme« der Begriff »Potentialausgleichsschiene« verwendet.
DIN VDE 0100-200 (VDE 0100 Teil 200)

Gleichzeitig berührbare Teile
Leiter oder leitfähige Teile, die von einer Person – gegebenenfalls auch von Nutztieren (Haustieren) – gleichzeitig berührt werden können.
Hinweis: Gleichzeitig berührbare Teile können sein:
- aktive Teile,
- Körper von elektrischen Betriebsmitteln,
- fremde leitfähige Teile,
- Schutzleiter,
- Erder.

DIN VDE 0100-200 (VDE 0100 Teil 200)

Grenzrisiko
Grenzrisiko ist das größte noch vertretbare Risiko eines bestimmten technischen Vorganges oder Zustandes. Im allgemeinen läßt sich das Grenzrisiko nicht quantitativ erfassen. Es wird in der Regel indirekt durch sicherheitstechnische Festlegungen beschrieben.
DIN VDE 31000-2 (VDE 1000 Teil 2)

Handbereich
Ein Bereich, der sich von Standflächen aus erstreckt, die üblicherweise betreten werden und dessen Grenzen eine Person in allen Richtungen ohne Hilfsmittel mit der Hand erreichen kann.
DIN VDE 0100-200 (VDE 0100 Teil 200)

Handgeräte
Ortsveränderliche Betriebsmittel, die dazu bestimmt sind, während des üblichen Gebrauchs in der Hand gehalten zu werden, und bei denen ein gegebenenfalls eingebauter Motor einen festen Bestandteil des Betriebsmittels bildet.
Hinweis: Ortsveränderliche Betriebsmittel können nicht nur Motoren, sondern auch z. B. Heizeinrichtungen enthalten, da das Kriterium für Handgeräte nicht nur von motorischen Antrieben abhängt, z. B. beim Lötkolben oder Frisierstab.
DIN VDE 0100-200 (VDE 0100 Teil 200)

Haupterdungsklemme,
Haupterdungsschiene
Eine Klemme oder Schiene, die vorgesehen ist, die Schutzleiter, die Potentialausgleichsleiter und gegebenenfalls die Leiter für die Funktionserdung mit dem Erdungsleiter und den Erdern zu verbinden.
DIN VDE 0100-200 (VDE 0100 Teil 200)

Hausanschlußkasten
Hausanschlußkasten ist die Übergabestelle vom Verteilungsnetz zur Verbraucheranlage. Er ist in der Lage, Überstrom-Schutzeinrichtungen, Trennmesser, Schalter oder sonstige Geräte zum Trennen und Schalten aufzunehmen.
DIN VDE 0100-732 (VDE 0100 Teil 732)

Hindernis
Ein Teil, das ein unbeabsichtigtes direktes Berühren verhindert, nicht aber eine beabsichtigte Handlung.
DIN VDE 0100-200 (VDE 0100 Teil 200)

Indirektes Berühren
Berühren von Körpern elektrischer Betriebsmittel, die infolge eines Fehlers unter Spannung stehen, durch Personen oder Nutztiere (Haustiere).
DIN VDE 0100-200 (VDE 0100 Teil 200)

IP-Code
Ein Bezeichnungssystem, um die Schutzgrade durch ein Gehäuse gegen den Zugang zu gefährlichen Teilen, Eindringen von festen Fremdkörpern und Eindringen von Wasser anzuzeigen und zusätzliche Informationen in Verbindung mit einem solchen Schutz anzugeben.
DIN VDE 0470-1 (VDE 0470 Teil 1)

Kabel- und Leitungssysteme (-anlagen)
Die Gesamtheit eines und/oder mehrerer Kabel oder Leitungen oder Stromschienen und deren Befestigungsmittel sowie gegebenenfalls deren mechanischer Schutz.
Hinweis: Hierzu gehören sowohl Kabel- und Leitungsnetze allgemein als auch Kabel und Leitungen der Stromverteilung in Gebäuden.
DIN VDE 0100-200 (VDE 0100 Teil 200)

Körper (eines elektrischen Betriebsmittels)
Ein berührbares, leitfähiges Teil eines elektrischen Betriebsmittels, das normalerweise nicht unter Spannung steht, das jedoch im Fehlerfall unter Spannung stehen kann.
Hinweis 1: Ein leitfähiges Teil der elektischen Betriebsmittel, das im Fehlerfall nur über andere Körper unter Spannung geraten kann, ist nicht als Körper anzusehen.

Hinweis 2: Das Wort »Körper« wird auch entsprechend der allgemeinen Umgangssprache für den menschlichen oder tierischen Körper angewendet; z. B. auch in zusammengesetzten Wörtern wie »Körperstrom«.
DIN VDE 0100-200 (VDE 0100 Teil 200)

Körperschluß
Körperschluß ist eine durch einen Fehler entstandene leitende Verbindung zwischen Körper und aktiven Teilen elektrischer Betriebsmittel.
DIN VDE 0100-200 (VDE 0100 Teil 200)

Kurzschluß
Kurzschluß ist eine durch einen Fehler entstandene leitende Verbindung zwischen betriebsmäßig gegeneinander unter Spannung stehenden Leitern (aktiven Teilen), wenn im Fehlerstromkreis kein Nutzwiderstand liegt.
DIN VDE 0100-200 (VDE 0100 Teil 200)

Leiterschluß
Leiterschluß ist eine durch einen Fehler entstandene leitende Verbindung zwischen betriebsmäßig gegeneienander unter Spannung stehenden Leitern (aktiven Teilen), wenn im Fehlerstromkreis ein Nutzwiderstand liegt, z. B. Glühlampen oder dergleichen.
DIN VDE 0100-200 (VDE 0100 Teil 200)

Natürlicher Erder
Natürlicher Erder ist ein mit der Erde oder mit Wasser unmittelbar oder über Beton in Verbindung stehendes Metallteil, dessen ursprünglicher Zweck nicht die Erdung ist, das aber als Erder wirkt.
Hinweis: Hierzu gehören z. B. Rohrleitungen, Spundwände, Betonpfahlbewehrungen, Stahlteile von Gebäuden usw.
DIN VDE 0100-200 (VDE 0100 Teil 200)

Ortsfeste Betriebsmittel
Festangebrachte Betriebsmittel oder Betriebsmittel, die keine Tragevorrichtung haben und deren Masse so groß ist, daß sie nicht leicht bewegt werden können.
Hinweis: Der Wert dieser Masse wird in IEC-Normen für Haushaltsgeräte mit 18 kg festgelegt.
DIN VDE 0100-200 (VDE 0100 Teil 200)

Ortsveränderliche Betriebsmittel
Betriebsmittel, die während des Betriebes bewegt werden oder die leicht von einem Platz zu einem anderen gebracht werden können, während sie an den Versorgungsstromkreis angeschlossen sind.
DIN VDE 0100-200 (VDE 0100 Teil 200)

PEN-Leiter
Ein geerdeter Leiter, der zugleich die Funktionen des Schutzleiters und des Neutralleiters erfüllt.
Hinweis: Die Bezeichnung PEN resultiert aus der Kombination der beiden Symbole PE für den Schutzleiter und N für den Neutralleiter.
DIN VDE 0100-200 (VDE 0100 Teil 200)

Potentialausgleich
Elektrische Verbindung, die die Körper elektrischer Betriebsmittel und fremde leitfähige Teile auf gleiches oder annähernd gleiches Potential bringt.
DIN VDE 0100-200 (VDE 0100 Teil 200)

Potentialausgleichsleiter
Ein Schutzleiter zum Sicherstellen des Potentialausgleiches.
DIN VDE 0100-200 (VDE 0100 Teil 200)

Potentialsteuerung
Potentialsteuerung ist die Beeinflussung des Erdpotentials, insbesondere des Erdoberflächenpotentials, durch Erder.
DIN VDE 0100-200 (VDE 0100 Teil 200)

RCD
RCD ist der Oberbegriff für
- RCDs *mit* Hilfsspannungsquelle, die als »Differenzstrom-Schutzeinrichtungen« bezeichnet werden und
- RCDs *ohne* Hilfsspannungsquelle, die als »Fehlerstrom-Schutzeinrichtungen« bezeichnet werden.

Hinweis: Die Hilfsspannungsquelle ist üblicherweise das Versorgungsnetz. Wenn RCDs ohne weitere Angaben zwingend gefordert sind, dürfen die Differenzstrom-Schutzeinrichtungen (netzspannungsabhängige RCDs) erst verwendet werden, wenn sie genormt sind.

Risiko
Das Risiko, das mit einem bestimmten technischen Vorgang oder Zustand verbunden ist, wird zusammenfassend durch eine Wahrscheinlichkeitsaussage beschrieben, die berücksichtigt:
- die zu erwartende Häufigkeit des Eintritts eines zum Schaden führenden Ereignisses und
- das beim Ereigniseintritt zu erwartende Schadensausmaß.

DIN VDE 31000-2 (VDE 1000 Teil 2)

Schalt- und Steuergeräte
Betriebsmittel, die in einem elektrischen Stromkreis eingesetzt werden, um eine oder mehrere der folgenden Funktionen zu erfüllen: Schützen, Steuern, Trennen, Schalten.

Hinweis: Die französischen und englischen Begriffe können in den meisten Fällen als gleich betrachtet werden. Der französische Begriff hat jedoch eine ausgedehntere Bedeutung als der englische, er beinhaltet z. B. auch Verbindungsmaterial, Stecker und Steckdosen usw. Im Englischen werden die zuletzt genannten Betriebsmittel unter dem Begriff »Accessories« zusammengefaßt.
DIN VDE 0100-200 (VDE 0100 Teil 200)

Schleifenimpedanz
(Impedanz einer Fehlerschleife) ist die Summe der Impedanzen (Scheinwiderstände) in einer Stromschleife, bestehend aus der Impedanz der Stromquelle, der Impedanz des Außenleiters von einem Pol der Stromquelle bis zur Meßstelle und der Impedanz der Rückleitung (z. B. Schutzleiter, Erder und Erde) von der Meßstelle bis zum anderen Pol der Stromquelle.
DIN VDE 0100-200 (VDE 0100 Teil 200)

Schutz
Schutz ist die Verringerung des Risikos durch Maßnahmen, die entweder die Eintrittshäufigkeit oder das Ausmaß des Schadens oder beide einschränken.
Oftmals läßt sich nur durch das Zusammenwirken mehrerer derartiger Maßnahmen Sicherheit erreichen.
DIN VDE 31000-2 (VDE 1000 Teil 2)

Schutz bei indirektem Berühren
Schutz bei indirektem Berühren ist der Schutz von Personen und Nutztieren vor Gefahren, die sich im Fehlerfall aus einer Berührung mit Körpern oder fremden leitfähigen Teilen ergeben können.
DIN VDE 0100-200 (VDE 0100 Teil 200)

Schutz durch ein Gehäuse gegen den Zugang zu gefährlichen Teilen
Der Schutz von Personen gegen

- Berühren von gefährlichen aktiven Teilen mit Niederspannung;
- Berühren von gefährlichen mechanischen Teilen;
- Annäherung unter ausreichendem Abstand an gefährliche aktive Teile mit Hochspannung innerhalb eines Gehäuses.

Hinweis: Dieser Schutz kann erreicht werden

- mittels des Gehäuses selbst;
- mittels Abdeckungen als Teil des Gehäuses oder Abständen innerhalb des Gehäuses.

DIN VDE 0470-1 (VDE 0470 Teil 1)

Schutz gegen direktes Berühren
Schutz gegen direktes Berühren sind alle Maßnahmen zum Schutz von Personen und Nutztieren vor Gefahren, die sich aus einer Berührung mit aktiven Teilen elektrischer Betriebsmittel ergeben. Es kann sich hierbei um einen vollständigen oder teilweisen Schutz handeln.

Bei teilweisem Schutz besteht nur ein Schutz gegen zufälliges Berühren.
DIN VDE 0100-200 (VDE 0100 Teil 200)

Schutzart (Schutzgrad)
Umfang des Schutzes durch ein Gehäuse gegen den Zugang zu gefährlichen Teilen, gegen Eindringen von festen Fremdkörpern und/oder gegen Eindringen von Wasser, nachgewiesen durch genormte Prüfverfahren.
DIN VDE 0470-1 (VDE 0470 Teil 1)

Schutzisolierung (siehe hierzu Abschnitt 6.2 dieses Buchs)
Schutzisolierung ist eine Schutzmaßnahme und wird hergestellt

- durch eine zusätzliche Isolierung zur Basisisolierung oder
- durch eine Verstärkung der Basisisolierung

in einer solchen Art, daß bei einem Versagen der einfachen Basisisolierung keine gefährlichen Körperströme zum Fließen kommen können.
DIN VDE 0100-200 (VDE 0100 Teil 200)

Schutzleiter (Symbol PE)
Ein Leiter, der für einige Schutzmaßnahmen gegen gefährliche Körperströme erforderlich ist, um die elektrische Verbindung zu einem der nachfolgenden Teile herzustellen:

- Körper der elektrischen Betiebsmittel,
- Fremde leitfähige Teile,
- Haupterdungsklemme,
- Erder,
- geerdeter Punkt der Stromquelle oder künstlicher Sternpunkt.

DIN VDE 0100-200 (VDE 0100 Teil 200)

Schutztrennung
Schutztrennung ist eine Schutzmaßnahme, bei der Betriebsmittel vom speisenden Netz sicher getrennt und nicht geerdet sind.
DIN VDE 0100-200 (VDE 0100 Teil 200)

Sicherheit
Sicherheit ist eine Sachlage, bei der das Risiko nicht größer als das Grenzrisiko ist.
DIN VDE 31000-2 (VDE 1000 Teil 2)

Sicherheitstechnische Festlegungen
Sicherheitstechnische Festlegungen sind Angaben über technische Werte und Maßnahmen sowie Verhaltensanweisungen, deren Einhaltung im Rahmen des jeweiligen technischen Konzeptes sicherstellen soll, daß das Grenzrisiko nicht überschritten wird.
Sicherheitstechnische Festlegungen werden sowohl durch Gesetze, Rechtsverordnungen oder sonstige staatliche Maßnahmen erlassen, als auch in Übereinstim-

mung mit der unter Fachleuten vorherrschenden Meinung getroffen, z. B. durch die technischen Regelwerke.
DIN VDE 31000-2 (VDE 1000 Teil 2)

Speisepunkt (Anfang) einer elektrischen Anlage
Der Punkt, an dem elektrische Energie in eine Anlage eingespeist wird.
DIN VDE 0100-200 (VDE 0100 Teil 200)

Starkstromanlagen
Starkstromanlagen sind elektrische Anlagen mit Betriebsmitteln zum Erzeugen, Umwandeln, Speichern, Fortleiten, Verteilen und Verbrauchen elektrischer Energie mit dem Zweck des Verrichtens von Arbeit – z. B. in Form von mechanischer Arbeit, zur Wärme- und Lichterzeugung oder bei elektrochemischen Vorgängen.
Hinweis: Starkstromanlagen können gegen elektrische Anlagen anderer Art nicht immer eindeutig abgegrenzt werden. Die Werte von Spannung, Strom und Leistung sind dabei allein keine ausreichenden Unterscheidungsmerkmale.
DIN VDE 0100-200 (VDE 0100 Teil 200)

Steuererder
Steuererder ist ein Erder, der nach Form und Anordnung mehr zur Potentialsteuerung als zur Einhaltung eines bestimmten Ausbreitungswiderstandes dient.
DIN VDE 0100-200 (VDE 0100 Teil 200)

Trennen
Funktion, die dazu bestimmt ist, aus Gründen der Sicherheit die Stromversorgung von allen Abschnitten oder von einem einzelnen Abschnitt der Anlage zu unterbrechen, indem die Anlage oder deren Abschnitte von jeder elektrischen Stromquelle abgetrennt werden.
DIN VDE 0100-200 (VDE 0100 Teil 200)

Umhüllung
Ein Teil, das ein Betriebsmittel gegen bestimmte äußere Einflüsse schützt und durch das Schutz gegen direktes Berühren in allen Richtungen gewährt wird.
Hinweis 1: Für diese Definition wird bei den IP-Schutzarten auch die Benennung »Gehäuse« verwendet.
Hinweis 2: Umhüllungen (Gehäuse) bieten Personen oder Nutztieren (Haustieren) Schutz gegen den Zugang zu gefährlichen Teilen.
Hinweis 3: Abdeckungen, Gestaltung der Öffnungen oder beliebige andere Maßnahmen – ob an den Umhüllungen (dem Gehäuse) angebracht oder durch das umschlossene Betriebsmittel gebildet –, die geignet sind, das Eindringen der festgelegten Prüfsonden zu verhindern oder zu begrenzen, gelten als ein Teil der Umhüllung (des Gehäuses), es sei denn, sie können ohne Anwendung eines Schlüssels oder Werkzeuges entfernt werden.
DIN VDE 0100-200 (VDE 0100 Teil 200) mit DIN VDE 0470-1 (VDE 0470 Teil 1)

Unbeeinflußter, vollkommener Kurzschlußstrom
Ein Überstrom, verursacht durch einen Fehler vernachlässigbarer Impedanz zwischen aktiven Leitern, die im ungestörten Betrieb unterschiedliches Potential haben.
DIN VDE 0100-200 (VDE 0100 Teil 200)

Verbraucheranlage
Verbraucheranlage ist die Gesamtheit aller elektrischen Betriebsmittel hinter dem Hausanschlußkasten oder, wo dieser nicht benötigt wird, hinter den Ausgangsklemmen der letzten Verteilung vor den Verbrauchsmitteln.
DIN VDE 0100-200 (VDE 0100 Teil 200)

Vereinbarte Grenze der Berührungsspannung (U_L)
Höchstwert der Berührungsspannung, der zeitlich unbegrenzt bestehenbleiben darf.
Hinweis: Der zulässige Wert hängt von den Bedingungen der äußeren Einflüsse ab, darf aber maximal nur 50 V Wechselspannung oder 120 V Gleichspannung sein.
DIN VDE 0100-200 (VDE 0100 Teil 200)

Vereinbarter Ansprechstrom
Ein festgelegter Wert des Stromes, der die Schutzeinrichtung innerhalb einer festgelegten Zeit, der sogenannten »vereinbarten Zeit«, zum Ansprechen bringt.
DIN VDE 0100-200 (VDE 0100 Teil 200)

Verteilungsnetz
Verteilungsnetz ist die Gesamtheit aller Leitungen und Kabel vom Stromerzeuger bis zur Verbraucheranlage ausschließlich.
DIN VDE 0100-200 (VDE 0100 Teil 200)

Zu erwartende Berührungsspanung
Die höchste Berührungsspannung, die im Falle eines Fehlers mit vernachlässigbarer Impedanz in einer elektrischen Anlage je auftreten kann.
DIN VDE 0100-200 (VDE 0100 Teil 200)

2 Gestaltung der DIN VDE 0100-410 (VDE 0100 Teil 410):1997-01

DIN VDE 0100-410 (VDE 0100 Teil 410):1997-01 ersetzte zum 1. Januar 1997 die frühere Ausgabe DIN VDE 0100-410 (VDE 0100 Teil 410):1983-11 ohne Übergangsfrist. Eine Übergangsfrist ist entbehrlich, da die neue Norm zumeist gleiche oder gar leichtere Anforderungen enthält.
Der Untertitel der Norm wurde entsprechend der internationalen und europäischen Gepflogenheit von »Schutz gegen gefährliche Körperströme« in »Schutz gegen elektrischen Schlag« geändert. Der frühere Untertitel »Schutz gegen gefährliche Körperströme« wurde lange vom Deutschen Nationalen Komitee bevorzugt, da er weitgehender ist als der neue Titel. Der gefährliche Körperstrom ist nach Abschnitt 2.3.7 von DIN VDE 0100-200 (VDE 0100 Teil 200):1993-11 ein Strom, der den Körper eines Menschen oder Tieres durchfließt. Er hat Merkmale, die üblicherweise einen pathophysiologischen (schädigenden) Effekt auslösen. Der elektrische Schlag ist dagegen nach Abschnitt 2.3.4 von DIN VDE 0100-200 (VDE 0100 Teil 200):1993-11 der pathophysiologische (schädigende) Effekt, der, von einem elektrischen Strom ausgelöst wird, der den menschlichen Körper oder den Körper eines Tieres durchfließt. Der gefährliche Körperstrom ist ein Wert, der per Konvention (Vereinbarung) festgelegt wurde (siehe Vornorm DIN V VDE V 0140-479 (VDE V 0140 Teil 479)). Ist er die Grundlage der Norm, wird von vereinbarten Erfahrungswerten ausgegangen, die üblicherweise zum elektrischen Schlag führen. Beim elektrischen Schlag als Grundlage spielt die Physis (körperliche Verfassung) des jeweiligen Menschen eine Rolle, da der gefährliche Körperstrom nicht immer bei allen einen pathophysiologischen Effekt auslösen muß. Als Basis für die Normierung wäre somit der gefährliche Körperstrom eher geeignet, was sich aber in den internationalen und europäischen Normungsgremien nicht durchsetzen ließ. An den Festlegungen bzw. Anforderungen ändert sich für den Anwender durch diese formalen Feinheiten, die nicht den Inhalt, sondern nur den Untertitel betreffen, nichts; die Unterschiede sind mehr philosophischer Natur.
Mit DIN VDE 0100-410 (VDE 0100 Teil 410) liegt nun – wie bereits schon bei einigen anderen neuen Teilen der DIN VDE 0100 (VDE 0100) seit 1994 ausgeführt – die unveränderte Umsetzung des CENELEC-Harmonisierungsdokuments – kurz **HD** – vor. Die Norm ähnelt somit im äußeren Erscheinungsbild den übrigen Europäischen Normen mit VDE-Klassifikation **(Bild 2.1)**.
Bei der früheren Ausgabe der Norm von 1983 handelte es sich ausschießlich um die Übernahme des sachlichen Inhalts des HDs, der um nationale Festlegungen, über die man sich in der ersten Harmonisierungsrunde noch nicht einigen konnte, angereichert wurde, z. B. über die national gewünschten Abschaltzeiten.

HARMONISIERUNGSDOKUMENT
HARMONIZATION DOCUMENT
DOCUMENT D'HARMONISATION

HD 384.4.41 S2

April 1996

ICS 91.140.50

Ersatz für HD 384.4.41 S1

Deskriptoren: Elektrische Anlage, Sicherheit, elektrischer Schlag, direktes Berühren, indirektes Berühren, aktive Teile, Körper, fremde leitfähige Teile, Isolierung, Umhüllungen, Hindernisse außerhalb des Handbereichs, Fehlerstrom, Berührungsspannung, Potentialausgleich, Erdung, Schutzleiter, RCD, Trenntransformator, Transformator mit sicherer Trennung, SELV

Deutsche Fassung

Elektrische Anlagen von Gebäuden

Teil 4: Schutzmaßnahmen
Kapitel 41: Schutz gegen elektrischen Schlag
(IEC 364-4-41:1992, modifiziert)

DEUTSCHE NORM **Januar 1997**

	Errichten von Starkstromanlagen mit Nennspannungen bis 1 000 V Teil 4: Schutzmaßnahmen Kapitel 41: Schutz gegen elektrischen Schlag (IEC 364-4-41:1992, modifiziert) Deutsche Fassung HD 384.4.41 S2:1996	DIN VDE 0100-410
VDE	Diese Norm ist zugleich eine **VDE-Bestimmung** im Sinne von VDE 0022. Sie ist nach Durchführung des vom VDE-Vorstand beschlossenen Genehmigungsverfahrens unter nebenstehenden Nummern in das VDE-Vorschriftenwerk aufgenommen und in der etz Elektrotechnische Zeitschrift bekanntgegeben worden.	Klassifikation **VDE 0100** Teil 410

Diese Norm enthält die deutsche Fassung des Harmonisierungsdokuments **HD 384.4.41 S2**

Vervielfältigung – auch für innerbetriebliche Zwecke – nicht gestattet.

ICS 13.260; 29.240.00; 91.140.50

Deskriptoren: elektrische Sicherheit, Starkstromanlage, Schutzmaßnahme

Erection of power installations with nominal voltages up to 1 000 V –
Part 4: Protection for safety –
Chapter 41: Protection against electric shock
(IEC 364-4-41:1992, modified);
German version HD 384.4.41 S2:1996

Ersatz für
DIN VDE 0100-410
(VDE 0100 Teil 410):1983-11

Exécution des installations à courant fort de tension nominale inférieure ou égale à 1 000 V –
Partie 4: Protection pour assurer la sécurité –
Chapitre 41: Protection contre les chocs électriques
(CEI 364-4-41:1992, modifiée);
Version allemande HD 384.4.41 S2:1996

Diese Norm enthält das Europäische Harmonisierungsdokument HD 384.4.41 S2:1996, das die Internationale Norm IEC 364-4-41:1992 mit gemeinsamen Abänderungen von CENELEC enthält. Sie hat Pilotfunktion bezüglich des Schutzes gegen elektrischen Schlag.

Beginn der Gültigkeit

Diese Norm gilt ab 1. Januar 1997.

Der Norm-Inhalt war veröffentlicht als
E DIN VDE 0100-410/A2 (VDE 0100 Teil 410/A2):1988-08,
E DIN VDE 0100-410/A3 (VDE 0100 Teil 410/A3):1989-06.

Bild 2.1 Das europäische Erscheinungsbild der DIN VDE 0100-410 (VDE 0100 Teil 410): 1997-01

alt

5.1 Schutz durch Isolierung aktiver Teile [412.1]

Anmerkung: Durch die Isolierung wird ein vollständiger Schutz gegen direktes Berühren aktiver Teile sichergestellt.

Aktive Teile müssen vollständig mit einer Isolierung um-

neu

412.1 Schutz durch Isolierung von aktiven Teilen

ANMERKUNG: Die Isolierung ist vorgesehen, um jed

Aktive Teile müssen vollständig mit einer Isolierung umgeben

Hinweis: Der »alte« Text war zweispaltig, der »neue« Text ist einspaltig.

Bild 2.2 Vergleich der Abschnittsnumerierung nach DIN VDE 0100-410 (VDE 0100 Teil 410):1983-11 (»alt«) mit der nach DIN VDE 0100-410 (VDE 0100 Teil 410):1997-01 (»neu«) anhand des Abschnitts »Schutz durch Isolierung aktiver Teile

In der neuen Norm sind dem eigentlichen Harmonisierungsdokument (18 Seiten) noch 11 Seiten nationale Elemente vorangestellt, wovon 10 Seiten informativ sind. Eine Seite des nationalen Anhangs ist normativ. Nationaler Vorspann und das eigentliche CENELEC-Harmonisierungsdokument 384.4.41 S2 haben getrennte Seitenzählungen, die in diesem Buch durch die Angaben »DIN-VDE-Seitenzahl« oder »HD-Seitenzahl« unterschieden werden.
Die Numerierung der Abschnitte des HDs war in der früheren Ausgabe bei den jeweiligen Abschnitten rechtsbündig in eckigen Klammern angegeben. Nun gibt es ausschließlich diese Abschnittsnumerierung links zu Beginn eines Abschnitts, jedoch ohne Klammer (**Bild 2.2**).
Damit ist das Nummernsystem des HDs 384 und damit der IEC 364 vollkommen übernommen worden. IEC 364 »Electrical installations of buildings« (deutsch: Elektrische Anlagen von Gebäuden) besteht aus:

- Teilen (englisch: Parts) je eine Ziffer
- Kapiteln (englisch: Chapters) je zwei Ziffern
- Hauptabschnitten (englisch: Sections) je drei Ziffern
- Abschnitten (englisch: Clauses) je drei Ziffern, Punkt, Ziffer
- Unterabschnitten (englisch: Subclauses) je drei Ziffern, Punkt, Ziffer, Punkt, …

Der Vorteil bei Anwendung dieses Nummernsystems des Harmonisierungsdokumentes bzw. der IEC 364 liegt darin, daß in den Sonderbestimmungen der 700er-Gruppe der DIN VDE 0100 (VDE 0100) die grundsätzlichen Festlegungen aus den Gruppen 100 bis 600 der DIN VDE 0100 (VDE 0100) geändert, konkretisiert oder außer Kraft gesetzt werden können, wozu die einfache Bezugnahme durch Numerierung genügt, wie im nachfolgenden Beispiel erläutert. Dies ist im modularen Aufbau der DIN VDE 0100 (VDE 0100) ein erheblicher Vorteil. Durch die präzise Bezugnahme wird eindeutig klar, welche grundsätzlichen Anforderungen im Spezialfall geändert sind und welche unverändert zu berücksichtigen sind.
Beispiel: Abschnitt 413.1.6.1 von DIN VDE 0100-410 (VDE 0100 Teil 410): 1997-01 behandelt, was grundsätzlich bei Forderung nach zusätzlichem Potentialausgleich in einer Anlage in den zusätzlichen Potentialausgleich einzubeziehen ist. Wenn in den Teilen der Gruppe 700 der DIN VDE 0100 (VDE 0100) hierzu konkretere Angaben enthalten sind, z. B. DIN VDE 0100-701 (VDE 0100 Teil 701) für Orte mit Badewanne oder Dusche, wird diesem Abschnitt dann die Nummer des allgemeinen Abschnittes zugewiesen und die Teile-Nr., hier 701, vorangestellt, also 701.413.1.6.1. Konkretisierende Aussagen zum gleichen Thema bei Schwimmbädern (DIN VDE 0100-702 (VDE 0100 Teil 702)) hätten dann die Nummer 702.413.1.6.1.
Es wird noch darauf hingewiesen, daß in dem vorstehend angegebenen Nummernsystem des HDs 384 und damit der IEC 364 der Begriff »Teil« begrenzter verwendet wird als bei der Normenreihe DIN VDE 0100 (VDE 0100), wo jede Norm dieser Reihe als »Teil« bezeichnet wird, z. B. »Kapitel« 41 wird als »Teil« 410 bezeichnet.
Anfangs war bei der unveränderten Übernahme von Harmonisierungsdokumenten in die DIN-VDE-Normen nicht allen Anwendern klar, wie mit den Zitierungen der internationalen Veröffentlichungen, die in der Regel nicht in deutscher Sprache vorliegen, umzugehen ist. Deshalb wird im folgenden auf diesen Sachverhalt eingegangen. Die Ausführungen lassen sich analog auch auf unverändert übernommene Europäische Normen – kurz **EN** – übertragen.
Im HD selbst gibt es einen normativen Anhang ZA, dem zu entnehmen ist, daß im Falle einer europäischen Umsetzung internationaler Normen (der IEC oder ISO) vorrangig die aufgeführten europäischen Umsetzungen als EN oder HD gelten. Für den Anwender ist es aber in der Regel weitaus problemloser, die Konkordanzliste im Nationalen Vorwort zu verwenden, in der in Tabellenform Europäische Normen (wozu auch die Harmonisierungsdokumente zählen), Internationale Normen und Deutsche Normen gegenübergestellt sind. Anstelle der zitierten europäischen oder internationalen Textstelle gilt dann die Deutsche Norm, soweit schon verfügbar. In DIN VDE 0100-410 (VDE 0100 Teil 410):1997-01 befindet sich die Konkordanzliste auf Seite 7 (DIN-VDE-Seitenzahl).
Erläuterungen zu der Norm sind im Nationalen Vorwort enthalten, denn seitens CENELEC wurden keine Erläuterungen erstellt. Das Bild N.1 auf Seite 8 (DIN-VDE-Seitenzahl) der Norm vermittelt einen Überblick über die gesamte DIN VDE 0100 (VDE 0100) und läßt erkennen, wo der betreffende Teil einzuordnen ist.

Für den eiligen Leser sind die groben Änderungen gegenüber der Ausgabe 1983-11 im Abschnitt »Änderungen« auf Seite 9 (DIN-VDE-Seitenzahl) zu finden. In diesem Buch sind in Kapitel 7 die Änderungen ausführlicher zusammengestellt.
Der Abschnitt »Frühere Ausgaben« (Seite 9 (DIN-VDE-Seitenzahl)) geht bis auf die »alte« VDE 0100:1973-05 zurück. Die Entwicklung vor 1973 ist dem Beiblatt 1 der DIN VDE 0100 (VDE 0100) zu entnehmen.
Die zitierten Deutschen Normen sind auf Seite 10 (DIN-VDE-Seitenzahl) als Literaturhinweise aufgeführt. Die Titel der Internationalen oder Europäischen Normen sind im Anhang ZA (auf Seite 17 (HD-Seitenzahl)) aufgeführt.
Die bisherige Übersicht in DIN VDE 0100-410 (VDE 0100 Teil 410):1983-11 über die Netzformen und die Anwendung der Schutzeinrichtungen, die als ausklappbare Seite als Anhang vorhanden war, findet sich aktualisiert nun auf Seite 4 (DIN-VDE-Seitenzahl). Die ausklappbare Übersicht über die Systeme nach Art der Erdverbindung und den Schutz durch automatische Abschaltung der Stromversorgung dieses Buchs enthält Verbesserungen, insbesondere bezüglich des IT-Systems. Der Begriff »Netzformen« wurde schon mit DIN VDE 0100-300 (VDE 0100 Teil 300):1996-01 in »Systeme nach Art der Erdverbindung« geändert. Diese Änderung der Wortwahl wurde nun in der neuen Norm DIN VDE 0100-410 (VDE 0100 Teil 410):1997-01 vollständig nachvollzogen.

Sehr wichtig ist der normative Nationale Anhang NB (Seite 11 (DIN-VDE-Seitenzahl)), der

- abweichende Abschaltzeiten für öffentliche Verteilungsnetze und
- Einschränkungen für die Anwendung des Schutzes durch Hindernisse und des Schutzes durch Abstand

enthält, die nur national in Deutschland gelten.

Die Abschaltzeiten für öffentliche Verteilungsnetze (bisher Abschnitt 6.1.3.3, letzter Absatz) und die Einschränkungen für den Schutz durch Hindernisse oder Abstand (bisher Vorspann in Abschnitt 5 der DIN VDE 0100-410 (VDE 0100 Teil 410): 1983-11) blieben inhaltlich gleich.
In der noch relativ neuen Norm wird der Tatsache Rechnung getragen, daß bei der Klassifizierung nach dem IP-Code nach DIN VDE 0470-1 (VDE 0470 Teil 1) nun für den Schutz von Personen gegen Zugang zu gefährlichen aktiven oder auch sich bewegenden Teilen nicht mehr nur die erste Kennziffer maßgebend ist. Fakultativ (wahlfrei) ist auch die Kennzeichnung mit einem der zusätzlichen Buchstaben möglich, die das Verhindern des Zugangs zu gefährlichen aktiven oder auch sich bewegenden Teilen für folgendes angeben:

A: Handrücken,
B: Finger,
C: Werkzeug,
D: Draht.

Anordnung und Bedeutung des IP-Codes

IP 2 2 C S

Code-Buchstaben IP für die Kennzeichnung der Schutzart durch Gehäuse nach dem IP-Code (englisch: **I**nternational **P**rotection)

Erste Kennziffer — gleichzeitig für

Schutz des **Betriebsmittels** gegen das Eindringen von festen Fremdkörpern	Schutz von **Personen** gegen Zugang zu gefährlichen Teilen
0: nicht geschützt	0: nicht geschützt
1: ≥ 50 mm Durchmesser	1: Handrücken
2: ≥ 12,5 mm Durchmesser	2: Finger
3: ≥ 2,5 mm Durchmesser	3: Werkzeug
4: ≥ 1,0 mm Durchmesser	4: Draht
5: staubgeschützt	5: Draht
6: staubdicht	6: Draht
X: nicht angegeben	X: nicht angegeben

Zweite Kennziffer
Schutz des **Betriebsmittels** gegen das Eindringen von Wasser mit schädlichen Wirkungen

- 0: nicht geschützt
- 1: senkrechtes Tropfen
- 2: Tropfen (15° Neigung)
- 3: Sprühwasser
- 4: Spritzwasser
- 5: Strahlwasser
- 6: starkes Strahlwasser
- 7: zeitweiliges Untertauchen
- 8: dauerndes Untertauchen
- X: nicht angegeben

Fakultativ (wahlfrei)
Zusätzlicher Buchstabe

Schutz von **Personen** gegen Zugang zu gefährlichen Teilen

- A: Handrücken
- B: Finger
- C: Werkzeug
- D: Draht

Fakultativ (wahlfrei)
Ergänzender Buchstabe
Ergänzende Informationen

- H: Hochspannungsbetriebsmittel
- M: Bewegung während Wasserprüfung
- S: Stillstand während Wasserprüfung
- W: Wetterbedingungen

Bild 2.3 Anordnung und Bedeutung des IP-Codes

Bezüglich des Zugangs zu gefährlichen aktiven Teilen, der in DIN VDE 0100-410 (VDE 0100 Teil 410) behandelt wird, aber auch bezüglich des Zugangs zu gefährlichen sich bewegenden Teilen, was nicht Thema von DIN VDE 0100-410 (VDE 0100 Teil 410) ist, ist IP2X mit IPXXB und IP4X mit IPXXD gleichwertig.
Einen schnellen Überblick über Anordnung und Bedeutung des IP-Codes nach DIN VDE 0470-1 (VDE 0470 Teil 1):1992-11, der für die Einteilung der Schutzarten durch Gehäuse gilt, gibt **Bild 2.3.**

3 Allgemeines zum Schutz gegen elektrischen Schlag (Schutz gegen gefährliche Körperströme) (DIN VDE 0100 Teil 410, Kapitel 41)

Die Maßnahmen zum Schutz gegen elektrischen Schlag gliedern sich weiterhin – wie bereits 1983 eingeführt – in **drei** Schutzebenen:

- Schutz **gegen direktes** Berühren – Basisschutz,
- Schutz **bei indirektem** Berühren – Fehlerschutz,
- Schutz **bei direktem** Berühren – Zusatzschutz.

Deutlicher als bisher erfolgt jedoch die Aufteilung der grundlegenden Anforderungen zum Schutz gegen elektrischen Schlag auf zwei Normen. Aus DIN VDE 0100 (VDE 0100) enthält

- **Teil 410** die grundlegenden Anforderungen für Personen, Nutztiere und Sachen und der
- **Teil 470** die Anwendung und Koordinierung dieser Anforderungen.

Durch DIN VDE 0100-470 (VDE 0100 Teil 470):1996-02 wurden bereits aus der früheren Ausgabe von DIN VDE 0100-410 (VDE 0100 Teil 410):1983-11 die Abschnitte 3.2 bis 3.6, 4.3.3 und 8.2 b) ersetzt, also

- die allgemeinen Anforderungen zur Anwendung des Schutzes gegen elektrischen Schlag,
- die Anforderungen zur Funktionskleinspannung ohne sichere Trennung – nun unter FELV –, worauf in Kapitel 4 dieses Buchs eingegangen wird,
- den zulässigen Wegfall von Schutzmaßnahmen bei indirektem Berühren.

Die Anforderungen für die Auswahl von Schutzmaßnahmen gegen elektrischen Schlag in Abhängigkeit von äußeren Einflüssen, welche in DIN VDE 0100-481 (VDE 0100 Teil 481) enthalten sein werden, sind noch nicht europäisch harmonisiert, so daß bis zum Inkrafttreten der DIN VDE 0100-481 (VDE 0100 Teil 481) der nationale Zusatz in Abschnitt NB.2 des Nationalen Anhangs NB (Seite 11 (DIN-VDE-Seitenzahl)) normativ gilt. Darüber hinaus gelten, wie bisher, für die in der 700er Gruppe der DIN VDE 0100 (VDE 0100) behandelten speziellen Anlagen die dort genannten Konkretisierungen und Einschränkungen.

4 Schutz sowohl gegen direktes als auch bei indirektem Berühren (DIN VDE 0100 Teil 410, Hauptabschnitt 411)

4.1 Schutz durch Kleinspannung SELV und PELV (DIN VDE 0100 Teil 410, Abschnitt 411.1) sowie FELV (DIN VDE 0100 Teil 470, Abschnitt 471.3)

Beim Schutz durch Kleinspannung wird, anders als bei den übrigen Schutzmaßnahmen nach DIN VDE 0100-410 (VDE 0100 Teil 410), nicht zwischen Schutz gegen direktes Berühren und Schutz bei indirektem Berühren unterschieden. Bei niedrigen Werten der Spannungen und weiteren Randbedingungen – wie noch erläutert wird – darf bei den Schutzmaßnahmen SELV und PELV auf einen Schutz gegen direktes Berühren durch Abdeckungen, Umhüllungen oder Isolierung verzichtet werden, weil die kleine Spannung und die sichere Trennung des gesamten Stromkreises das direkte Berühren in normalen Situationen ungefährlich macht. Mit dem Aufwand für die sichere Trennung von Stromquelle und Stromkreis ist dann der geforderte Schutz gegen direktes Berühren und bei indirektem Berühren erreicht, obwohl ein direktes Berühren aktiver Teile und auch ein indirektes Berühren erfolgen kann. Exakter wäre in diesen Fällen deshalb die Bezeichnung Schutz sowohl **bei** direktem Berühren als auch bei indirektem Berühren. Um die Aufteilung nicht zu sehr zu komplizieren, wurde diese Unterscheidung jedoch unterlassen.

Der Schutz durch Kleinspannung hat insbesondere durch die Anwendung von Kleinspannungsbeleuchtungssystemen (»Niedervolt-Halogenbeleuchtung«) für den Errichter von Anlagen zunehmend an Bedeutung gewonnen. Durch die zunehmende Automatisierung in der Gebäudeinstallation (»Installationsbussysteme«) wird der Schutz durch Kleinspannung weiter an Wichtigkeit gewinnen. Der Errichter muß entscheiden, welchen Einfluß die Erdung der Stromkreise und die Qualität der Verbindungen zu anderen Stromkreisen hat. Darüber hinaus wird der Schutz durch Kleinspannung SELV und PELV für Bereiche erhöhter Gefährdung in der Gruppe 700 der DIN VDE 0100 (VDE 0100) als Schutzmaßnahme mit höherer Sicherheit propagiert, z. B. in Bereichen von Bade- und Duschwannen oder Schwimmbecken. Die bisherigen ausführlichen Bezeichnungen wie Schutzkleinspannung oder Funktionskleinspannung für Schutzmaßnahmen mit Kleinpannungen, also Wechselspannungen (AC) $\leq$ 50 V oder Gleichspannungen (DC) $\leq$ 120 V, sind zugunsten von Kunstworten aufgegeben worden. In etwa sind vergleichbar:

- SELV mit bisheriger Schutzkleinspannung,
- PELV mit bisheriger Funktionskleinspannung mit sicherer Trennung,
- FELV mit bisheriger Funktionskleinspannung ohne sichere Trennung.

Die Kunstworte SELV, PELV, FELV werden nicht in Langformen aufgelöst. Im Ursprung stammen die Buchstaben aus dem Englischen:

- S – **S**afety (Sicherheit),
- P – **P**rotective (Schutz),
- F – **F**unctional (Funktion),
- ELV ist abgeleitet aus der englischen Bezeichnung: **E**xtra **L**ow **V**oltage (Kleinspannung).

In DIN VDE 0100-410 (VDE 0100 Teil 410):1997-01 sind die Spannungsgrenzen für SELV, PELV und FELV, mit Nennspannungen ≤ AC 50 V oder ≤ DC 120 V, bezogen auf das bisher Gültige, gleich geblieben.
Anhang ZB (auf Seite 18 (HD-Seitenzahl)) gibt einen Überblick zu den Kleinspannungen SELV, PELV und FELV hinsichtlich der sicheren Trennung und der Beziehung zur Erde.

4.1.1 SELV im Vergleich zur bisherigen Schutzkleinspannung

Bevor auf die Unterschiede zwischen Schutzkleinspannung und SELV eingegangen wird, soll **Bild 4.1** die Grundidee der SELV verdeutlichen. Durch die kleine Spannung und die sichere Trennung von anderen Stromkreisen gehen von den SELV-Stromkreisen, vor allem bei Nennspannungen bis ≤ AC 25 V oder ≤ DC 60 V, selbst keine Gefahren aus. SELV wird deshalb häufig bei erschwerten Umgebungsbedingungen gefordert, wobei dann die zulässigen Spannungswerte oftmals unter den nach DIN VDE 0100-410 (VDE 0100 Teil 410) erlaubten Werten ≤ AC 50 V oder ≤ DC 120 V liegen, z. B. für Stromkreise in Schwimmbecken oder Badewannen. Zudem wird als Verschärfung dann meist auch noch der Schutz gegen direktes Berühren durch Abdeckungen, Umhüllungen oder Isolierung gefordert.
Für SELV gilt auch weiterhin, daß bis zu den halben Nennwerten, also ≤ AC 25 V oder ≤ DC 60 V, im allgemeinen der Schutz gegen direktes Berühren nicht gefordert ist.
Bis auf die Aktualisierung der zitierten Normen wurden die Anforderungen an die Stromquellen nicht wesentlich geändert. Deutlich wird allerdings herausgestellt, daß auch die Stromquellen

- unabhängig oder
- sicher getrennt

von höheren Spannungen oder von FELV-Stromkreisen sein müssen. Die sichere Trennung muß, wie bisher mit der Bezeichnung »elektrische Trennung« gefordert, weiterhin im gesamten SELV-Stromkreis erfüllt werden. Die sichere Trennung muß auch gegenüber PELV-Systemen erfüllt werden. Die Beratungen zur künftigen übergeordneten Internationalen Norm IEC 1140 (siehe Entwurf DIN IEC 64/886/CDV

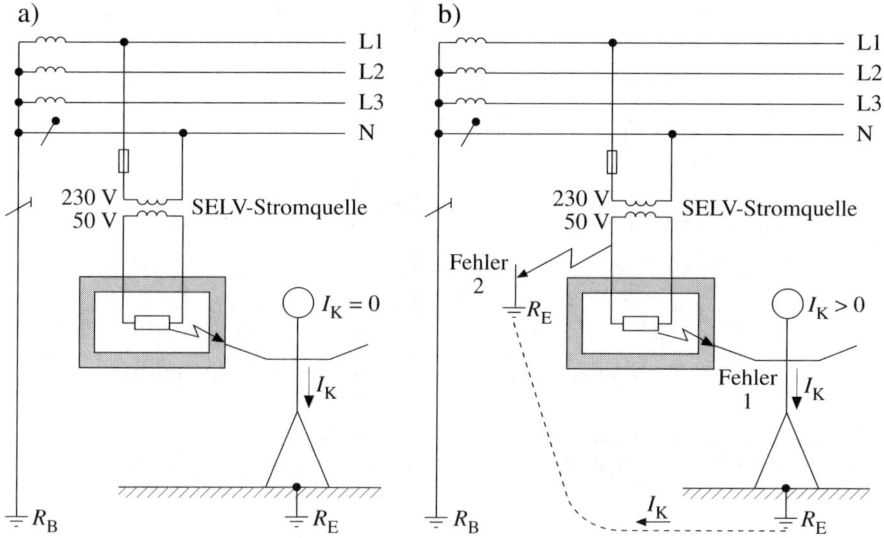

I_K Körperstrom
R_B Betriebserdung
R_E Standortübergangswiderstand

$I_K > 0$, es besteht jedoch noch keine Gefahr des Herzkammerflimmerns, da durch die sichere Begrenzung der Spannung bei normaler Umgebungsbedingung kein gefährlicher Strom durch den Menschen fließen kann.

Bild 4.1 Prinzipdarstellung von SELV
a) Körperstrom bei Einzelfehler
b) Körperstrom bei Doppelfehler
Achtung: SELV-Stromquellen müssen eine sichere Trennung haben.

(VDE 0140 Teil 1)) deuten darauf hin, daß die Forderung nach sicherer Trennung von SELV-Systemen zu PELV-Systemen künftig entfallen könnten. **Bild 4.2** zeigt zulässige und unzulässige Erzeugungsarten von SELV. Für jede Art von Stromquellen ist jeweils eine sichere Trennung gefordert.
Bei elektronischen Einrichtungen als Stromquellen, darf nun – anders als bei PELV – nicht mehr die Spannung im Leerlauf an den Ausgangsklemmen höher sein, selbst wenn im Falle des direkten oder indirekten Berührens die Spannung auf ≤ AC 50 V oder ≤ DC 120 V zurückgeht.
Auch wenn »elektronische Einrichtungen« als Stromquellen nicht näher beschrieben sind, zählen elektronische Konverter nach DIN VDE 0712 (VDE 0712), die zur Stromversorgung von Kleinspannungsbeleuchtungssystemen (»Niedervolt-Halogenleuchten«) verwendet werden, zu diesen Stromquellen.

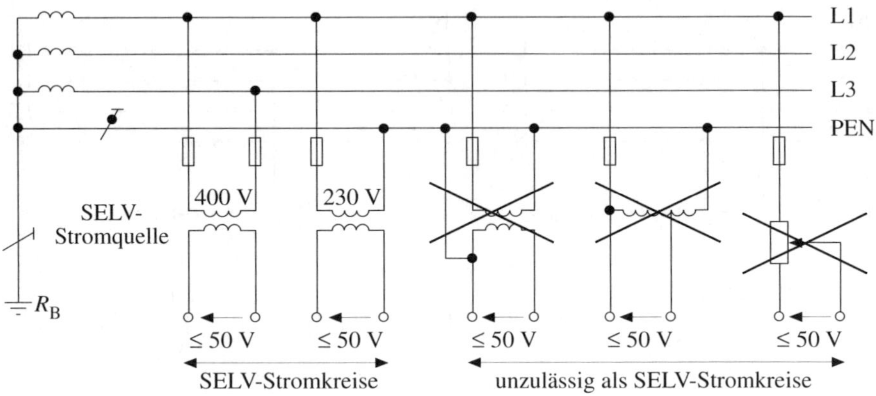

Bild 4.2 Zulässige und unzulässige Ausführung von SELV
Achtung: SELV-Stromquellen müssen eine sichere Trennung haben.

4.1.2 PELV im Vergleich zur bisherigen Funktionskleinspannung mit sicherer Trennung

Bisher durfte auf den Schutz gegen direktes Berühren aktiver Teile nicht verzichtet werden. Nun ist der Schutz gegen direktes Berühren für Nennspannungen ≤ AC 6 V oder ≤ DC 15 V nicht mehr gefordert, wenn sich die aus dieser Stromquelle versorgten Betriebsmittel innerhalb **eines** Gebäudes befinden und indem alle gleichzeitig berührbaren Körper und fremden leitfähigen Teile mit demselben Erdungssystem verbunden sind. Zu diesen Körpern, die mit demselben Erdungssystem verbunden sind, zählen auch solche, die nicht aus dieser PELV-Stromquelle versorgt werden. Der Schutz gegen direktes Berühren ist unter den vorgenannten Bedingungen sogar bis zur Nennspannung ≤ AC 25 V oder ≤ DC 60 V nicht gefordert, wenn die Nutzung ausschließlich in trockenen Räumen oder an trockenen Orten erfolgt und eine großflächige Berührung von aktiven Teilen durch menschliche Körper oder Nutztiere nicht zu erwarten ist.
Für das großflächige Berühren sind keine konkreten Abmessungen der berührbaren Flächen angegeben. Daher wird empfohlen, sich an dem »Flächenwert« nach DIN VDE 0100-470 (VDE 0100 Teil 470):1996-02, Abschnitt 471.2.2 zu orientieren und Flächen, die größer als 50 mm × 50 mm = 2500 mm^2 sind, als großflächig zu betrachten.
Es gibt nun nicht mehr die Möglichkeit, aus technologischen Gründen, über die vorgenannten Erleichterungen hinaus, von den Anforderungen gegen direktes Berühren abzusehen und trotzdem die Schutzmaßnahme als PELV zu bezeichnen.

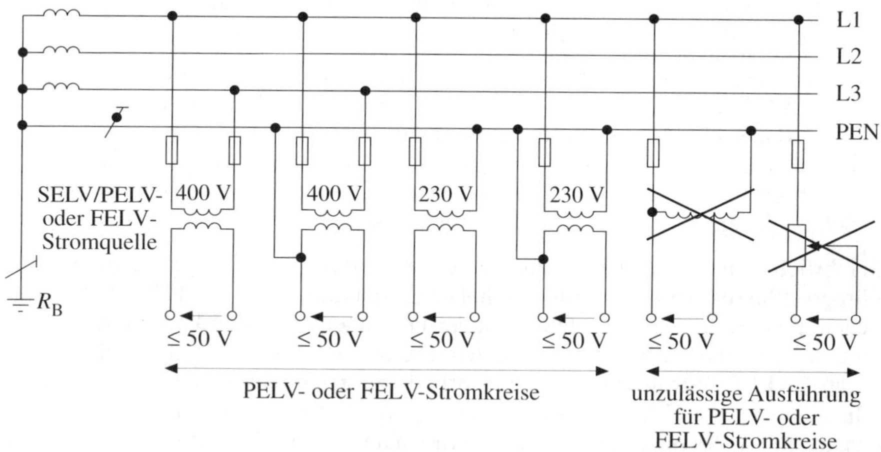

Bild 4.3 Zulässige und unzulässige Ausführung von PELV und FELV
Achtung: PELV-Stromquellen müssen eine sichere Trennung haben.
FELV-Stromquellen müssen eine Basistrennung haben.
Für FELV darf als Stromquelle auch eine PELV-Stromquelle, d. h. eine Stromquelle mit sicherer Trennung vorgesehen werden. Hierbei wird jedoch kein PELV-Stromkreis erreicht, wenn die sichere Trennung nicht im gesamten System eingehalten wird.
Die Zuordnung zu PELV oder FELV ist abhängig von der Art der Trennung der Stromquelle und der Art der Trennung im Stromkreis.

Bild 4.3 zeigt zulässige und unzulässige Erzeugungsarten von kleinen Spannungen für die Schutzmaßnahmen PELV und FELV. Während bei PELV die Stromquelle, wie bei SELV, sicher getrennt sein muß, genügt bei FELV die Basistrennung.

4.1.3 FELV im Vergleich zur bisherigen Funktionskleinspannung ohne sichere Trennung

FELV ist inzwischen nicht mehr als eigenständige Schutzmaßnahme anerkannt, da es sich um den speziellen Fall der Anwendung anderer Schutzmaßnahmen (des Primärkreises) handelt, bei der die Spannung im FELV-Stromkreis auf ≤ AC 50 V oder ≤ DC 120 V begrenzt wird. Die Einordung erfolgte daher in die Anwendungsnorm für Schutzmaßnahmen, in DIN VDE 0100-470 (VDE 0100 Teil 470). FELV findet häufig Anwendung in Steuerstromkreisen, insbesondere bei SPS-Steuerungen (**s**peicher**p**rogrammierbare **S**teuerungen).
Bei FELV wird zwar erreicht, daß bei **einem** Fehler keine gefährliche Berührungsspannung auftreten kann, aber es ist ein Problem, daß der erste Fehler nicht immer erkannt wird. Daher muß spätestens beim zweiten Fehler die Schutzmaßnahme des Primärkreises wirksam werden.

Bei FELV kann beim ersten Fehler keine gefährliche Spannung auftreten, weil in den Fällen, in denen der erste Fehler ein

- Isolationsfehler (z. B. Körperschluß) auf der FELV-Seite ist, die Spannung auf ≤ AC 50 V oder ≤ DC 120 V begrenzt ist und somit nicht höher als die üblicherweise dauernd zulässige Berührungsspannung U_L,
- Übertritt der höheren Spannung auf den FELV-Stromkreis ist, nur das direkte Berühren aktiver Teile eine Gefahr darstellt, was aber durch den geforderten Schutz gegen direktes Berühren verhindert ist.

Gefährlich würde erst der zweite Fehler, z. B. das gleichzeitige Auftreten eines Körperschlusses **und** Übertritt der höheren Spannung auf die FELV-Seite. Deswegen müssen die Schutzmaßnahmen der Primärseite auf der FELV-Seite wirksam werden, z. B. die automatische Abschaltung der Stromversorgung. **Bild 4.4** zeigt Fehler in FELV-Stromkreisen, wenn primärseitig ein TN-System vorhanden ist. **Bild 4.5** zeigt die Fehler im FELV-Stromkreis, wenn primärseitig ein TT-System vorhanden ist. Wenn die FELV-Seite primär aus einem IT-System versorgt wird, würde erst ein dritter Fehler gefährlich werden (**Bild 4.6**).
Bisher war die Qualität der Trennung zwischen Primär- und Sekundärseite der FELV-Stromkreise nicht eindeutig beschrieben. Als Stromquellen bei Funktionskleinspannung ohne sichere Trennung waren bisher lediglich Spartransformatoren, Potentiometer und Halbleiterbauelemente nicht zulässig. Nun ist in DIN VDE 0100-470 (VDE 0100 Teil 470) festgelegt, daß der FELV-Stromkreis (einschließlich der Stromquelle) von Stromkreisen höherer Spannung durch Basistrennung getrennt sein muß. Unter Basistrennung versteht man die Trennung zwischen Stromkreisen und zwischen Stromkreisen und Erde durch Basisisolierung, die dem Schutz durch Isolierung nach Abschnitt 412.1 von DIN VDE 0100-410 (VDE 0100 Teil 410):1997-01 gleichwertig ist. Die Erdung eines Außenleiters im FELV-Stromkreis ist kein Widerspruch zur Forderung nach Basistrennung zur Erde. Für die Stromquelle ist nach Anhang ZB (Seite 18 (HD-Seitenzahl)) ein Transformator nach IEC 989 erforderlich, der einem Transformator nach DIN VDE 0550-1 oder -3 (VDE 0550 Teil 1 oder Teil 3) entspricht.

4.1.4 Gemeinsames Verlegen der Kabel und Leitungen von Stromkreisen, die unterschiedlichen Spannungsbereichen angehören

Tabelle 4.1 erläutert die Kriterien für die Zugehörigkeit zu den Spannungsbereichen I oder II. Nach DIN VDE 0100-410 (VDE 0100 Teil 410) dürfen Kabel und Leitungen für Stromkreise des Spannungsbereiches I (SELV, PELV oder FELV[1]), die nicht für höhere Spannungen isoliert sind, z. B. Busleitungen, und Stromkreise

1) Betriebsmittel von FELV-Stromkreisen müssen für die Spannung der Primärseite isoliert sein. Im Falle von primärseitigem 400-V/230-V-System müssen die Betriebsmittel, also auch die Leitungen der FELV-Stromkreise, für 400 V/230 V isoliert sein.

Tabelle 4.1 Spannungsbereiche für Wechselstrom (AC) und Gleichstrom (DC)

Spannungsbereich	**geerdete Netze**		**isolierte oder nicht wirksam geerdete Netze*)**
	AC: Außenleiter – Erde **DC: Leiter – Erde**	**AC: zwischen Außenleitern** **DC: zwischen beiden Leitern**	**AC: zwischen Außenleitern** **DC: zwischen beiden Leitern**
I	AC: $U \leq$ 50 V DC: $U \leq$ 120 V	AC: $U \leq$ 50 V DC: $U \leq$ 120 V	AC: $U \leq$ 50 V DC: $U \leq$ 120 V
II	AC: 50 V $< U \leq$ 600 V DC: 120 V $< U \leq$ 900 V	AC: 50 V $< U \leq$ 1000 V DC: 120 V $< U \leq$ 1500 V	AC: 50 V $< U \leq$ 1000 V DC: 120 V $< U \leq$ 1500 V

U Nennspannung des Netzes
*) Wenn ein Neutralleiter (bei AC)/Mittelleiter (bei DC) mitgeführt ist, sind elektrische Betriebsmittel, die zwischen Außenleiter und Neutralleiter (bei AC)/Mittelleiter (bei DC) angeschlossen sind, so auszuwählen, daß ihre Isolierung der Spannung zwischen Außenleitern entspricht.

des Spannungsbereiches II, z. B. Mantelleitungen (NYM) mit 400 V/230 V, direkt nebeneinander verlegt werden. Abschnitt 528.1.1, erster Aufzählungsstrich, von DIN VDE 0100-520 (VDE 0100 Teil 520):1996-01 wurde in der Vergangenheit jedoch teilweise so interpretiert, daß die direkt neben der Leitung mit höheren Spannungen, z. B. NYM mit 400 V/230 V, verlegten Kabel und Leitungen des Spannungsbereichs I, z. B. Busleitungen, ebenfalls für die höhere Spannung isoliert sein müssen. Diese Interpretation ist jedoch nicht richtig, was inzwischen durch den Entwurf DIN VDE 0100-520/A4 (VDE 0100 Teil 520/A4):1996-11 mit verbessertem Text klargestellt wird. Danach dürfen Stromkreise mit Nennspannung ≤ AC 50 V oder ≤ DC 120 V mit Stromkreisen höherer Spannung, aber ≤ AC 600 V Außenleiter gegen Erde bzw. ≤ AC 1000 V Außenleiter gegen Außenleiter oder ≤ DC 900 V Leiter gegen Erde bzw. ≤ DC 1500 V zwischen Leitern, verlegt werden, wenn Unterabschnitt 411.1.3.2 von DIN VDE 0100-410 (VDE 0100 Teil 410): 1997-01 erfüllt ist **oder eine** der folgenden Maßnahmen angewendet wird:

- Die Kabel oder Leitungen sind entsprechend ihrer Bemessungsspannung isoliert und in getrennten Abschnitten eines geschlossenen oder zu öffnenden Elektro-Installationskanals verlegt; oder
- die Kabel oder Leitungen sind in einer Kabelwanne angeordnet, wo physikalische Trennung durch eine Zwischenwand vorgesehen ist; oder
- es werden getrennte Elektro-Installationsrohre verwendet.

a)

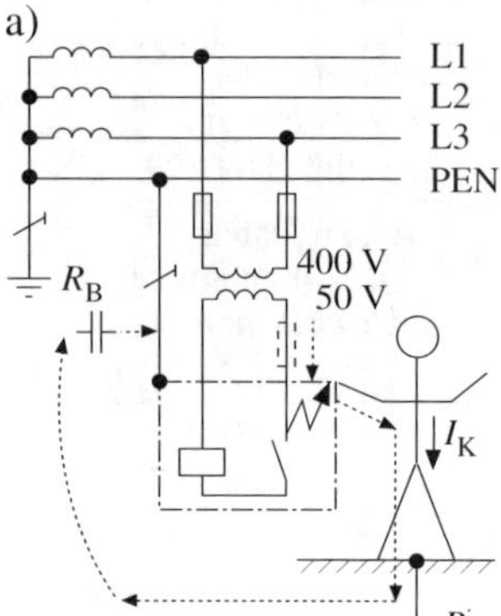

I_K annähernd 0, jedoch noch keine Gefahr des Herzkammerflimmerns, da durch die geringe Leiterkapazität und durch die geringe Spannung kein gefährlicher Strom durch den Menschen fließen kann.

b)

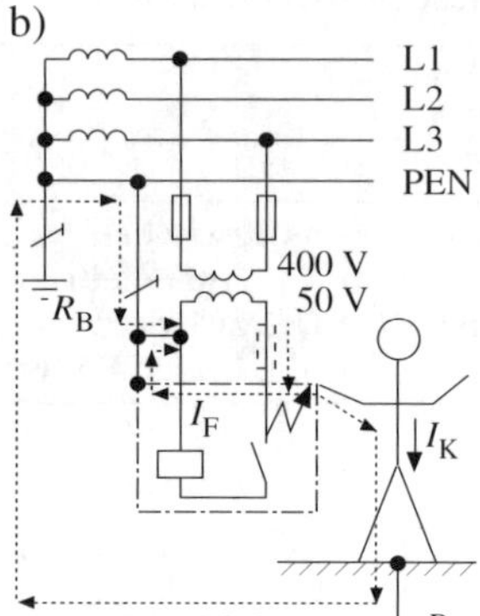

I_K annähernd 0, jedoch Kurzschluß auf der Sekundärseite, der ggf. durch eine Schutzeinrichtung abzuschalten ist.

c)

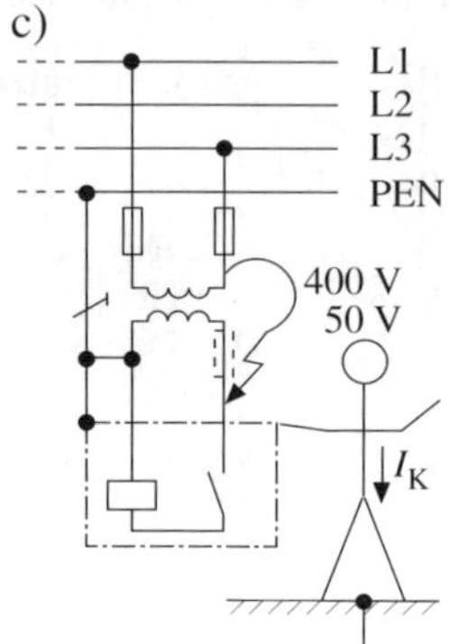

$I_K = 0$

FELV-Stromkreis geerdet

d)

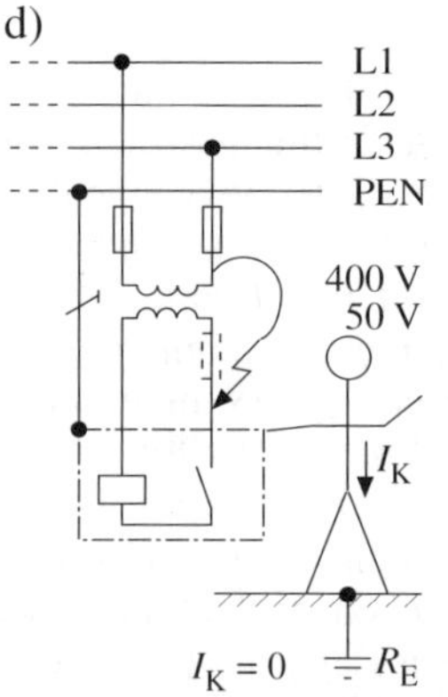

$I_K = 0$

FELV-Stromkreis ungeerdet

e)

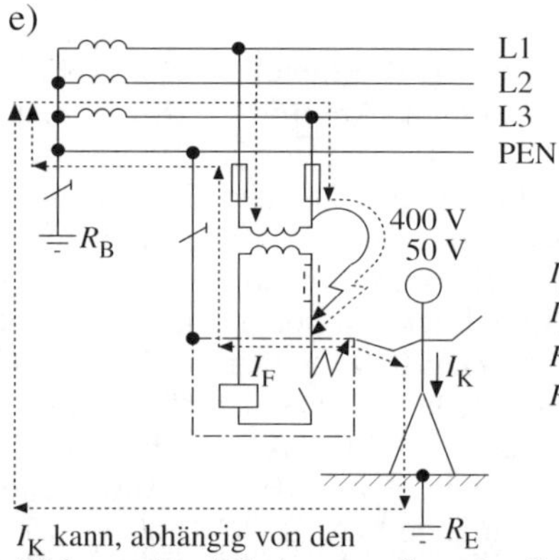

I_F Fehlerstrom
I_K Körperstrom
R_B Betriebserdung
R_E Standortübergangswiderstand

I_K kann, abhängig von den Widerstandsverhältnissen, groß werden. Primärseitige Überstrom-Schutzeinrichtungen müssen abschalten. Gefahr des Herzkammerflimmerns bis zur Abschaltung groß.

Bild 4.4 FELV, wenn primärseitig ein TN-System vorhanden ist

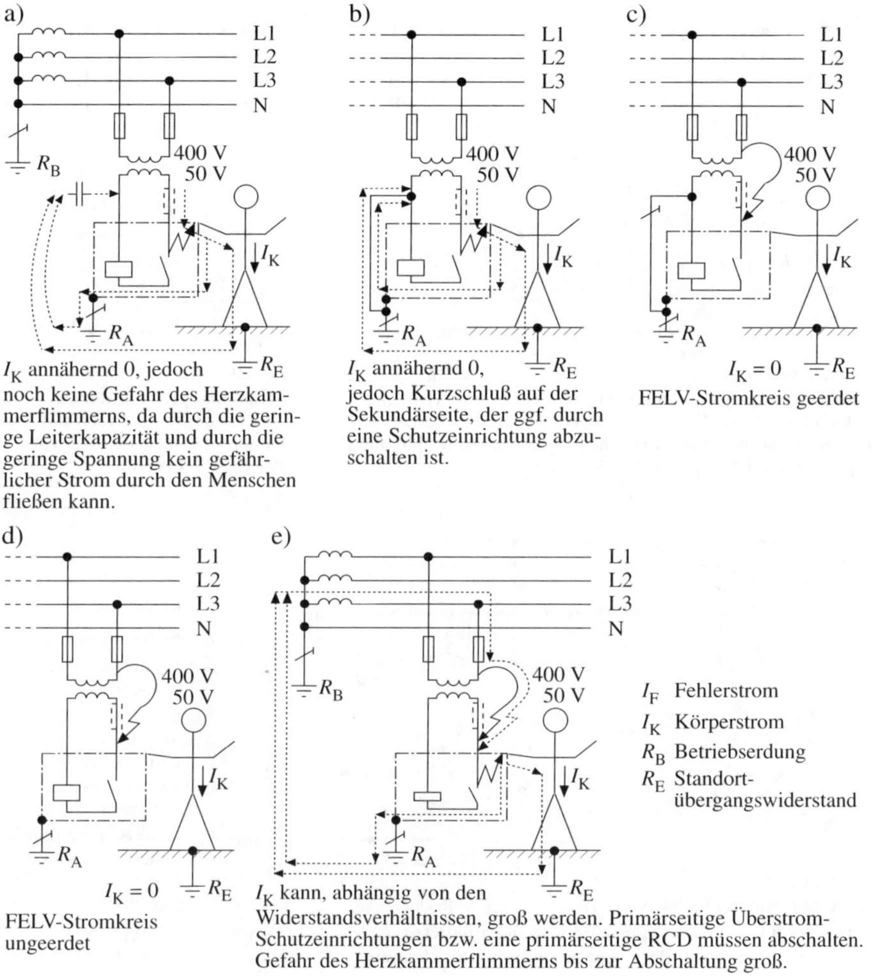

Bild 4.5 FELV, wenn primärseitig ein TT-System vorhanden ist

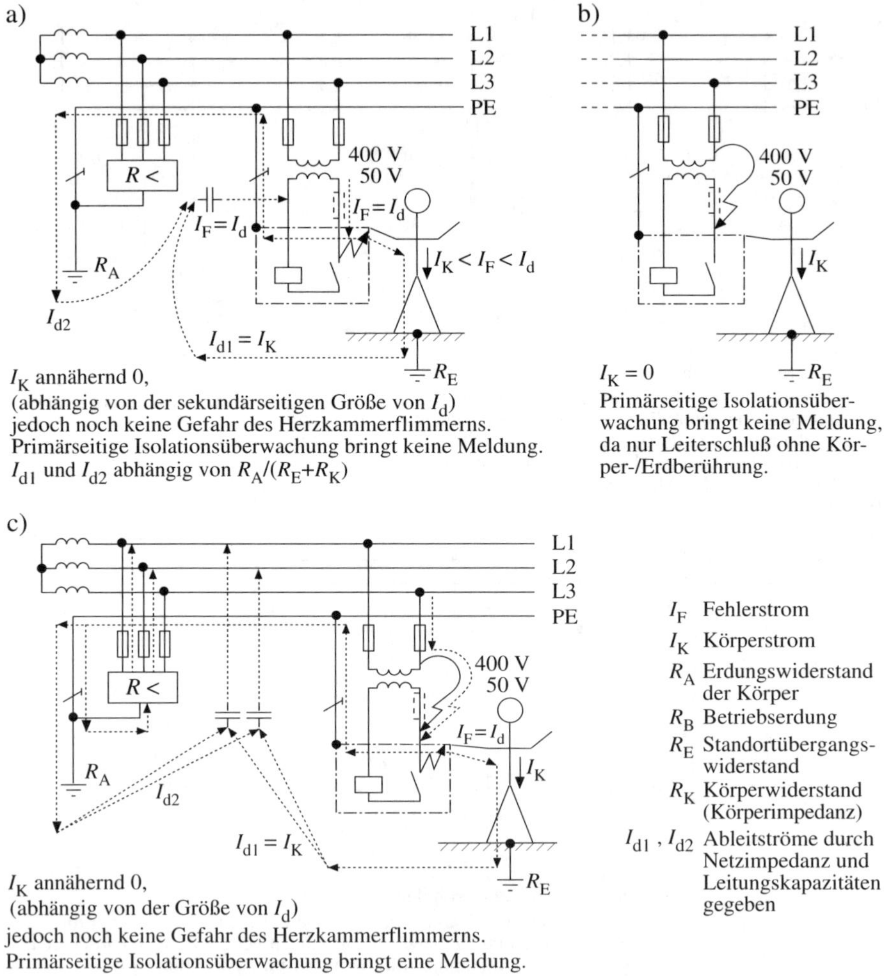

Bild 4.6a–c FELV, wenn primärseitig ein IT-System vorhanden ist

d)

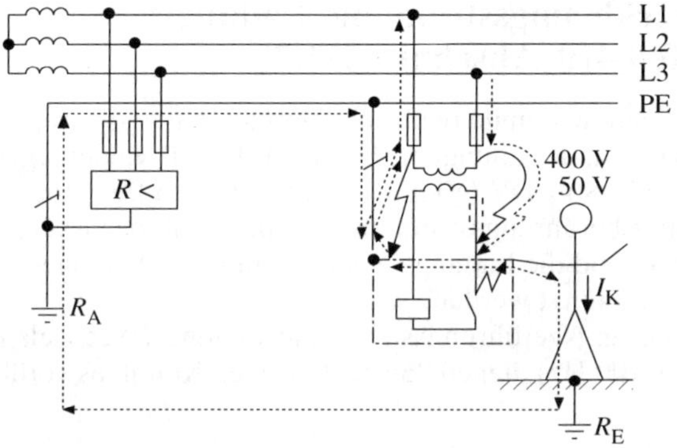

I_K kann abhängig von R_E und R_A (ggf. abhängig von der Größe von I_d) bis zur Abschaltung des Kurzschlusses durch die primärseitigen Überstrom-Schutzeinrichtungen groß sein.

e)

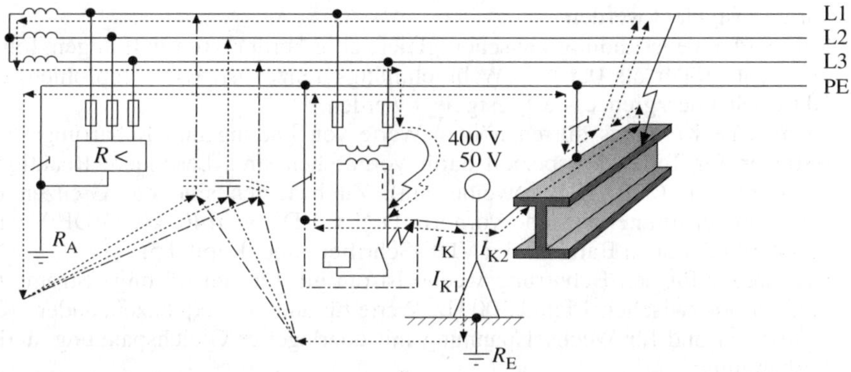

I_K kann bis zur Abschaltung der primärseitigen Überstrom-Schutzeinrichtungen sehr groß sein. I_d ist bei diesem Fehler unbedeutend

Bild 4.6d–e FELV, wenn primärseitig ein IT-System vorhanden ist

4.2 Schutz durch Begrenzung von Beharrungsberührungsstrom und Ladung (DIN VDE 0100 Teil 410, Abschnitt 411.2)

Hinsichtlich dieser Schutzmaßnahme konnte man sich international und europäisch noch nicht einigen. Ein Ansatz für Regelungen, die nachfolgend wiedergegeben sind, ist im Entwurf DIN IEC 64/886/CDV (VDE 0140 Teil 1):1996-09 enthalten.
Die Begrenzung von Beharrungsberührungsstrom und Ladung muß bewirken, daß der Beharrungsberührungsstrom und die Ladung so gering sind, daß Personen oder Tiere im Falle der Berührung geschützt werden.
Die folgenden Werte für Beharrungsberührungsstrom und Ladung (Wechselspannungswerte für Frequenzen bis 100 Hz) dienen den Technischen Komitees vorübergehend als Richtlinie:

- Ein Beharrungsstrom, der zwischen gleichzeitig berührbaren leitfähigen Teilen über einen ohmschen Widerstand von 2000 Ω nicht die Wahrnehmbarkeitsgrenzen von AC 0,5 mA oder DC 2 mA erreicht, wird empfohlen.
- Werte, die nicht die Schmerzgrenze von AC 3,5 mA oder DC 10 mA erreichen, dürfen festgelegt werden.
- Eine vorhandene Ladung zwischen gleichzeitig berührbaren leitfähigen Teilen, die nicht größer als 0,5 μC (Wahrnehmungsgrenze) ist, wird empfohlen, und 50 μC (Schmerzgrenze) darf festgelegt werden.
- Technische Komitees dürfen höhere Werte von Ladung und Beharrungsstrom festlegen für Teile, die speziell dafür vorgesehen sind, besondere Reaktionen hervorzurufen (z. B. Elektroweidezaun). Zu beachten sind die Grenzen des Herzkammerflimmerns, siehe Vornorm DIN V VDE V 0140-479 (VDE V 0140 Teil 479) oder auch Band 67 der VDE-Schriftenreihe, Kapitel 5.
- Die Grenze für den Beharrungswechselstrom gilt für sinusförmige Ströme mit Frequenzen zwischen 15 und 100 Hz. Werte für andere Frequenzen, andere Kurvenformen und für Wechselspannung mit überlagerter Gleichspannung sind in Vorbereitung.
- Für elektromedizinische Betriebsmittel dürfen andere Grenzwerte notwendig sein.

5 Schutz gegen elektrischen Schlag unter normalen Bedingungen (Schutz gegen direktes Berühren oder Basisschutz) (DIN VDE 0100 Teil 410, Hauptabschnitt 412)

Die Bezeichnungen »Schutz gegen elektrischen Schlag unter normalen Bedingungen«, »Schutz gegen direktes Berühren« und »Basisschutz« werden gleichrangig angewendet. Teilweise ist auch die Benennung »1. Schutzebene« gebräuchlich.
Nach Abschnitt NB.2 im normativen Nationalen Anhang NB dürfen der Schutz durch Isolierung von aktiven Teilen und der Schutz durch Abdeckungen oder Umhüllungen weiterhin in allen Fällen, in denen der Schutz gegen elektrischen Schlag sichergestellt werden muß, angewendet werden. Der Schutz durch Hindernisse und der Schutz durch Abstand dürfen nur in elektrischen Betriebsstätten oder in abgeschlossenen elektrischen Betriebsstätten nach DIN VDE 0100-731 (VDE 0100 Teil 731) nach den dortigen Anforderungen zur Anwendung kommen. Diese Aussage ist präziser als in der früheren Ausgabe DIN VDE 0100-410 (VDE 0100 Teil 410):1983-11, jedoch praktisch gleich.

5.1 Schutz durch Isolierung von aktiven Teilen (DIN VDE 0100 Teil 410, Abschnitt 412.1)

Dieser Abschnitt hat sich gegenüber den Anforderungen der früheren Ausgabe DIN VDE 0100-410 (VDE 0100 Teil 410):1983-11 inhaltlich nicht geändert.
Eine Isolierung von aktiven Teilen, die auch als Basisisolierung bezeichnet wird, darf nicht den alleinigen Schutz gegen elektrischen Schlag darstellen. Es muß immer eine zweite Schutzebene – der Fehlerschutz – wirksam werden. Bei den Schutzmaßnahmen SELV und PELV genügt die kleine Spannung und die sichere Trennung zur Erfüllung der beiden Schutzebenen. Als Schutz bei indirektem Berühren – also der zweiten Schutzebene (siehe Kapitel 6 dieses Buchs) – gilt auch der Schutz durch automatische Abschaltung der Stromversorgung (siehe Abschnitt 6.1 dieses Buchs), dem nach DIN VDE 0100-470 (VDE 0100 Teil 470) eine gewisse Vorrangrolle eingeräumt wird. Es dürfen aber auch der Schutz durch SELV oder PELV, der Schutz durch Verwendung von Betriebsmitteln der Schutzklasse II oder durch gleichwertige Isolierung oder der Schutz durch Schutztrennung angewendet werden. Nach DIN VDE 0100-470 (VDE 0100 Teil 470) sind die Schutzmaßnahmen Schutz durch nichtleitende Räume oder Schutz durch erdfreien örtlichen Potentialausgleich nachrangig anzuwenden, wenn der Schutz durch automatische Abschaltung der Stromversorgung nicht praktikabel oder unerwünscht ist.
Die Berücksichtigung der Anforderungen beider Schutzebenen ist gefordert, da das Versagen der ersten Schutzebene, beispielsweise die Verletzung der Basisisolierung, nicht immer erkannt wird und somit eine Gefährdung durch direkte Berüh-

rung aktiver Teile oder eine Verschleppung von gefährlichen Spannungen auf benachbarte leitfähige Teile, z. B. Körper elektrischer Betriebsmittel der Schutzklasse I oder Konstruktionsteile, gegeben sein kann. Das gleichzeitige Versagen beider Schutzebenen muß im allgemeinen nicht berücksichtigt werden.
Basisisolierte Betriebsmittel, z. B. Aderleitungen, dürfen also nur bei SELV, PELV, Schutz durch nichtleitende Räume und bei der Schutztrennung mit einem Verbrauchsmittel direkt berührbar sein. Beim Schutz durch automatische Abschaltung der Stromversorgung, Schutz durch erdfreien örtlichen Potentialausgleich und beim Schutz durch Schutztrennung mit mehreren Verbrauchsmitteln müssen die basisisolierten Teile mit einem Körper versehen sein, der an den Schutzleiter oder Potentialausgleichsleiter anzuschließen ist. Alternativ ist das Anbringen einer zusätzlichen Isolierung, wie in Abschnitt 6.2 dieses Buchs erläutert, erlaubt. Unter dem Aspekt des Schutzes gegen elektrischen Schlag sind basisisolierte Stegleitungen und Installationsmaterialien, wie die üblicherweise verwendeten Verbindungsdosen, Schalter, Steckdosen als kritisch anzusehen, da keine der Schutzmaßnahmen bei indirektem Berühren angewendet wird. Diesbezüglich wird z. Z. in den zuständigen Gremien darüber beraten, wie die Einordnung in das Schutzmaßnahmenkonzept erfolgen kann. Immerhin liegt mit umgebenden Putz des Mauerwerks einerseits eine Art Abdeckung vor, und andererseits sind die Leitungen oder Dosen isoliert. Das bedeutet, die bisher geübte Praxis kann trotz dieser Schwächen hinsichtlich der Einordnung in die Schutzmaßnahmenkonzeption der DIN VDE 0100-410 (VDE 0100 Teil 410) beibehalten werden.

5.2 Schutz durch Abdeckungen oder Umhüllungen (DIN VDE 0100 Teil 410, Abschnitt 412.2)

In den Fällen, in denen aktive Teile beim Öffnen von Abdeckungen oder Umhüllungen, z. B. von Verteilungen, berührt werden können, aber nicht absichtlich berührt werden sollen, ist nun sicherzustellen, daß sich Personen dieser Tatsache bewußt sind. Diese Formulierung ist schärfer als bisher und erfordert einige Überlegungen. Es darf zwar angenommen werden, daß Erwachsenen bekannt ist, daß sie

- beim Lampenwechsel nicht in die Fassungen greifen dürfen,
- beim Wechseln von Sicherungen nicht in die Sicherungsunterteile fassen oder
- nicht mit metallenen Gegenständen in die Öffnungen von Steckdosen stochern dürfen.

Dieser Wissensstand ist allerdings bei Kleinkindern grundsätzlich nicht und bei älteren Kindern nicht immer vorauszusetzen. Dort wo Kinder anwesend sein können, z. B. in Wohnungen, Schulen, Kindergärten, sollten deshalb Fassungen mit Öffnungen, die größer sind als durch die Mindestschutzart IP2X vorgegeben, z. B. Fassungen mit Gewinde E27, nicht leicht zugänglich sein und Steckdosen mit

Kindersicherungen (Shutter) ausgestattet werden. Stromkreisverteiler mit Schraubsicherungen sollten für Kinder ebenfalls nicht leicht zugänglich sein.
Vergleichbare Überlegungen gelten für Bereiche mit Nutztieren. Nutztieren zugängliche Bereiche sollten nur dort wirklich notwendige Betriebsmittel enthalten.
In Anlehnung an Abschnitt 4.2.2.4 der DIN VDE 0100-705 (VDE 0100 Teil 705): 1992-10 sollten Abdeckungen und Umhüllungen von allen Betriebsmitteln, die Nutztieren zugänglich sind, mindestens die Schutzart IP4X haben, wenn kein Staub auftritt, und IP5X, wenn Staub auftritt.
Bezüglich der Ergänzung um die Schutzarten IPXXB und IPXXD siehe Kapitel 2 dieses Buchs.
Die Ausnahme, für Installationsverteiler, Installationskleinverteiler und Zählerplätze für leicht zugängliche obere horizontale Oberfläche nur die Schutzart IP3X statt IP4X zuzulassen, ist nicht mehr Bestandteil der DIN VDE 0100-410 (VDE 0100 Teil 410). Daher müssen solche Verteiler so angeordnet werden, daß niemand z. B. mit einer Halskette beim Darüberbeugen an aktive Teile kommen kann, da normgerechte

- Installationsverteiler, zu deren Bedienung Laien Zugang haben, IP2XC,
- Installationsverteiler IP30,
- Installationskleinverteiler IP30,
- Zählerplätze IP31

haben dürfen.

Es wird nicht mehr ausdrücklich gefordert, daß gegebenenfalls für Betätigungselemente in der Nähe berührungsgefährlicher Teile die DIN VDE 0106-100 (VDE 0106 Teil 100) zu beachten ist. Weil diese Norm noch rein national ist, konnte das Harmonisierungsdokument diesen Hinweis nicht enthalten. Trotzdem ist nach wie vor für Betätigungselemente in der Nähe berührungsgefährlicher Teile die Norm DIN VDE 0106-100 (VDE 0106 Teil 100) zu berücksichtigen, die mittlerweile deutscherseits bei CENELEC eingebracht wurde.

5.3 Schutz durch Hindernisse (DIN VDE 0100 Teil 410, Abschnitt 412.3)

Dieser Abschnitt hat sich gegenüber der früheren Ausgabe DIN VDE 0100-410 (VDE 0100 Teil 410):1983-11 inhaltlich nicht geändert. Der Schutz durch Hindernisse kann ein Schutz gegen unbeabsichtigtes Berühren aktiver Teile sein. Dort wo Schutz durch Hindernisse angewendet werden darf – zur Zeit nur in elektrischen und abgeschlossenen elektrischen Betriebsstätten – besteht üblicherweise nur Zugang für entsprechend elektrotechnisch unterwiesene Personen oder Elektrofachkräfte, die sich der geringeren Schutzmaßnahmen in diesen Bereichen bewußt sind.

Abstand zu aktiven Teilen ist nicht vorgegeben. An die Hindernisse für den Schutz durch Hindernisse sind im Prinzip geringere Anforderungen gestellt als für die Hindernisse, die beim Schutz durch Abstand wirksam werden (siehe Abschnitt 5.4 dieses Buchs). Sie müssen lediglich verhindern, daß

- eine unbeabsichtigte Annäherung an aktive Teile oder
- ein unbeabsichtigtes Berühren aktiver Teile während der Bedienung von Betriebsmitteln im normalen Betrieb, z. B. bei bestimmungsgemäßen Schalthandlungen

erfolgen kann. Ein unbeabsichtigtes Entfernen muß verhindert werden, z. B. durch Einrasten von Abschrankungen.

5.4 Schutz durch Abstand (DIN VDE 0100 Teil 410, Abschnitt 412.4)

Dort wo Schutz durch Abstand angewendet werden darf – in elektrischen und abgeschlossenen elektrischen Betriebsstätten – besteht üblicherweise nur Zugang für entsprechend elektrotechnisch unterwiesene Personen oder Elektrofachkräfte, die sich der geringeren Schutzmaßnahmen in diesen Bereichen bewußt sind.
Bei den in der Norm und in diesem Abschnitt angegebenen Abständen wird davon ausgegangen, daß Personen üblicherweise nicht mit sperrigen oder langen leitfähigen Gegenständen, z. B. Leitern, hantieren. Wo dies der Fall ist, müssen die Abstände entsprechend vergrößert werden.
Der Schutz durch Abstand (siehe Bilder 5.1 bis 5.8) ist nun durch die Darstellung des Handbereichs illustriert. Es ist nun präziser beschrieben, daß ein Hindernis mit der Schutzart geringer als IP2X oder IPXXB den Handbereich nicht verkleinert, sondern unter Umständen vergrößert (**Bild 5.4**). **Bild 5.1** zeigt den nach oben geforderten Abstand zu aktiven Teilen. Außerhalb des Handbereichs sind keine Abstände zwischen aktiven Teilen gefordert, das heißt, die Betriebsisolierung genügt. **Bild 5.2** zeigt, daß seitlich von der Standfläche jeweils mindestens 1,25 m Abstand zu aktiven Teilen erforderlich ist, damit sie nicht durch Hinübergreifen berührbar werden. Zwischen gleichzeitig berührbaren Teilen unterschiedlicher Spannung muß mindestens der Abstand 2,5 m eingehalten werden (**Bild 5.3** und auch **Bild 5.5**). Das bedeutet, wenn z. B. ein Hindernis in einer Schutzart geringer als IP2X oder IPXXB, z. B. ein geerderter Maschenzaun als Hindernis, zwischen berührbaren aktiven Teilen steht, diese, da nun drei berührbare Teile mit unterschiedlichen Potentialen zu berücksichtigen sind, mindestens $2 \cdot 2{,}5\ \text{m} = 5\ \text{m}$ Abstand voneinander haben müssen (**Bild 5.7**), wenn sie – wie dargestellt – in einer Reihe angeordnet sind. Ohne den Maschenzaun als Hindernis hätten 2,5 m genügt (**Bild 5.8**). Ist das Hindernis mit der Schutzart geringer als IP2X oder IPXXB und besteht es aus Isolierstoff oder kann das Hindernis kein Potential (insbesondere das Erdpotential) annehmen, z. B. wegen isolierter Aufstellung, ist kein »zusätzlicher«

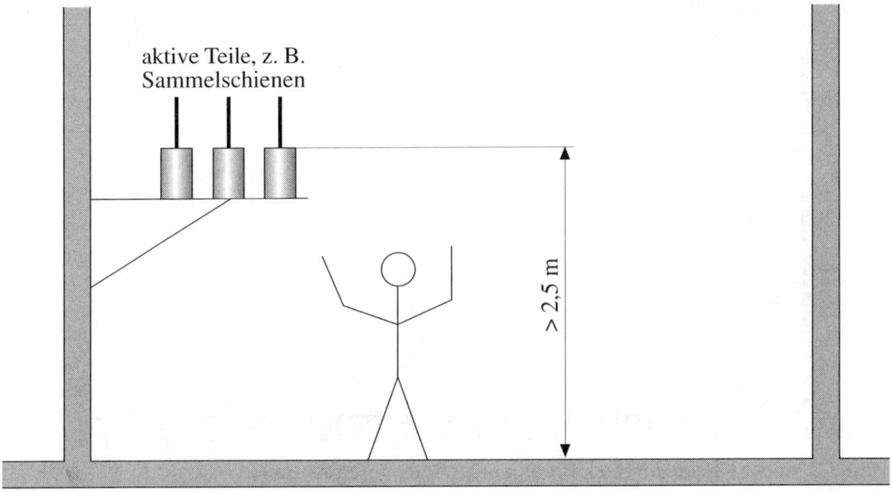

Bild 5.1 Schutz gegen direktes Berühren – Schutz durch Abstand
Anordnung aktiver Teile außerhalb des Handbereichs

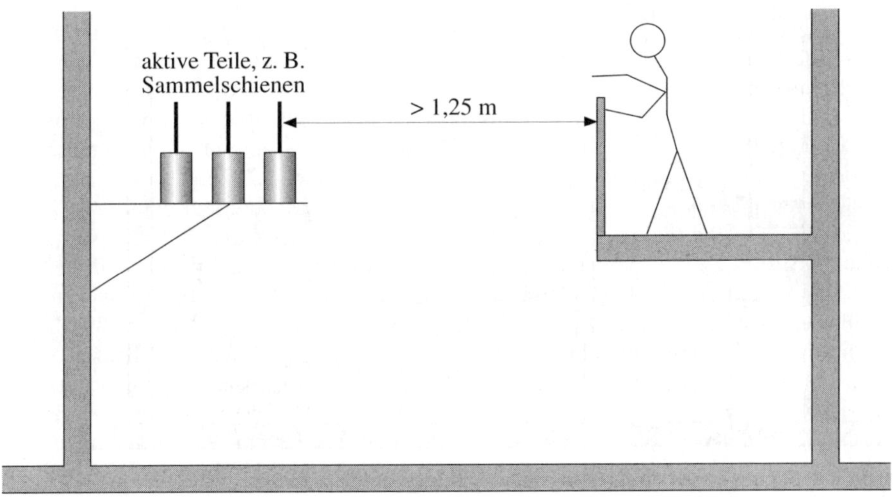

Bild 5.2 Schutz gegen direktes Berühren – Schutz durch Abstand
Anordnung aktiver Teile außerhalb des »einfachen« Handbereichs

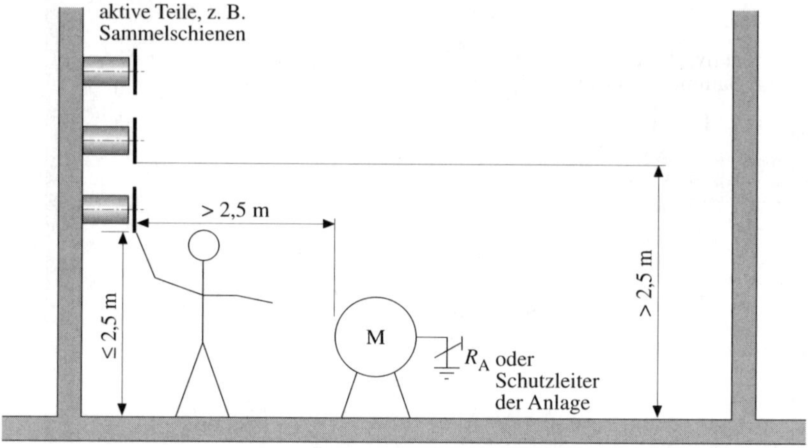

Bild 5.3 Schutz gegen direktes Berühren – Schutz durch Abstand
Anordnung eines aktiven Teiles mit Abstand nach oben ≤ 2,5 m, d. h. innerhalb des Handbereichs; aber andere Teile unterschiedlichen Potentials sind außerhalb des Handbereichs, d. h. mit Abstand > 2,5 m zum aktiven Teil. Fußboden und Wände erfüllen die Anforderungen eines nichtleitenden Raumes.

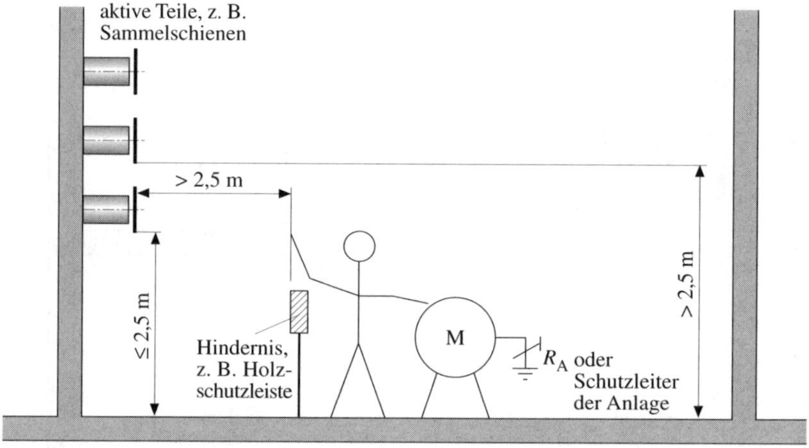

Bild 5.4 Schutz gegen direktes Berühren – Schutz durch Abstand
Anordnung eines aktiven Teiles mit Abstand nach oben ≤ 2,5 m, d. h. innerhalb des Handbereichs; aber andere Teile unterschiedlichen Potentials müssen außerhalb des Handbereichs sein, d. h. mit Abstand > 2,5 m zum aktiven Teil, da das Hindernis Holzschutzleiste (mit einer Schutzart geringer als IP2X oder IPXXB) keine Unterschreitung dieses Abstandes erlaubt. Fußboden und Wände erfüllen die Anforderungen eines nichtleitenden Raumes.

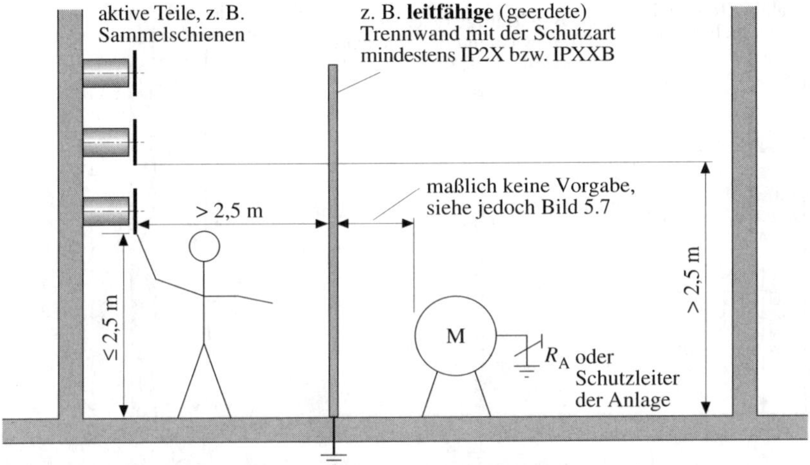

Bild 5.5 Schutz gegen direktes Berühren – Schutz durch Abstand
Handbereich bei leitfähigen Trennwänden mit einer Schutzart von mindestens IP2X bzw. IPXXB. Leitfähige Trennwand gilt als »Teil unterschiedlichen Potentials«. Fußboden und Wände erfüllen die Anforderungen eines nichtleitenden Raumes.

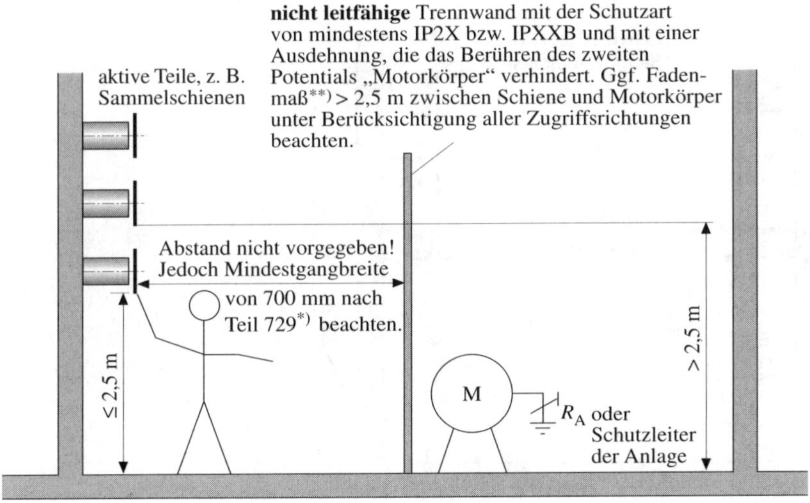

Bild 5.6 Schutz gegen direktes Berühren – Schutz durch Abstand
Durch das nichtleitfähige Hindernis sind keine Teile mit unterschiedlichem Potential im Handbereich. Fußboden und Wände erfüllen die Anforderungen eines nichtleitenden Raumes.

*) DIN VDE 0100-729 (VDE 0100 Teil 729)

**) siehe Fußnote 5 aus Seite 124

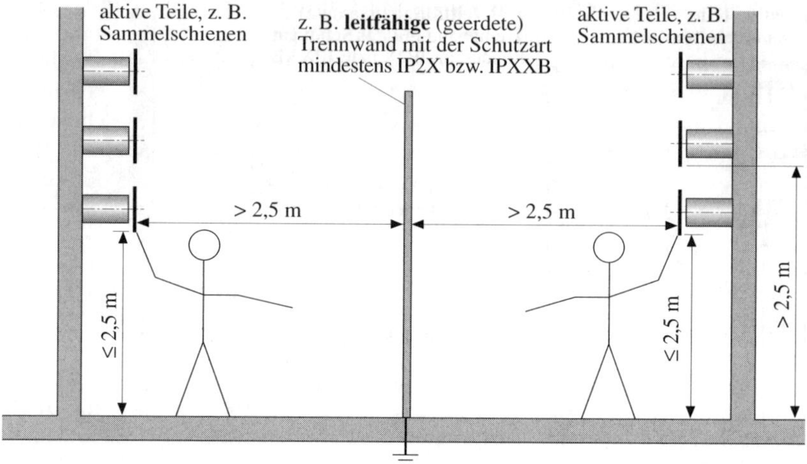

Bild 5.7 Schutz gegen direktes Berühren – Schutz durch Abstand
Handbereich bei leitfähigen Trennwänden mit einer Schutzart von mindestens IP2X bzw. IPXXB. Leitfähige Trennwand gilt als »Teil unterschiedlichen Potentials«, daher ergibt sich formal der doppelte Handbereich. Fußboden und Wände erfüllen die Anforderungen eines nichtleitenden Raumes.

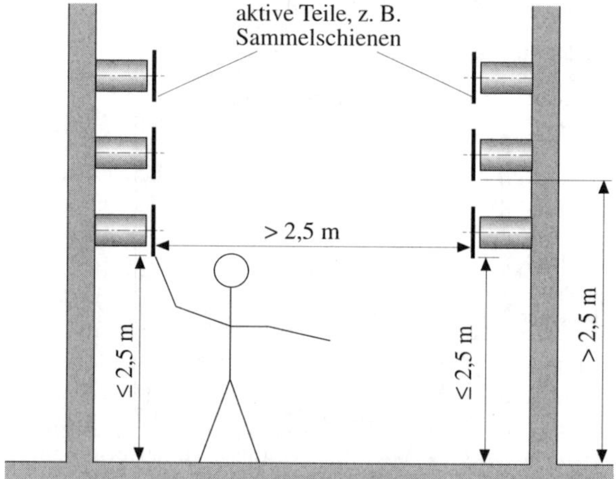

Bild 5.8 Schutz gegen direktes Berühren – Schutz durch Abstand
Da aktive Teile unterschiedlichen Potentials im nach oben betrachteten Handbereich vorhanden sind, ist ein horizontaler Abstand > 2,5 m erforderlich; jedoch ist dieser Abstand geringer als bei leitfähiger Trennwand (vergleiche mit Bild 5.7). Fußboden und Wände erfüllen die Anforderungen eines nichtleitenden Raumes.

Abstand zum Hindernis erforderlich, jedoch müssen die zwei aktiven Teile unterschiedlichen Potentials mindestens 2,5 m (+ Dicke des Hindernisses) Abstand voneinander haben. Die Verhältnisse sind dann so, als wäre das Hindernis nicht da (Bild 5.4). Hindernisse mit der Schutzart mindestens IP2X oder IPXXB verkürzen den ohne Hindernis erforderlichen Abstand von 2,5 m (**Bild 5.6**) auf die Dicke des Hindernisses. Im Falle von Wartungs- und Bedienungsgängen sind jedoch die Mindestgangbreiten nach DIN VDE 0100-729 (VDE 0100 Teil 729) und die dort angegebenen Abstände von Hindernissen zu aktiven Teilen einzuhalten.

5.5 Zusätzlicher Schutz durch RCDs (Schutz bei direktem Berühren) DIN VDE 0100 Teil 410, Abschnitt 412.5)

Neu ist hier die Verwendung des bereits in anderen Normen eingeführten Begriffs RCD. RCD (grammatikalisches Geschlecht: weiblich, also Einzahl: **die** RCD, Mehrzahl: die RCDs) ist ein Kunstwort und stammt aus dem Englischen: **R**esidual **C**urrent Protective **D**evice. Dies bedeutet soviel wie Differenzstrom-Schutzeinrichtung. Leider war dieser Begriff bereits für Differenzstrom-Schutzeinrichtungen **mit Hilfsspannungsquelle** belegt. Es sollte jedoch in der damaligen Einspruchsberatung ein konsensfähiger unbelasteter Oberbegriff für Differenzstrom-Schutzeinrichtungen **mit oder ohne Hilfsspannungsquelle** gefunden werden. Die Wahl fiel auf »die RCD«.

Der zusätzliche Schutz bei direktem Berühren (Beispiele siehe **Bild 5.9**) ist nun entsprechend des Textes mit **allen** RCDs möglich – neben den bisher ausschließlich zulässigen Fehlerstrom-Schutzeinrichtungen, die keine Hilfsspannungsquelle haben, dürfen also auch RCDs mit Hilfsspannungsquelle (Differenzstrom-Schutzeinrichtungen) verwendet werden. Aber **Vorsicht**, dies ist nur eine Art Offenhaltungsklausel für den Fall des späteren Inkrafttretens von Normen für Differenzstrom-Schutzeinrichtungen. Solange hierfür keine Normen existieren, ist der Schutz bei direktem Berühren weiterhin nur mit genormten RCDs, zur Zeit nur mit Fehlerstrom-Schutzeinrichtungen nach DIN VDE 0664 (VDE 0664) normgerecht, denn DIN VDE 0100-510 (VDE 0100 Teil 510):1997-01 fordert in Abschnitt 511, daß die Betriebsmittel den gültigen Normen und nicht den Entwürfen entsprechen müssen.

Weicher kann die Empfehlung nach DIN VDE 0100-739 (VDE 0100 Teil 739) für den zusätzlichen Schutz bei direktem Berühren **auf freiwilliger Basis** ohne die zwingende Forderung in der Norm interpretiert werden. Danach wird der **empfohlene** Schutz bei direktem Berühren mit Schutzeinrichtungen mit Bemessungsfehlerstrom/Bemessungsdifferenzstrom $I_{\Delta N} \leq 30$ mA erreicht. Wenn also die zwingenden Anforderungen des Schutzes bei indirektem Berühren erfüllt sind und kein zusätzlicher Schutz bei direktem Berühren gefordert wird, kann in **Eigenverantwortung** der nicht zwingend erforderliche Schutz bei direktem Berühren durch eine Schutzeinrichtung mit Bemessungsfehlerstrom/Bemessungsdifferenzstrom

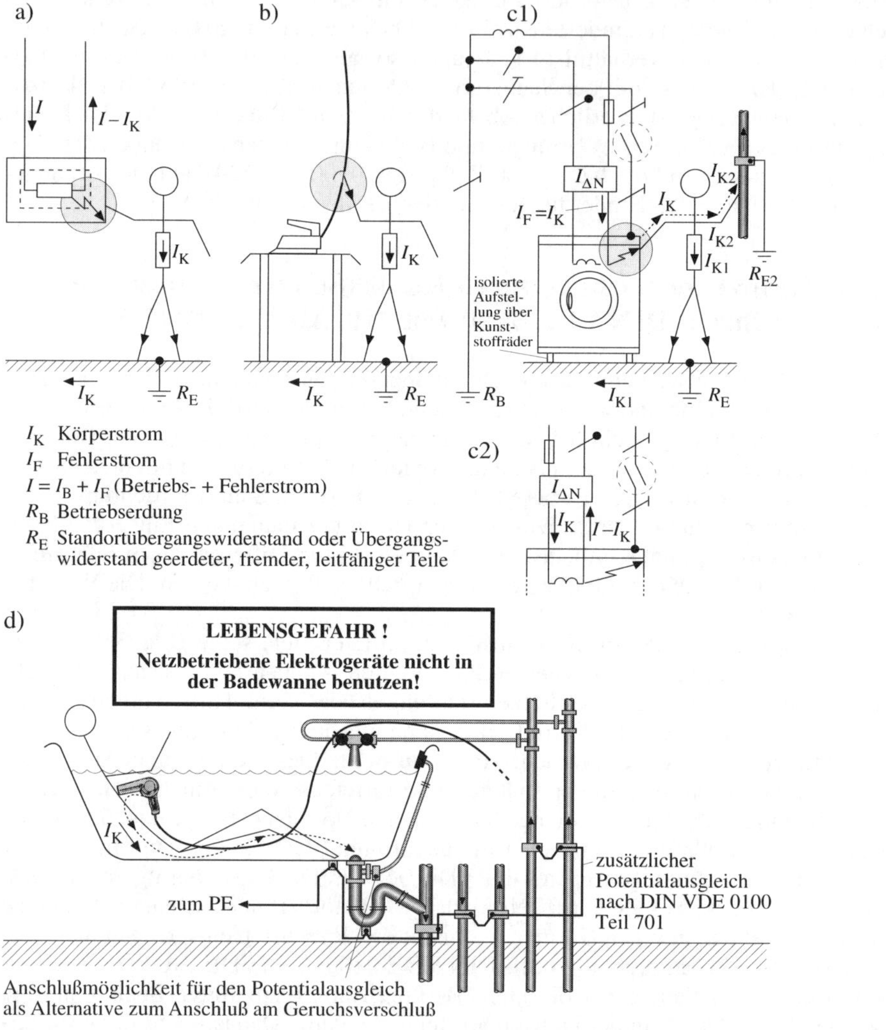

Bild 5.9 Beispiele für den Schutz bei direktem Berühren durch RCD mit $I_{\Delta N} \leq 30$ mA

a) Defekte Isolierung oder Einwirkung von Feuchtigkeit bei Verbrauchsmitteln der Schutzklasse II
b) Defekte Anschlußleitung – Berühren eines Außenleiters
c1) Verbrauchsmittel der Schutzklasse I bei unterbrochenem Schutzleiter, mit Körperschluß bei gleichzeitiger Unterbrechung des Stromkreises im Verbrauchsmittel
c2) Verbrauchsmittel der Schutzklasse I bei unterbrochenem Schutzleiter, mit Körperschluß ohne Unterbrechung des Stromkreises
d) Beispiel für leichtsinnige Nutzung: Badender mit Handhaartrockner, der in das Badewasser gefallen ist. Gefährlicher elektrischer Strom durch den menschlichen Körper kann, in Abhängigkeit von der Zusammensetzung des Badewassers (z. B. Anteile an Badesalzen), auftreten.

$I_{\Delta N} \leq 30$ mA erreicht werden, für die noch keine Normen sondern nur Entwürfe existieren, z. B. SRCDs nach Entwurf DIN IEC 23E/214/CD (VDE 0662 Teil 10). Hinsichtlich der Auswahl von RCDs wird zukünftig noch einiges zu erwarten sein. Immerhin gibt es bereits Entwürfe für PRCDs, SRCDs, RCBOs, RCCBs und RCMs, siehe **Tabelle 5.1.** Der künftige Teil 530 der DIN VDE 0100 (VDE 0100) wird die Auswahl von RCDs hinsichtlich des:

- Schutzes bei direktem Berühren
- Schutzes bei indirektem Berühren und
- Brandschutzes

regeln (zur Zeit Entwurf DIN IEC 64/758/CD (VDE 0100 Teil 530/A6):1995-04).

Es wird in der neuen DIN VDE 0100-410 (VDE 0100 Teil 410) präzise ausgedrückt, daß die Anwendung von RCDs mit einem Bemessungsdifferenzstrom $I_{\Delta N} \leq 30$ mA als zusätzlicher Schutz nach Abschnitt 412.5 bei Fehlern der anderen Schutzmaßnahmen oder der Sorglosigkeit des Benutzers anerkannt ist (Bild 5.9). Leider wird nicht deutlich, daß es sich nur in den Fällen um einen **zusätzlichen** Schutz handelt, bei denen die Schutzmaßnahme **zusätzlich** zu den beiden anderen Schutzebenen Schutz gegen direktes Berühren und Schutz bei indirektem Berühren **ohne zwingende Forderung** angewendet wird. In den Fällen, in denen in Sonderbestimmungen der 700er Gruppe der DIN VDE 0100 die Anwendung von RCD mit einem Bemessungsdifferenzstrom $I_{\Delta N} \leq 30$ mA zwingend gefordert wird (z. B. als Alternative für Steckdosen im Bereich 3 von Orten mit Badewanne oder Dusche), handelt es sich für diese Situationen um den mindest notwendigen Grundschutz, bei dem nicht der Schutz zusätzlich ist, sondern die 3. Schutzebene **zusätzlich** zu den beiden grundsätzlich erforderlichen Schutzebenen mindestens notwendig ist. Deutscherseits besteht hier für die Zukunft der Wunsch, diese 3. Schutzebene »Schutz bei direktem Berühren« nicht »Untermieter« beim Schutz gegen direktes Berühren sein zu lassen, sondern einem eigenen Hauptabschnitt (vielleicht 414?) zuzuordnen.

Da als RCDs für den zusätzlichen Schutz bei direktem Berühren – wegen der Anforderung in DIN VDE 0100-510 (VDE 0100 Teil 510) – vorwiegend Fehlerstrom-Schutzeinrichtungen mit $I_{\Delta N} \leq 30$ mA nach DIN VDE 0664 (VDE 0664) eingesetzt werden, werden nachfolgend hierzu einige Informationen gegeben:

In Normen und in der Literatur sind unterschiedliche Schreibweisen der Indizes »N« und »n«, also $I_{\Delta N}$ oder $I_{\Delta n}$ vorzufindenden. Index N steht bei Formelzeichen grundsätzlich für »Bemessung…« und Index n steht für »Nenn…«. Derzeit erfolgt bei der Normung ein begrifflicher Umbruch von **Nenn**fehlerströmen zu **Bemessungs**differenzströmen. Beide Begriffe – und somit auch die unterschiedlichen Indizes N und n – werden wohl noch eine Weile nebeneinander bestehen. Für den Anwender bedeutet dies jedoch keine wesentliche inhaltliche Änderung.

Fehlerstrom-Schutzeinrichtungen sind für den Schutz bei indirektem Berühren und bei einem Bemessungsdifferenzstrom $I_{\Delta N} \leq 30$ mA (**Bild 5.10**) auch für den Schutz

Tabelle 5.1 Bedeutung der Kurzformen bei RCDs und zugehörige DIN-VDE-Normen und -Entwürfe

Kurzform	Herkunft aus dem Englischen (Kurzform-Großbuchstaben hervorgehoben)	Normen und Entwürfe	Bemerkungen
RCD	**R**esidual **C**urrent protective **D**evice	Anwendung in neueren Normen der DIN VDE 0100 (ab 1996); vorher bereits Anwendung in Entwürfen der DIN VDE 0100, siehe vor allem Entwurf DIN IEC 64/758/CD (VDE 0100 Teil 530/A6):1995-04	Oberbegriff für Fehlerstrom-Schutzeinrichtungen (RCDs **ohne** Hilfsspannungsquelle)*) nach DIN VDE 0664 (VDE 0664) und Differenzstrom-Schutzeinrichtungen (RCDs **mit** Hilfsspannungsquelle) nach Entwurf DIN VDE 0664-101 (VDE 0664 Teil 101):1989-11
PRCD	**P**ortable **R**esidual **C**urrent protective **D**evice	DIN VDE 0661 (VDE 0661):1988-04 Entwürfe • DIN VDE 0661-2 (VDE 0661 Teil 2):1993-08 • DIN VDE0661-101 (VDE 0661 Teil 101):1991-12	ortsveränderliche Differenzstrom-/Fehlerstrom-Schutzeinrichtung
PRCD-S	**P**ortable **R**esidual **C**urrent protective **D**evice-**S**afety	zur Zeit keine	ortsveränderliche Differenzstrom-/Fehlerstrom-Schutzeinrichtung mit erweitertem Schutzumfang und Sicherstellung der bestimmungsgemäßen Nutzbarkeit des Schutzleiters
SRCD	**S**ocket-outlet **R**esidual **C**urrent protective **D**evice	Entwürfe • DIN VDE 0662 (VDE 0662): 1993-08 • DIN IEC 23E/214/CD (VDE 0662 Teil 10):1995-11	ortsfeste Schutzeinrichtung in Steckdosenausführung zur Schutzpegelerhöhung bzw. Fehlerstrom-Schutzeinrichtung ohne Überstromschutz, ein- oder angebaut an ortsfeste Steckdosen

*) Nur diese RCDs dürfen zur Zeit nach DIN VDE 0100-510 (VDE 0100 Teil 510) angewendet werden.

(wird fortgesetzt)

Tabelle 5.1 Bedeutung der Kurzformen bei RCDs und zugehörige DIN-VDE-Normen und -Entwürfe (Fortsetzung)

Kurzform	Herkunft aus dem Englischen (Kurzform-Großbuchstaben hervorgehoben)	Normen und Entwürfe	Bemerkungen
RCBO	**R**esidual **C**urrent operated Circuit-**B**reaker with integral **O**vercurrent protection	Entwürfe • DIN VDE 0664-101 (VDE 0664 Teil 101):1989-11 • DIN VDE 0664-200 (VDE 0664 Teil 200):1994-10 • DIN IEC 23E(Sec)193 (VDE 0664 Teil 201):1995-02 • DIN IEC 23E/252/FDIS (VDE 0664 Teil 202):1996-09 • DIN EN 61009-1/A13 (VDE 0664 Teil 203):1996-11 • DIN EN 61009-1/A2 (VDE 0664 Teil 204):1996-12	FI- oder DI-Schalter mit eingebautem Überstromauslöser (FI/LS-Schalter oder DI/LS-Schalter)
RCCB	**R**esidual **C**urrent operated **C**ircuit-**B**reaker without integral overcurrent protection	Entwürfe • DIN VDE 0664-100 (VDE 0664 Teil 100):1994-10 • DIN VDE 0664-101 (VDE 0664 Teil 101):1989-11 • DIN VDE 0664-104 (VDE 0664 Teil 104):1990-02 • DIN EN 61008-1/A12 (VDE 0664 Teil 107):1996-11 • DIN IEC 23E(Sec)192 (VDE 0664 Teil 105):1994-10 • DIN EN 61008-1 (VDE 0664 Teil 108):1996-12	FI- oder DI-Schalter ohne eingebauten Überstromauslöser
RCM	**R**esidual **C**urrent **M**onitor for household and similar uses	Entwurf DIN IEC 23E/247/CDV (VDE 0663):1996-10	Differenzstrom-Überwachungsgerät

bei direktem Berühren geeignet. Wenn als Schutzeinrichtungen für den Schutz durch automatische Abschaltung der Stromversorgung Fehlerstrom-Schutzeinrichtungen mit $I_{\Delta N} \leq 30$ mA ausgewählt werden, ist der zusätzliche Schutz bei direktem Berühren durch dieselbe Fehlerstrom-Schutzeinrichtung gegeben. Fehlerstrom-Schutzeinrichtungen mit $I_{\Delta N} \leq 30$ mA werden fachsprachlich auch als »hochempfindliche Fehlerstrom-Schutzeinrichtungen« bezeichnet, obwohl diese Benennung nicht genormt ist.

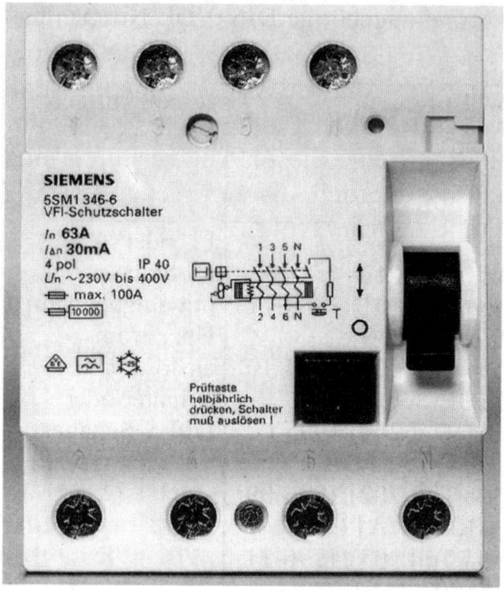

Bild 5.10 Fehlerstrom-Schutzeinrichtung (RCD) mit $I_{\Delta N} \leq 30$ mA

Es ist prinzipiell nach zwei unterschiedlichen Fehlerarten, die die Fehlerstrom-Schutzeinrichtung zur Abschaltung bringen, zu unterscheiden:

a) Der Differenzstrom steigt langsam an, z. B. weil sich bei einem Isolationsfehler der Widerstand über die Zeit verringert.
b) Der Differenzstrom steigt schlagartig an, z. B. wenn eine Person plötzlich ein aktives Teil im geschützen Stromkreis berührt, z. B. wenn ein Kind eine Stricknadel in eine Steckdose einführt.

Im Sinne des Schutzes gegen elektrischen Schlag ist der Fehler entsprechend Aufzählung a) weniger kritisch, da eine Auslösung vor Erreichen möglicherweise schädigender Körperströme erfolgt. Fehlerstrom-Schutzeinrichtungen dürfen ab dem halben Bemessungsdifferenzstrom auslösen – im Falle eines $I_{\Delta N} \leq 30$ mA also ab 15 mA. Fehlerstrom-Schutzeinrichtungen müssen laut Gerätenorm beim Erreichen ihres Bemessungsdifferenzstroms auslösen, im Beispiel also bei 30 mA in einer maximalen Zeit von 200 ms. Eine Fehlerstrom-Schutzeinrichtung mit $I_{\Delta N} \leq 10$ mA würde bei noch hochohmigeren Isolationsfehlern auslösen, jedoch können schon zwei Verbrauchsmittel mit normgerechten Ableitströmen von 3,5 mA genügen, um die Fehlerstrom-Schutzeinrichtung mit $I_{\Delta N} \leq 10$ mA auszulösen, obwohl im Sinne des Schutzes gegen elektrischen Schlag die Abschaltung nicht gefordert ist. Diese »Fehlauslösung« kann auch bei einer entsprechend größeren Anzahl von

Verbrauchsmitteln mit Ableitströmen (ab der Summe von 15 mA) bei Fehlerstrom-Schutzeinrichtungen mit $I_{\Delta N} \leq 30$ mA auftreten. Deswegen empfiehlt sich, eine entsprechende Aufteilung in verschiedene Stromkreise vorzunehmen. Wenn z. B. alle Steckdosenstromkreise einer Anlage durch eine Fehlerstrom-Schutzeinrichtung geschützt werden, sollten die Lichtstromkreise dieser Anlage durch eine zweite Fehlerstrom-Schutzeinrichtung geschützt werden. Wenn die Auslösung einer Fehlerstrom-Schutzeinrichtung in der dunklen Zeit erfolgt,

- bleibt die elektrische Beleuchtung erhalten, wenn die Auslösung im Steckdosen-Stromkreis erfolgt,
- kann die Beleuchtung mit Stehlampen, die an Steckdosen angeschlossen sind, aufrechterhalten werden, wenn die Auslösung im Licht-Stromkreis erfolgt.

Kritisch kann die Fehlerart nach Aufzählung b), also der plötzliche hohe Körperstrom sein. Bis zur Abschaltung (nach Gerätenorm DIN VDE 0664 (VDE 0664) innerhalb 200 ms), die in der Praxis meist wesentlich schneller (in 40 ms bis 50 ms) als nach der Norm gefordert erfolgt, fließt bei direktem Berühren aktiver Teile **der** Strom über den menschlichen Körper, der von Berührungsspannung und Körperimpedanz des menschlichen Körpers des Berührenden bestimmt wird. Dieser Körperstrom kann in besonders kritischen Situationen, z. B. bei feuchter Haut in feuchter Umgebung (Badewanne!), so hoch sein, daß er Personen schädigt oder tötet. Es findet bis zur Abschaltung **keine** Strombegrenzung auf die Höhe des Bemessungsdifferenzstromes statt.
Fehlerstrom-Schutzeinrichtungen schützen nur bedingt beim gleichzeitigen Berühren von zwei Leitern ein und desselben Stromkreises, z. B. des Außenleiters und des Neutralleiters. Wenn die berührende Person isolierend steht (Teppich, Schuhe), tritt kein Differenzstrom zur Erde auf und die Fehlerstrom-Schutzeinrichtung löst nicht aus. Der Mensch wird aber dabei von einem Körperstrom durchflossen, der gefährlich sein kann.
Die Schutzwirkung von Fehlerstrom-Schutzeinrichtungen ist nur gegeben, wenn sie richtig ausgewählt werden, insbesondere sind zu berücksichtigen:

- Bemessungsdifferenzströme;
- Beeinflussung durch Gleichfehlerströme;
- Schutz bei Überlast und Kurzschluß.

Die Wahl der Bemessungsdifferenzströme ist abhängig vom vorgesehenen Einsatz. So dürfen für den Schutz bei direktem Berühren (wie er z. B. in der Gruppe 700 der DIN VDE 0100 (VDE 0100) für bestimmte Bereiche in Räumen mit Badewanne oder Dusche gefordert ist) nur Fehlerstrom-Schutzeinrichtungen mit einem Bemessungsdifferenzstrom $I_{\Delta N} \leq 30$ mA ausgewählt werden.
Eine Beeinflussung durch Gleichfehlerströme kann z. B. durch drehzahlveränderbare (frequenzumrichtergespeiste) Antriebe verursacht werden, insbesondere wenn es sich um 6-Puls-Brückenschaltungen handelt. Hierbei können im Fehlerfalle

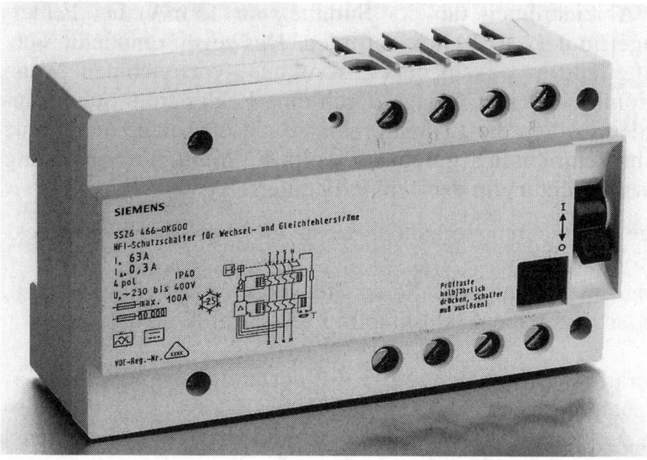

Bild 5.11 Allstromsensitive Fehlerstrom-Schutzeinrichtung (RCD) mit $I_{\Delta N} \leq 300$ mA

reine Gleichfehlerströme auftreten. Pulsstromsensitive Fehlerstrom-Schutzeinrichtungen (Bild 5.10) können bei reinen Gleichfehlerströmen nicht mehr zuverlässig auslösen. Es müssen daher für den Schutz solcher Stromkreise und Betriebsmittel »allstromsensitive« Fehlerstrom-Schutzeinrichtungen (**Bild 5.11**) ausgewählt werden, die pulsstromsensitiv für lückenlosen und lückenhaften Fehlerstrom (in bezug auf die Zeitachse) sowie wechselstromsensitiv sind. Als Alternative dürfen – wenn dem keine Gründe entgegenstehen – andere Schutzmaßnahmen bei indirektem Berühren, z. B. die Schutztrennung, gewählt werden. Schutz bei direktem Berühren ist bei unzulässigen Gleichfehlerströmen ohne »allstromsensitive« Fehlerstrom-Schutzeinrichtungen nicht möglich.
Auch der Schutz bei Überstrom muß bei der Auswahl der Fehlerstrom-Schutzeinrichtungen berücksichtigt werden. Fehlerstrom-Schutzeinrichtungen bieten weder einen integrierten Schutz bei Kurzschluß noch einen integrierten Schutz bei Überlast, d. h. diese Schutzeinrichtungen müssen zusätzlich vorgesehen werden, oder es werden FI/LS-Schalter ausgewählt. Für den Schutz bei Überströmen sind die Herstellerangaben zu berücksichtigen.

6 Schutz gegen elektrischen Schlag unter Fehlerbedingungen (Schutz bei indirektem Berühren oder Fehlerschutz) (DIN VDE 0100 Teil 410, Hauptabschnitt 413)

Die Bezeichnungen »Schutz gegen elektrischen Schlag unter Fehlerbedingungen«, »Schutz bei indirektem Berühren« und »Fehlerschutz« werden gleichrangig angewendet. Gelegentlich wird hierfür auch die Bezeichnung »2. Schutzebene« verwendet. Sinngemäß analog wird der »Schutz gegen direktes Berühren oder Basisschutz« auch als »1. Schutzebene« bezeichnet (siehe Abschnitt 5 dieses Buchs).
Um den »Schutz bei indirektem Berühren« zu erfüllen, wird dem »Schutz durch automatische Abschaltung der Stromversorgung« durch DIN VDE 0100-470 (VDE 0100 Teil 470) – einer Norm, in der Anforderungen für die Anwendung von Schutzmaßnahmen festgelegt sind – eine gewisse Vorrangrolle eingeräumt. Es dürfen aber auch der Schutz durch SELV oder PELV, der »Schutz durch Verwendung von Betriebsmitteln der Schutzklasse II oder durch gleichwertige Isolierung« oder der »Schutz durch Schutztrennung« angewendet werden. Nach DIN VDE 0100-470 (VDE 0100 Teil 470) sind die Schutzmaßnahmen »Schutz durch nichtleitende Räume« oder »Schutz durch erdfreien örtlichen Potentialausgleich« nachrangig anzuwenden, wenn der »Schutz durch automatische Abschaltung der Stromversorgung« nicht praktikabel oder unerwünscht ist.

6.1 Schutz durch automatische Abschaltung der Stromversorgung (DIN VDE 0100 Teil 410, Abschnitt 413.1)

In dem Abschnitt 413.1 der DIN VDE 0100-410 (VDE 0100 Teil 410):1997-01 werden die Anforderungen an die sogenannten »Schutzleiter-Schutzmaßnahmen« beschrieben, die nun immer zu einer Abschaltung der Stromversorgung innerhalb vorgegebener Zeiten führen müssen, es sei denn, es wird von der Anwendung des zusätzlichen Potentialausgleichs (siehe Abschnitt 6.1.6.1 dieses Buchs) Gebrauch gemacht. Die früher gebräuchlichen Begriffe wie Schutzerdung, FI-Schutzschaltung, Schutzleitungssystem und Nullung wurden schon 1983 mit der ersten europäischen Harmonisierung der Schutzmaßnahmen gegen elektrischen Schlag (damals noch »Schutz gegen gefährliche Körperströme«) durch DIN VDE 0100-410 (VDE 0100 Teil 410) von 1983 aufgegeben, das heißt, sie wurden danach in der DIN VDE 0100 (VDE 0100) nicht mehr verwendet. Schon seinerzeit wurden sie durch ein völlig neues Bezeichnungskonzept für »Schutzleiter-Schutzmaßnahmen« ersetzt. Dieses Bezeichnungskonzept setzte sich zusammen aus der Angabe der Netzform – heute nach DIN VDE 0100-300 (VDE 0100 Teil 300):1996-01 als »System nach Art der Erdverbindung« (TN-System, TT-System oder IT-System)

bezeichnet (siehe Klappkarte am Schluß dieses Buchs) – und der Abschalt- bzw. Meldeeinrichtung (Überstrom-, Fehlerstrom-, Fehlerspannungs-Schutzeinrichtung oder Isolationsüberwachungseinrichtung). So konnte ab 1983 beispielsweise die ehemalige Schutzmaßnahme »Nullung« – obwohl in den Erläuterungen der DIN VDE 0100-410 (VDE 0100 Teil 410) aus dem Jahre 1983 nur vage gleichgesetzt – mit »Schutz durch Überstrom-Schutzeinrichtungen im TN-System« oder »Schutz mit Fehlerstrom-Schutzeinrichtungen im TN-System« (auch als »schnelle Nullung« bekannt) bezeichnet werden.
An der grundlegenden technischen Konzeption des »Schutzes durch automatische Abschaltung der Stromversorgung« hat sich mit der neuen DIN VDE 0100-410 (VDE 0100 Teil 410):1997-01 kaum etwas geändert; unter bestimmten Voraussetzungen werden allerdings andere Abschaltzeiten gefordert, worauf nachfolgend noch näher eingegangen wird.
Mit Inkrafttreten der jetzt gültigen DIN VDE 0100-410 (VDE 0100 Teil 410): 1997-01 am 1. Januar 1997 hat sich auch der Titel des Abschnitts 413.1 der DIN VDE 0100-410 (VDE 0100 Teil 410):1997-01 geändert. Die neue Formulierung »Schutz durch automatische Abschaltung der Stromversorgung« läßt erkennen, daß der »Schutz durch Meldung« – für sich allein – keine Schutzmaßnahme mehr ist, denn im IT-System muß letztendlich – und zwar spätestens beim 2. Fehler innerhalb festgelegter Zeiten, spätestens aber in 5 s – abgeschaltet werden. Siehe hierzu auch Abschnitt 6.1.5 dieses Buchs.
In der Anmerkung 1 des Abschnitts 413.1 der DIN VDE 0100-410 (VDE 0100 Teil 410):1997-01 wird auf IEC 479, 2. Ausgabe, umgesetzt in DIN V VDE V 0140-479 (VDE V 0140 Teil 479):1996-02, Bezug genommen; die grundsätzliche inhaltliche Aussage bleibt jedoch erhalten. Das heißt, nach wie vor ist bis zu einer Berührungswechselspannung von 50 V unter normalen Bedingungen keine Abschaltung der Stromversorgung, d. h. des fehlerhaften Stromkreises, erforderlich.
Die Anmerkung 2 in dem zuvor angeführten Abschnitt ist neu. Sie macht primär darauf aufmerksam, daß der Schutz durch automatische Abschaltung der Stromversorgung einer Koordinierung hinsichtlich der Art der Erdverbindung und der Eigenschaften von Schutzleiter und Schutzeinrichtungen bedarf, was prinzipiell – aufgrund der normativen Festlegungen in 6.1.1.1 der inzwischen ersetzten DIN VDE 0100-410 (VDE 0100 Teil 410):1983-11 – auch schon vorher galt. Darüber hinaus wird in dieser 2. Anmerkung darauf hingewiesen, daß die Anforderungen für die Schutzmaßnahme »Schutz durch automatische Abschaltung der Stromversorgung« und die Abschaltzeiten – die sich bezogen auf das bisher Gültige geändert haben.
Die neue Anmerkung 3 in dem ebenfalls zuvor angeführten Abschnitt entspricht inhaltlich etwa der früheren Anmerkung 2, jedoch kommt nun klarer zum Ausdruck, daß die Anforderungen für den Schutz durch Abschaltung der Stromversorgung nun auch für Gleichstromsysteme gelten, obgleich an einigen Stellen der neuen DIN VDE 0100-410 (VDE 0100 Teil 410):1997-01 entsprechende Anforderungen für Gleichspannung fehlen.

6.1.1 Allgemeines (DIN VDE 0100 Teil 410, Unterabschnitt 413.1.1)

Die Anforderungen in diesem Unterabschnitt sind bezogen auf das bisher Gültige wesentlich umfangreicher geworden. Das gilt sowohl für den technisch-sachlichen Inhalt als auch für den Umfang selbst. So wird beispielsweise schon in diesem Unterabschnitt darauf hingewiesen, daß unter bestimmten Voraussetzungen, abhängig von der Art der Erdverbindung – also ob ein TN-, TT- oder IT-System zur Anwendung kommt –, eine Abschaltzeit bis zu 5 s erlaubt ist, obwohl nach der Tabelle 41 A der DIN VDE 0100-410 (VDE 0100 Teil 410):1997-01 (siehe **Tabelle 6.1**) z. B. für TN-Systeme – bezogen auf U_0 = 230 V – nur eine maximale Abschaltzeit von 0,4 s zugestanden wird und auch im TT-System für den Schutz von Verteilungsstromkreisen mit zeitverzögerten RCDs nur eine Abschaltzeit von ≤ 1 s erlaubt ist.
Neu ist die Anmerkung 4 des Unterabschnitts 413.1.1.1 der DIN VDE 0100-410 (VDE 0100 Teil 410):1997-01, in der darauf hingewiesen wird, daß die Anforderungen zur »Abschaltung der Stromversorgung« nur auf Stromversorgungsanlagen mit Wechselspannung, einer Frequenz zwischen 15 und 1000 Hz, und mit oberschwingungsfreier Gleichspannung anzuwenden sind. »Oberschwingungsfrei« ist vereinbarungsgemäß definiert als Welligkeit von nicht mehr als 10 % des Effektivwertes bei überlagerter sinusförmiger Wechselspannung; der maximale Scheitelwert überschreitet nicht 140 V bei einem oberschwingungsfreien Gleichstromsystem mit der Nennspannung 120 V und nicht 70 V bei einem oberschwingungsfreien Gleichstromsystem mit der Nennspannung 60 V.
Anmerkung 5 des zuvor angeführten Abschnitts sagt aus, daß unter dem Gesichtspunkt des Schutzes gegen elektrischen Schlag im IT-System beim ersten Fehler keine Abschaltung erfolgen muß. Das gilt nicht für den ersten Fehler im Falle eines Kurzschlusses, z. B. zwischen zwei aktiven Leitern. In derartigen Fällen muß natürlich beim ersten Fehler abgeschaltet werden, soweit dies nach DIN VDE 0100-430 (VDE 0100 Teil 430) aus Gründen des Schutzes von Kabeln und Leitungen gegen zu hohe Erwärmung erforderlich ist.
Die Ausnahmen bezüglich der Abschaltzeiten und Spannungen – gemeint sind die Berührungsspannungen – für elektrische Stromerzeugungs- und Verteilungsanlagen bis zum Speisepunkt (z. B. Hausanschlußkasten) der Verbraucheranlage sind in Anmerkung 6 des zuvor angeführten Abschnitts zu finden. Wie in der Vorgängerausgabe DIN VDE 0100-410 (VDE 0100 Teil 410):1983-11 sind diesbezüglich auch die »schutzisolierten«[1)] Hauptstromversorgungssysteme nach DIN 18015-1 gemäß Abschnitt NB.1 im nationalen Anhang NB einbezogen. Insofern gibt es in den zuvor angeführten Bereichen einer elektrischen Anlage – auf die Praxis bezogen – keine neuen Anforderungen. Das **Bild 6.1** zeigt die höchstzulässigen Abschaltzeiten in einem TN-System, wie sie nach der ersetzten DIN VDE 0100-410

1) Siehe Abschnitt 6.2 dieses Buchs, in dem die Änderung der Bezeichnung »schutzisoliert« erläutert wird.

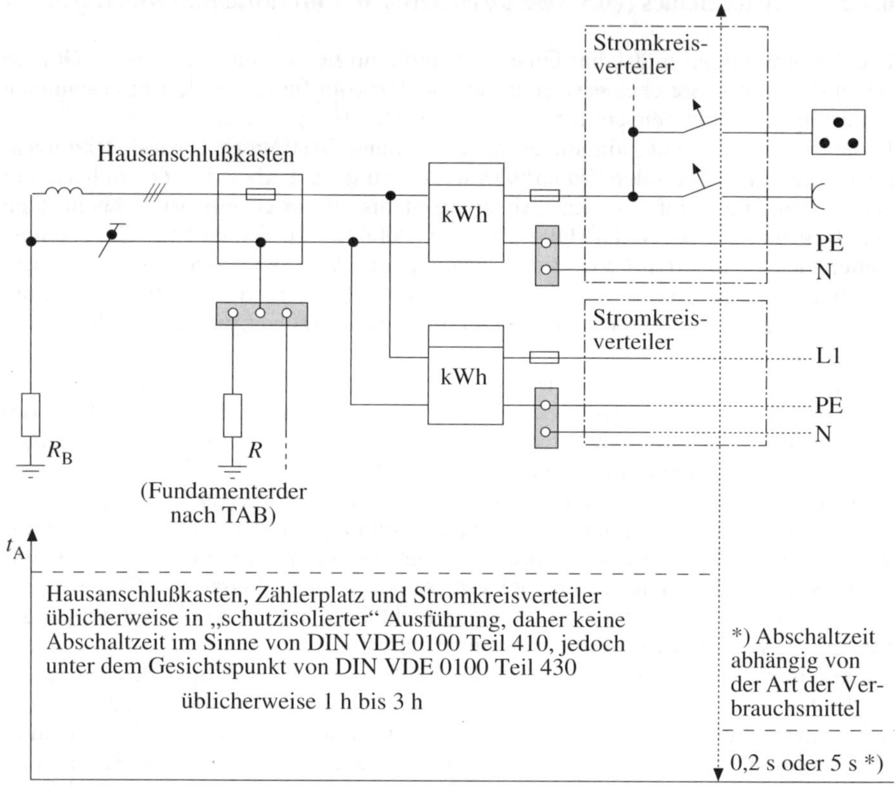

Bild 6.1 Höchstzulässige Abschaltzeiten in einem TN-System (einpolige Darstellung) nach der ersetzten DIN VDE 0100-410 (VDE 0100 Teil 410):1983-11
Die nun gültigen Abschaltzeiten für Endstromkreise nach DIN VDE 0100-410 (VDE 0100 Teil 410):1997-01 sind Bild 6.6 zu entnehmen.

(VD 0100 Teil 410):1983-11 zulässig waren. Die geänderten, neuen Abschaltzeiten sind **Bild 6.6** zu entnehmen.
Für den Praktiker so gut wie selbstverständlich ist die Anforderung, gleichzeitig berührbare Körper an demselben Erdungssystem anzuschließen.

6.1.2 Potentialausgleich (DIN VDE 0100 Teil 410, Unterabschnitt 413.1.2)

Unter der gemeinsamen Überschrift »Potentialausgleich« wird nach wie vor zwischen dem Hauptpotentialausgleich und dem zusätzlichen Potentialausgleich unterschieden.

Bisher mußte der Hauptpotentialausgleich nur an jedem Hausanschluß (**Bild 6.2a**) oder jeder gleichwertigen Versorgungseinrichtung errichtet werden; nun ist der Hauptpotentialausgleich in jedem Gebäude durchzuführen (**Bilder 6.2b und c**). Das kann letztendlich dazu führen, daß in jeder Garage oder in jedem sonstigen Nebengebäude ein Hauptpotentialausgleich erforderlich wird. In der Praxis dürfte das allerdings nur bedingt zu einem zusätzlichen Aufwand führen, da in den Nebengebäuden kaum »fremde leitfähige Teile« vorhanden sind. Wo dies allerdings der Fall ist, wird nun ein Hauptpotentialausgleich erforderlich, sofern hier eine elektrische Anlage errichtet wird. In solchen Fällen ist zu empfehlen, auch für diesen Hauptpotentialausgleich eine Hauptpotentialausgleichsschiene vorzusehen und die Hauptpotentialausgleichsschienen in den einzelnen Gebäuden über Hauptpotentialausgleichsleiter miteinander zu verbinden.

Beim Hauptpotentialausgleich wird nun auch der Begriff »Haupterdungsklemme oder -schiene« entsprechend DIN VDE 0100-200 (VDE 0100 Teil 200):1993-11, Abschnitt 2.4.8 verwendet. Danach ist die Haupterdungsklemme oder Haupterdungsschiene – üblicherweise auch Potentialausgleichsschiene oder Hauptpotentialausgleichsschiene genannt – eine Klemme oder Schiene, die vorgesehen ist, die Schutzleiter, die Potentialausgleichsleiter und gegebenenfalls die Leiter für die Funktionserdung mit der Erdungsleitung und den Erdern zu verbinden. Ferner wird darauf hingewiesen, daß metallene Konstruktionsteile und andere metallene Teile, die von außen in ein Gebäude eingeführt werden, so nahe wie möglich an ihrem Eintrittspunkt in das Gebäude über Hauptpotentialausgleichsleiter miteinander verbunden werden müssen. Obwohl in der Norm der Hinweis fehlt, muß dennoch diese »Verbindung der metallenen Konstruktionsteile« über einen Hauptpotentialausgleichsleiter auch mit der Hauptpotentialausgleichsschiene verbunden werden; sinnvollerweise sollte diese Verbindung auf dem kürzesten Weg geschehen.

Erstmalig wird gefordert, daß alle metallischen Umhüllungen von Fernmeldekabeln und -leitungen in den Hauptpotentialausgleich einbezogen werden müssen. Vorher ist jedoch die Zustimmung des Eigners oder Betreibers derartiger Kabel und Leitungen einzuholen. Wird die Zustimmung nicht erreicht, liegt die Verantwortung zur Vermeidung jeder Gefahr, die durch den Ausschluß dieser Kabel und Leitungen von der Verbindung mit dem Hauptpotentialausgleich entstehen, beim Besitzer oder Betreiber der Fernmeldeanlagen.

Daß auch der Blitzschutzerder in den Hauptpotentialausgleich einzubeziehen ist, wird in DIN VDE 0100-410 (VDE 0100 Teil 410):1997-01 nun nicht mehr gefordert. Die Anforderungen an Blitzschutzanlagen werden primär in den Normen der Reihe DIN VDE 0185 (VDE 0185) beschrieben.

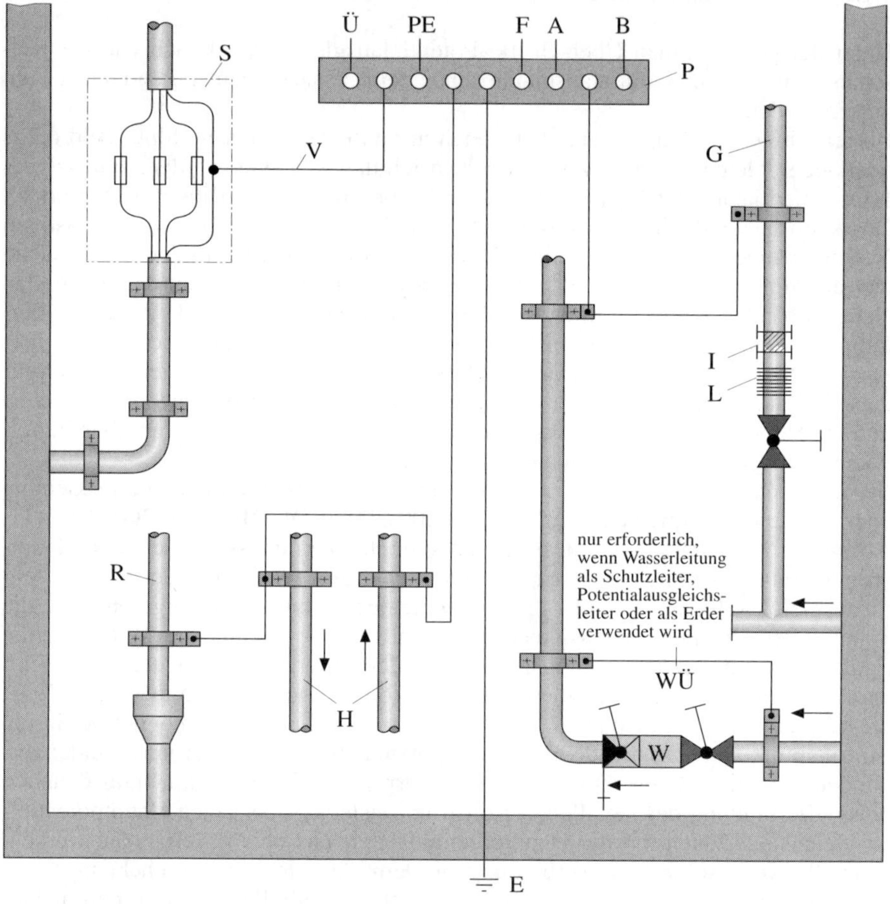

Bild 6.2a Ausführungsbeispiel für den Hauptpotentialausgleich

A zur Antennenanlage
B zur Blitzschutzanlage
E Erder, z. B. Fundamenterder (nach TAB auch im TN-System erforderlich)
F zur Fernmeldeanlage
G Gasrohr
H Heizungsrohre
I Isolierstück
PE Schutzleiter im TT-System oder IT-System
V Verbindungsleitung zum PEN/PE-Leiter im TN-System
L Langgewinde
P Haupterdungsklemme oder -schiene (Potentialausgleichsschiene)
R metallenes Abwasserrohr
S Starkstrom-Hausanschlußkasten
Ü zum Überspannungsschutz
W Wasserzähler
WÜ Überbrückung des Wasserzählers

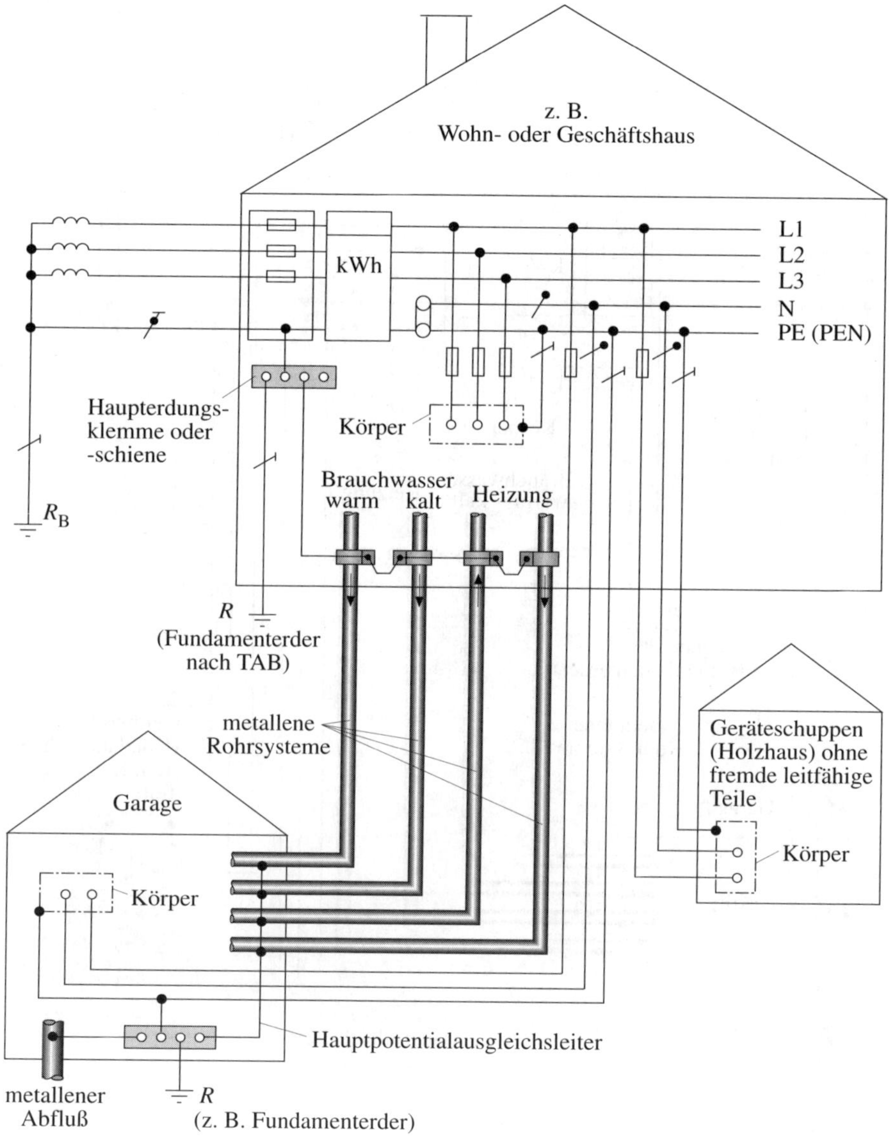

Bild 6.2b Hauptpotentialausgleich im **TN-System,** in **jedem** Gebäude mit einer elektrischen Anlage

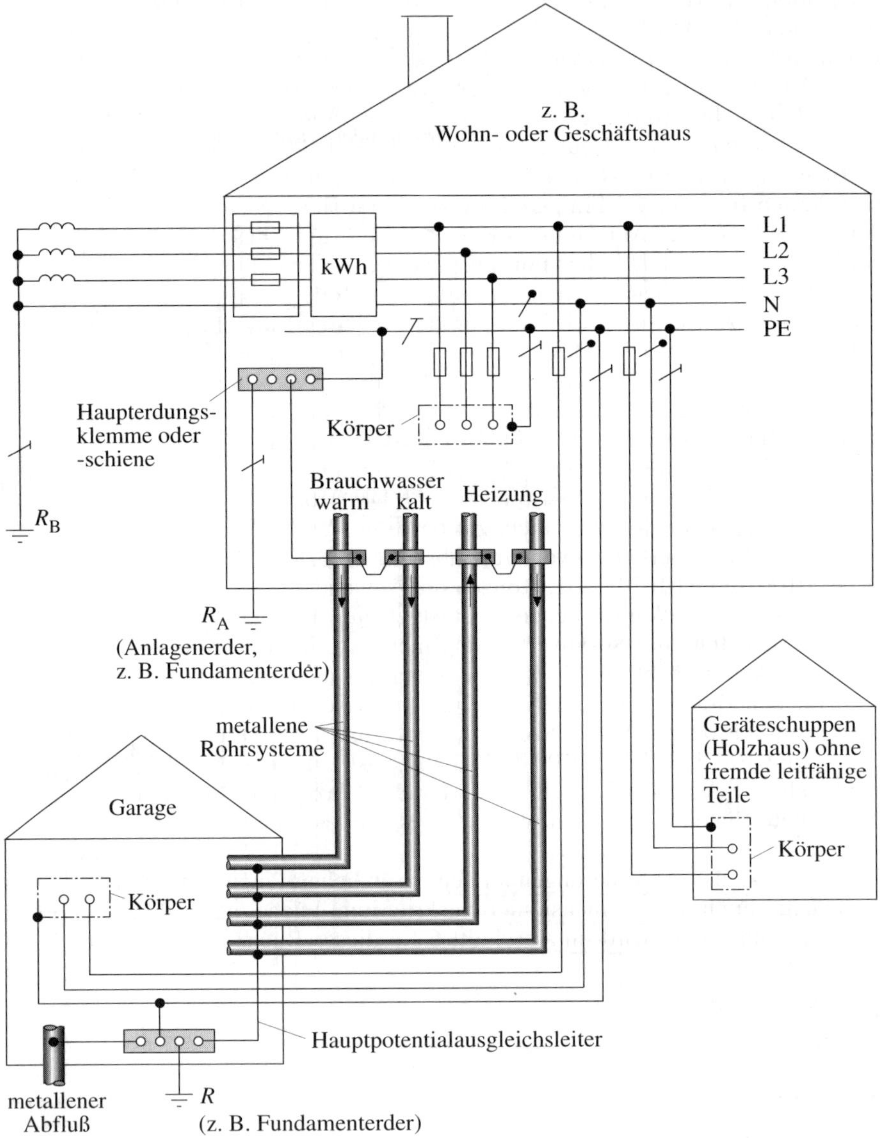

Bild 6.2c Hauptpotentialausgleich im **TT-System** (gilt analog auch für das IT-System), in **jedem** Gebäude mit einer elektrischen Anlage

Im Nationalen Vorwort der DIN VDE 0100-410 (VDE 0100 Teil 410):1997-01 wird unter »Zu 413.1.3.9« zum Hauptpotentialausgleich ausgeführt, daß in den Gremien des K 221 Einvernehmen besteht, daß der Wortlaut der Unterabschnitte 413.1.2.1 und 413.1.3 nicht ausreichend verständlich ist bzw. zu Mißverständnissen und zu nicht erforderlichen Vorgehensweisen führen kann. Um Letzteres auszuschließen, wurde von Deutschland bei CENELEC/SC 64A beantragt, den Text so zu ändern, wie er im Nationalen Vorwort veröffentlicht ist. Danach müssen **alle metallenen fremden leitfähigen Teile** zu einem Hauptpotentialausgleich verbunden werden. Bei der Aufzählung der metallenen fremden leitfähigen Teile in der Norm handelt es sich lediglich um Beispiele. Eine Klarstellung hinsichtlich der tatsächlich einzubeziehenden fremden leitfähigen Teile – so, wie es im Nationalen Vorwort nachzulesen ist – wird mit der beispielhaften Aufzählung allerdings auch nicht vollständig erreicht. Deshalb ist es für die anstehende CENELEC-Umfrage von Deutschland vorgesehen, einen Verbesserungsvorschlag einzureichen. Das **Bild 6.2** zeigt ein Ausführungsbeispiel für den Hauptpotentialausgleich, wie er nach den Teilen 410 und 540 der DIN VDE 0100 (VDE 0100) zu errichten ist.
Der zusätzliche Potentialausgleich wird nunmehr in zwei Unterabschnitten – nämlich in 413.1.2.2 und 413.1.6 der DIN VDE 0100-410 (VDE 0100 Teil 410): 1997-01 behandelt, was leider nicht zur besseren Verständlichkeit beiträgt. Neu ist die Aussage in Anmerkung 1 von Unterabschnitt 413.1.2.2 der DIN VDE 0100-410 (VDE 0100 Teil 410):1997-01, wonach die Anwendung eines zusätzlichen Potentialausgleichs in Fällen, in denen die festgelegten Bedingungen für die automatische Abschaltung der Stromversorgung nicht erfüllt werden können [2], nicht die Notwendigkeit aufhebt, die Stromversorgung aus anderen Gründen abzuschalten, z. B. für den Brandschutz, im Falle einer thermischen Überbeanspruchung eines Betriebsmittels oder ähnlicher Sachverhalte. Es darf nicht vergessen werden, daß in DIN VDE 0100-410 (VDE 0100 Teil 410):1997-01 nur der Aspekt »Schutz gegen elektrischen Schlag« behandelt wird. Parallel dazu müssen auch die anderen Schutzmaßnahmen eingehalten werden, z. B. die nach DIN VDE 0100-430 (VDE 0100 Teil 430).
Auf die speziellen Anforderungen an den zusätzlichen Potentialausgleich, die insbesondere durch das Dimensionierungskriterium (siehe nachfolgende Formel) gekennzeichnet sind, wird im Abschnitt 6.1.6 dieses Buchs noch ausführlich eingegangen.

$$R \leq \frac{50\ \text{V}}{I_\text{a}}$$

Darin bedeuten:

[2] Das kann z. B. der Fall sein in Anlagen, die aus leistungsschwachen Aggregaten oder Stromquellen mit Strombegrenzung versorgt werden.

R Widerstand der Verbindungsleitungen (Potentialausgleich) zwischen gleichzeitig berührbaren Körpern oder zwischen gleichzeitig berührbaren Körpern und fremden leitfähigen Teilen

I_a Strom, der das automatische Abschalten der Schutzeinrichtung bewirken würde:

- für RCD der Bemessungsdifferenzstrom $I_{\Delta N}$;
- für Überstrom-Schutzeinrichtungen der Strom, der eine Abschaltung innerhalb von 5 s bewirken würde.

50 V Grenze der dauernd zulässigen Berührungsspannung unter normalen Bedingungen

Es wird erstmalig besonders darauf hingewiesen, daß der zusätzliche Potentialausgleich die gesamte Anlage, einen Teil der Anlage, ein Gerät oder einen Bereich einschließen darf. Das bedeutet, der zusätzliche Potentialausgleich braucht nicht, wie beispielsweise in der bisherigen DIN VDE 0100-410 (VDE 0100 Teil 410): 1983-11 für das IT-System als eine Variante gefordert, in der gesamten Anlage angewendet werden.
Die in der Anmerkung 3 des Abschnitts 413.1.2.2 der DIN VDE 0100-410 (VDE 0100 Teil 410):1997-01 enthaltene Aussage, daß ein zusätzlicher Potentialausgleich auch für Anlagen besonderer Art in der 700er Gruppe gefordert werden darf, galt prinzipiell auch schon nach der DIN VDE 0100-410 (VDE 0100 Teil 410):1983-11, also seit 1983.

6.1.3 TN-Systeme (DIN VDE 0100 Teil 410, Unterabschnitt 413.1.3)

In Anlagen mit TN-Systemen (siehe Klappkarte am Schluß dieses Buchs) gibt es bezogen auf das bisher Gültige eine Vielzahl sachlicher Änderungen. Als Schutzeinrichtungen für den Schutz durch automatische Abschaltung der Stromversorgung dürfen jedoch nach wie vor sowohl Überstrom-Schutzeinrichtungen als auch Fehlerstrom-Schutzeinrichtungen (RCDs – siehe hierzu auch die Ausführungen in Abschnitt 5.5 dieses Buchs) eingesetzt werden. Das **Bild 6.3** läßt die Systematik des Schutzes durch automatische Abschaltung der Stromversorgung in einem TN-C-S-System deutlich erkennen.
Ein Fehlerstrom in einem TN-System wird in erster Linie über eine metallene Leitung und kaum über das Erdreich zur Spannungsquelle zurückgeführt. Ein Körperschluß wird somit zu einem Kurzschluß mit einem entsprechend hohen Fehlerstrom. Dadurch können in den meisten Fällen die aus Gründen des Leitungsschutzes ohnehin erforderlichen Schutzeinrichtungen wie Leitungsschutzschalter, Leistungsschalter oder Sicherungen die Aufgabe übernehmen, den Stromkreis mit einem fehlerhaften Gerät (Verbrauchsmittel) abzuschalten (**Bild 6.3a**). Durch entsprechende Maßnahmen im Verteilungsnetz wird sichergestellt, daß von dort keine gefährlichen Fehlerspannungen in die Verbraucheranlage übertragen werden. So sind beispielsweise im TN-System die Anforderungen der sogenannten

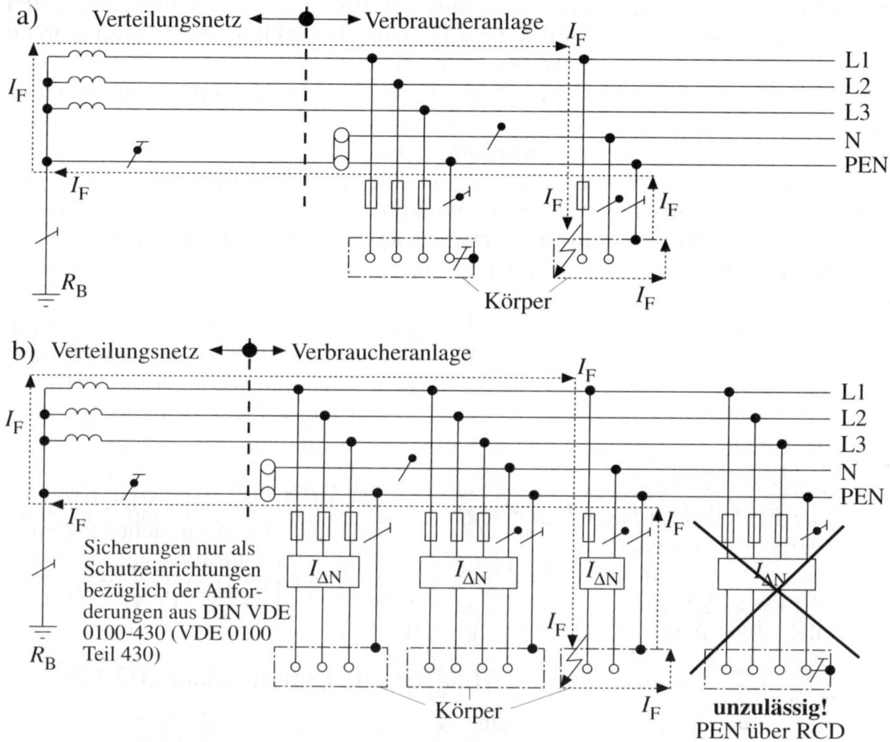

Bild 6.3 Schutz durch automatische Abschaltung der Stromversorgung in einem TN-C-S-System
a) mit Überstrom-Schutzeinrichtungen als Schutzeinrichtungen
b) mit RCDs als Schutzeinrichtungen (PEN-Leiter darf nicht über RCD geführt werden)

»Spannungswaage« nach Abschnitt 413.1.3.7 der DIN VDE 0100-410 (VDE 0100 Teil 410):1997-01 zu erfüllen.
Schutzmaßnahmen im TN-C-S-System mit Leitungsschutzschaltern, Leistungsschaltern oder Sicherungen entsprechen der früheren Schutzmaßnahme Nullung. Die Anwendung von Fehlerstrom-Schutzeinrichtungen im TN-C-S-System war früher nicht in der Norm geregelt. In Fachkreisen wurde diese Schutzkonzeption als »schnelle Nullung« bezeichnet. Für den Schutz durch automatische Abschaltung der Stromversorgung (Schutz bei indirektem Berühren) im TN-System sind primär von Bedeutung:

- die Erdung längs des Schutz- bzw. PEN-Leiters,
- die Abschaltzeiten im Falle von Körperschlüssen.

Die Anforderungen hinsichtlich der Erdung betreffen nur das Verteilungsnetz und sind daher in diesem »Schnelleinstieg in die neue DIN VDE 0100-410 (VDE 0100 Teil 410):1997-01«, der sich im wesentlichen an das Errichten von Verbraucheranlagen orientiert, weniger von Interesse. Dennoch sei in diesem Zusammenhang darauf hingewiesen, daß es in der Norm nun keine Aussage mehr zu einem Wert für den Betriebserder R_B gibt; die Empfehlung von 2 Ω für R_B wurde aufgegeben.
Aus den festgelegten Abschaltzeiten ergibt sich für jede Abschalteinrichtung der notwendige Abschaltstrom I_a, der bei vollkommenem Körperschluß (impedanzlosen Fehlern) nicht unterschritten werden darf. Deshalb darf die Schleifenimpedanz Z_S (**Bild 6.4**) des fehlerbehafteten Stromkreises folgenden Höchstwert nicht überschreiten:

$$Z_S \leq \frac{U_0}{I_a}.$$

Darin bedeuten:

Z_S Impedanz der Fehlerschleife, die aus der Stromquelle, dem aktiven Leiter bis zum Fehlerort und dem Schutzleiter zwischen dem Fehlerort und der Stromquelle besteht (Bild 6.4).

I_a Strom, der das automatische Abschalten der Schutzeinrichtung innerhalb der in Tabelle 6.1 unter den Bedingungen, die im Unterabschnitt 413.1.3.4 der DIN VDE 0100-410 (VDE 0100 Teil 410):1997-01 festgelegt sind, oder innerhalb einer vereinbarten Zeit nicht über 5 s unter den in Unterabschnitt 413.1.3 5 der DIN VDE 0100-410 (VDE 0100 Teil 410):1997-01 festgelegten Bedingungen bewirkt. Wenn eine RCD verwendet wird, entspricht I_a dem Bemessungsdifferenzstrom $I_{\Delta N}$.

U_0 Nennwechselspannung (effektiv) gegen Erde – üblicherweise somit 230 V.

In Ausnahmefällen, wenn beispielsweise die Schleifenimpedanz so groß ist, daß im Fehlerfall der notwendige Abschaltstrom der vorgeschalteten Überstrom-Schutzeinrichtung nicht zum Fließen käme, kann eine Fehlerstrom-Schutzeinrichtung (RCD) als Abschalteinrichtung eingesetzt werden (**Bild 6.3b**).

Bei dem Einsatz von Fehlerstrom-Schutzeinrichtungen (RCDs) als Abschalteinrichtung im TN-System muß insbesondere bei einem sogenannten »kurzen TN-S-System« (d. h. bei Fehlern kurz nach der Aufteilung des PEN-Leiters in PE und N) eine vorgeschaltete Überstrom-Schutzeinrichtung bei einem Kurzschluß zwischen einem Außenleiter und dem Neutralleiter kurzfristig abschalten, da es andernfalls unter Umständen zu unzulässigen Spannungen am Schutz- und am PEN-Leiter – und damit an den Körpern elektrischer Betriebsmittel – kommen kann. Das **Bild 6.5** läßt die Problemstellung deutlich erkennen. Über diesen Sachverhalt sollte in den Normungsgremien nochmals beraten werden. Durch die Wirkung des Hauptpotentialausgleichs wird dieses Problem aber reduziert.

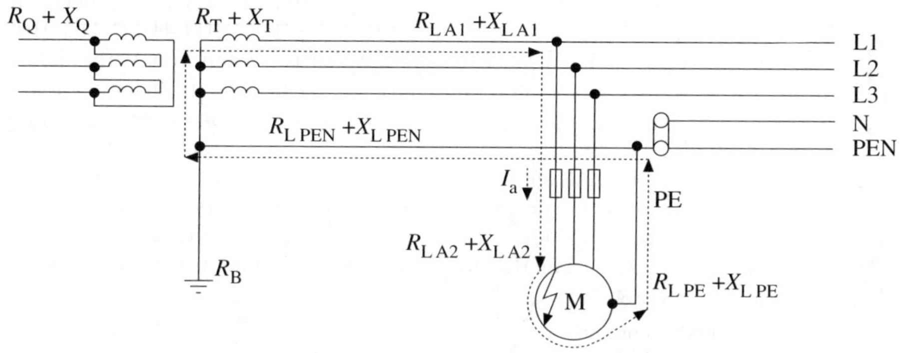

Bild 6.4 Schleifenimpedanz im TN-System

Abschaltbedingung für das TN-System:

$Z_S \cdot I_a \leq U_0$

In öffentlichen Verteilungsnetzen, die als Erdkabel- oder Freileitungsnetze ausgeführt sind, und ebenso in Hauptverteilungssystemen mit Betriebsmitteln der Schutzklasse II oder gleichwertiger Isolierung wird das Einhalten dieser Abschaltbedingung nicht gefordert.

Ermittlung der Schleifenimpedanz Z_S:

HS-Seite:	$R_Q + X_Q$
Transformator:	$R_T + X_T$
Außenleiter bis Hauptverteilung:	$R_{L_{A1}} + X_{L_{A1}}$
Außenleiter bis Verbraucher:	$R_{L_{A2}} + X_{L_{A2}}$
PEN-Leiter:	$R_{L_{PEN}} + X_{L_{PEN}}$
Schutzleiter:	$R_{L_{PE}} + X_{L_{PE}}$
	$\Sigma = Z_S$

Darin bedeuten:

$R_Q + X_Q$	Ohmscher und induktiver Widerstand der Oberspannungsseite (ist aufgrund der üblichen Übersetzungsverhältnisse von 1:50 vernachlässigbar)
$R_T + X_T$	Ohmscher und induktiver Widerstand des Transformators
$R_{L_{A1}} + X_{L_{A1}}$	Ohmscher und induktiver Widerstand des Außenleiters bis zur Verteilung
$R_{L_{A2}} + X_{L_{A2}}$	Ohmscher und induktiver Widerstand des Außenleiters bis zum Verbraucher
$R_{L_{PEN}} + X_{L_{PEN}}$	Ohmscher und induktiver Widerstand des PEN-Leiters bis zur Verteilung
$R_{L_{PE}} + X_{L_{PE}}$	Ohmscher und induktiver Widerstand des Schutzleiters bis zum Verbraucher
Z_S	Schleifenimpedanz des gesamten Fehlerstromkreises

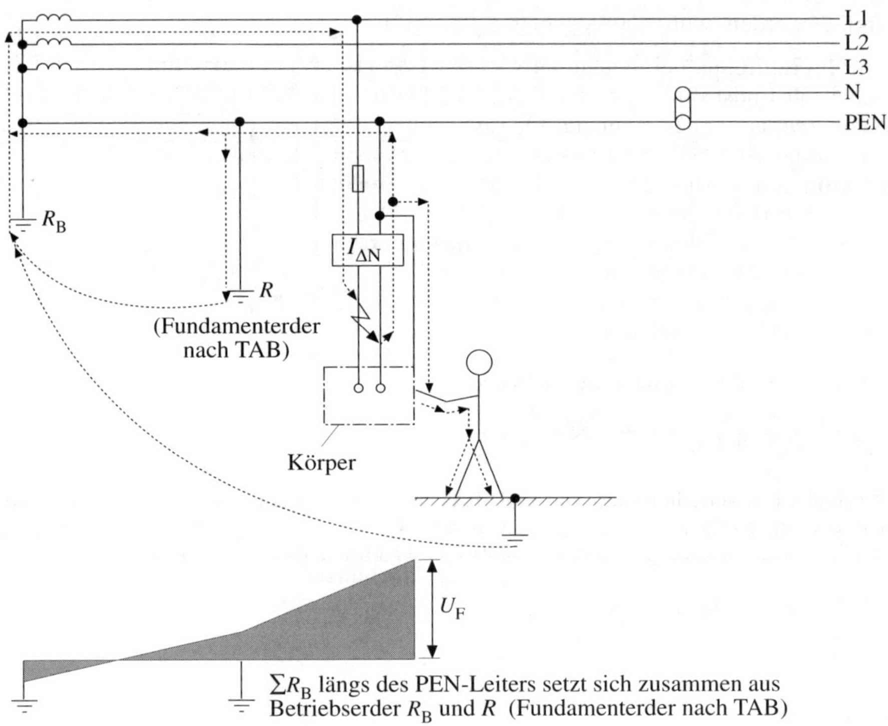

Bild 6.5 Mögliche Spannungsverschleppungen bei Kurzschlüssen zwischen einem Außenleiter, z. B. L1, und N in einem »kurzen« TN-S-System vor der RCD, wenn die Abschaltung bei Kurzschluß nicht in der Zeit erfolgt, die für den Schutz bei indirektem Berühren vorgegeben ist

Die Anmerkung in der Vorgängerausgabe der DIN VDE 0100-410 (VDE 0100 Teil 410) »In der Nähe von Bahnanlagen ist auch DIN 57115 Teil 1/VDE 0115 Teil 1 zu beachten« ist in der Neufassung der Norm entfallen, aber dennoch nach wie vor von Bedeutung. Da die DIN VDE 0115-1 (VDE 0115 Teil 1) eine nationale Norm ist, konnte sie in der harmonisierten DIN VDE 0100-410 (VDE 0100 Teil 410) nicht berücksichtigt werden.

Eine wesentliche Neuerung für den Errichter elektrischer Anlagen stellt die Änderung der Abschaltzeiten dar. Die bisher **spannungs*un*abhängige,** grundsätzlich gültige Abschaltzeit von 0,2 s für Stromkreise bis 35 A Nennstrom mit Steckdosen und in Stromkreisen, die ortsveränderliche Betriebsmittel der Schutzklasse I enthalten, die während des Betriebes üblicherweise dauernd in der Hand gehalten oder umfaßt werden, wurde aufgegeben.

Mit Inkrafttreten der neuen DIN VDE 0100-410 (VDE 0100 Teil 410):1997-01 gelten für Endstromkreise, die über Steckdosen – und zwar **ohne Begrenzung des Nennstroms** – oder einen festen Anschluß Handgeräte der Schutzklasse I oder ortsveränderliche Betriebsmittel der Schutzklasse I versorgen, die **spannungsabhängigen** maximalen Abschaltzeiten der **Tabelle 6.1** (analog zu Tabelle 41 A der DIN VDE 0100-410 (VDE 0100 Teil 410):1997-01). Die Spannungsabhängigkeit ist mit der Nennspannung U_0 gegen Erde verknüpft. Zu begründen sind diese neuen Anforderungen nur damit, daß sie sich bei IEC und auch in den meisten europäischen Ländern seit Jahrzehnten bewährt haben. Die in der DIN VDE 0100-410 (VDE 0100 Teil 410):1983-11 – also der Fassung aus dem Jahre 1983 – aufgeführten Abschaltzeiten galten nur in Österreich, der Schweiz und Deutschland. Sie wurden national festgelegt, da man sich auf europäischer Ebene (CENELEC) beim vorherigen Harmonisierungsdokument noch nicht auf einheitliche Abschaltzeiten einigen konnte.

Tabelle 6.1 Nennspannungen und maximal zulässige Abschaltzeiten für TN-Systeme bei Körperschlüssen

U_0 *) V	Abschaltzeit s
230	0,4
400	0,2
> 400	0,1

*) Werte basieren auf DIN IEC 38:1987-05 »Normspannungen«
Anmerkung 1: Für Spannungen, die innerhalb des Toleranzbandes nach DIN IEC 38 liegen, gilt die Abschaltzeit der zugehörigen Nennspannung.
Anmerkung 2: Für Zwischenwerte von Spannungen ist der nächsthöhere Spannungswert aus der Tabelle zu verwenden.

Neben den in der Tabelle 6.1 zu findenden Abschaltzeiten für Endstromkreise, die über Steckdosen oder festen Anschluß Handgeräte der Schutzklasse I oder ortsveränderliche Betriebsmittel der Schutzklasse I versorgen, in Abhängigkeit der Nennspannungen U_0 gegen Erde, ist für Verteilungsstromkreise von Gebäuden eine Abschaltzeit von ≤ 5 s erlaubt. Die gleiche Abschaltzeit von ≤ 5 s gilt auch für Endstromkreise, die nur ortsfeste Verbrauchsmittel versorgen – allerdings nur unter bestimmten – im folgenden beschriebenen – Voraussetzungen.
Werden auch andere Endstromkreise als solche mit ortsfesten Verbrauchsmitteln, für die die Abschaltzeiten nach Tabelle 6.1 gelten, aus derselben Verteilung oder demselben Verteilungsstromkreis gespeist, ist die Abschaltzeit von ≤ 5 s nur dann

zulässig, wenn mindestens **eine** der folgenden, unter a) und b) aufgeführten Bedingungen erfüllt ist:

a) Die Impedanz des Schutzleiters zwischen der Verteilung und dem Ort, an dem der Schutzleiter mit der Hauptpotentialausgleichsschiene verbunden ist (**Bild 6.6 – erste Alternative**), erfüllt folgende Bedingung:

$$Z_{PE} \leq \frac{50\ \text{V}}{U_0} \cdot Z_S$$

Darin bedeuten:

Z_{PE} Impedanz des Schutzleiters zwischen der Verteilung und dem Ort, an dem der Schutzleiter mit der Hauptpotentialausgleichsschiene verbunden ist.

Z_S Impedanz der Fehlerschleife, die aus der Stromquelle, dem aktiven Leiter bis zum Fehlerort und dem Schutzleiter zwischen dem Fehlerort und der Stromquelle besteht (**Bild 6.4**).

50 V Grenze der dauernd zulässigen Berührungsspannung unter normalen Bedingungen.

U_0 Nennwechselspannung (effektiv) gegen Erde – üblicherweise somit 230 V.

b) Es ist ein Potentialausgleich an der Verteilung durchgeführt, in dem örtlich die gleichen fremden leitfähigen Teile wie beim Hauptpotentialausgleich einbezogen sind (**Bild 6.6 – zweite Alternative**). Bei diesem örtlichen Potentialausgleich sind die gleichen Anforderungen zu erfüllen, wie sie für den Hauptpotentialausgleich in dem Unterabschnitt 413.1.2.1 der DIN VDE 0100-410 (VDE 0100 Teil 410):1997-01 beschrieben sind. Insofern kann dieser Potentialausgleich auch als »Zusätzlicher **Haupt**potentialausgleich« bezeichnet werden. Da für diesen »Hauptpotentialausgleich« keine Leiterquerschnitte vorgegeben sind, wird empfohlen, hier die gleichen Leiterquerschnitte auszuwählen, wie sie für den Hauptpotentialausgleich verwendet werden.

Im Zusammenhang mit den geänderten Abschaltzeiten sei darauf hingewiesen, daß die Tabelle F.1 im Anhang F und Tabelle 3 in den Erläuterungen der DIN VDE 0100-610 (VDE 0100 Teil 610):1994-04 für die neuen Abschaltzeiten in DIN VDE 0100-410 (VDE 0100 Teil 410):1997-01 nicht mehr für jeden Anwendungsfall verwendet werden können. Die erforderlichen Abschaltströme I_a bei Abschaltzeiten von 5 s; 0,4 s; 0,2 s und 0,1 s (abhängig von U_0) sowie maximal zulässige Schleifenimpedanzen Z_S für die Nennströme von Niederspannungssicherungen und Leitungsschutzschaltern für die Netznennspannungen 400 V/230 V sind der **Tabelle 6.2a** zu entnehmen; für Netznennspannungen von 690 V/400 V und > 690 V/400 V gelten die Werte der **Tabelle 6.2b.**
Eine weitere, sehr einschneidende Neuerung gilt für Anlagen oder Teile davon, die über RCDs geschützt sind und sich außerhalb von Gebäuden und damit außerhalb des »Einflußbereichs des Hauptpotentialausgleichs« befinden. Nach Abschnitt

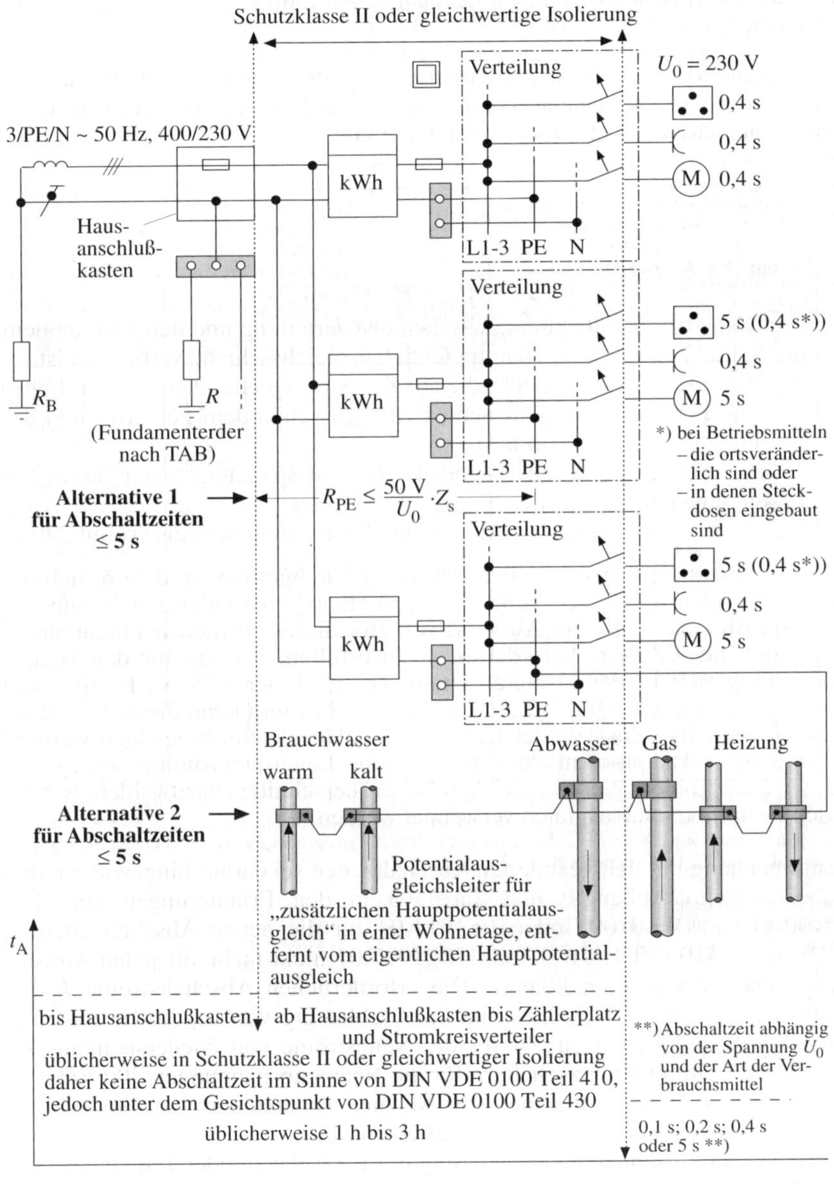

Bild 6.6 Höchstzulässige Abschaltzeiten in einem TN-System (einpolige Darstellung); mit Varianten zur Vergrößerung von Abschaltzeiten in Endstromkreisen

Tabelle 6.2a: TN-Systeme (für Netznennspannungen 400/230 V)
Abschaltströme I_a bei Abschaltzeiten 5 s; 0,4 s; 0,2 s und 0,1 s (abhängig von U_0) sowie maximal zulässige Schleifenimpedanzen Z_S für die Nennströme I_n von

- Niederspannungssicherungen nach Normen der Reihe DIN VDE 0636 (VDE 0636) der Charakteristik gL/gG/gM (die Zahlenwerte I_a und Z_S sind zur sicheren Seite gerundet)
- Leitungsschutzschaltern nach DIN VDE 0641-11 (VDE 0641 Teil 11) und
- Leistungsschaltern (siehe hierfür Text in der Tabelle)

U_0 [1) = 230 V	**Niederspannungssicherung nach Normen der Reihe DIN VDE 0636 (VDE 0636) mit Charakteristik gL, gG, gM**				**I_a und Z_S von Leitungsschutzschaltern nach DIN VDE 0641-11 (VDE 0641 Teil 11) mit Charakteristik B, C, D für Abschaltzeiten 5 s; 0,4 s; 0,2 s; 0,1 s**					
I_n A	**I_a (5 s)** A	**Z_S (5 s)** Ω	**I_a (0,4 s)** A	**Z_S (0,4 s)** Ω	**I_a=5I_n** A	**Z_S (≤ 0,1 s)** Ω	**I_a=10I_n** A	**Z_S (≤ 0,1 s)** Ω	**I_a=20I_n** A	**Z_S (≤ 0,1 s)** Ω
2	9,5	24,210	17	13,529	10	23,000	20	11,500	40	5,750
4	19	12,105	32	7,187	20	11,500	40	5,750	80	2,875
6	28	8,214	50	4,600	30	7,666	60	3,833	120	1,916
10	48	4,791	80	2,875	50	4,600	100	2,300	200	1,150
16	70	3,285	120	1,916	80	2,875	160	1,437	320	0,718
20	86	2,674	150	1,533	100	2,300	200	1,150	400	0,575
25	115	2,000	210	1,095	125	1,840	250	0,920	500	0,460
32	150	1,533	250	0,920	160	1,437	320	0,718	640	0,359
40	200	1,150	300	0,766	200	1,150	400	0,575	800	0,287
50	250	0,920	460	0,500	250	0,920	500	0,460	1000	0,230
63	330	0,696	610	0,377	315	0,730	630	0,365	1260	0,182
80	430	0,534	800	0,287	–	–	–	–	–	–
100	580	0,396	1050	0,219	–	–	–	–	–	–
125	715	0,321	1300	0,176	–	–	–	–	–	–
160	950	0,242	1800	0,127	–	–	–	–	–	–

Für Leistungsschalter nach DIN EN 60947-2 (VDE 0660 Teil 101) sind die Werte für I_a als Vielfaches von I_n den jeweiligen Normen oder Herstellerkennlinien zu entnehmen und die Schleifenimpedanz Z_S zu ermitteln. Außerdem ist auch die in der Norm enthaltene Fehlergrenze von ± 20 % zu berücksichtigen, wobei für die Ermittlung der Schleifenimpedanz nur die Fehlergrenze +20 % maßgebend ist.

Beispiel:

Ermittlung der Schleifenimpedanz bei Leistungsschaltern:

a) Erforderlicher Kurzschlußstrom für die unverzögerte Auslösung: 100 A

b) Erhöhung um die Fehlergrenze + 20 % (von 100 A), also auf: 120 A

c) $Z_S = \frac{U_0}{I_a} = \frac{230\ \text{V}}{120\ \text{A}} = 1{,}916\ \Omega$

1) U_0 Nennspannung gegen geerdeten Leiter

Tabelle 6.2b: TN-Systeme (für Netznennspannungen 690/400 V und > 690/400 V)
Abschaltströme I_a bei Abschaltzeiten 5 s; 0,4 s; 0,2 s und 0,1 s (abhängig von U_0) sowie maximal zulässige Schleifenimpedanzen Z_S für die Nennströme I_n von
- Niederspannungssicherungen nach Normen der Reihe DIN VDE 0636 (VDE 0636) der Charakteristik gL/gG/gM (Die Zahlenwerte I_a und Z_S sind zur sicheren Seite gerundet.)
- Leistungsschaltern (siehe hierfür Text in der Tabelle)

Für Leitungsschutzschalter nach DIN VDE 0641-11 (VDE 0641 Teil 11) sind keine Werte angegeben, da sie bestimmungsgemäß nur für Spannungen U bis 440 V hergestellt werden und damit nicht bei Spannungen U_0 = 400 V und größer eingesetzt werden können. Für sogenannte Leitungsschutzschalter mit »Firmenauslösekennlinien« (die als Leistungsschalter zu bezeichnen sind) dürfen die Werte aus Tabelle 2a angewendet werden, mit denen eine Abschaltzeit < 0,1 s erreicht wird.

Niederspannungssicherung nach Normen der Reihe DIN VDE 0636 (VDE 0636) mit Charakteristik gL, gG, gM									
U_0 [1)] = 400 V					U_0 [1)] > 400 V				
I_n A	I_a (5 s) A	Z_S (5 s) Ω	I_a (0,2 s) A	Z_S (0,2 s) Ω	I_n A	I_a (5 s) A	Z_S (5 s) Ω	I_a (0,1 s) A	Z_S (0,1 s) Ω
2	9,5	42,105	20	20,000	2	9,5		23	
4	19	21,052	40	10,000	4	19		48	
6	28	14,285	60	6,666	6	28		73	
10	48	8,333	95	4,210	10	48		120	
16	70	5,714	140	2,857	16	70		180	
20	86	4,651	180	2,222	20	86		220	
25	115	3,478	250	1,600	25	115		300	
32	150	2,666	320	1,250	32	150	$\frac{U_0}{I_a}$	390	$\frac{U_0}{I_a}$
40	200	2,000	410	0,975	40	200		500	
50	250	1,600	570	0,701	50	250		690	
63	330	1,212	720	0,555	63	330		900	
80	430	0,930	980	0,408	80	430		1100	
100	580	0,689	1200	0,333	100	580		1400	
125	715	0,559	1700	0,235	125	715		2000	
160	950	0,421	2100	0,190	160	950		2500	

Für Leistungsschalter nach DIN EN 60947-2 (VDE 0660 Teil 101) sind die Werte für I_a als Vielfaches von I_n den jeweiligen Normen oder Herstellerkennlinien zu entnehmen und die Schleifenimpedanz Z_S zu ermitteln. Außerdem ist auch die in der Norm enthaltene Fehlergrenze von ± 20 % zu berücksichtigen, wobei für die Ermittlung der Schleifenimpedanz nur die Fehlergrenze +20 % maßgebend ist.

Beispiel:
Ermittlung der Schleifenimpedanz bei Leistungsschaltern:
a) Erforderlicher Kurzschlußstrom für die unverzögerte Auslösung: 100 A
b) Erhöhung um die Fehlergrenze + 20 % (von 100 A), also auf: 120 A

c) $Z_S = \frac{U_0}{I_a} = \frac{400\ \text{V}}{120\ \text{A}} = 3{,}333\ \Omega$

1) U_0 Nennspannung gegen geerdeten Leiter

413.1.3.9 der DIN VDE 0100-410 (VDE 0100 Teil 410):1997-01 dürfen in derartigen Stromkreisen die Körper von Betriebsmitteln/Verbrauchsmitteln nicht mit dem Schutz- oder PEN-Leiter des TN-Systems verbunden werden, da hieraus Gefahren resultieren könnten. Für diese Betriebsmittel/Verbrauchsmittel muß ein separater Erder vorgesehen werden. So konzipierte Anlagen oder Anlagenteile, die sich außerhalb von Gebäuden befinden, sind als TT-System zu betrachten, d. h. hier müssen die Anforderungen von Abschnitt 413.1.4 der DIN VDE 0100-410 (VDE 0100 Teil 410):1997-01 (siehe Abschnitt 6.1.4 dieses Buchs) eingehalten werden.

Durch den nach der neuen DIN VDE 0100-410 (VDE 0100 Teil 410):1997-01 geforderten getrennten Erder für derartige Anlagen bzw. Verbraucherstromkreise soll ausgeschlossen werden, daß eine Person gleichzeitig das durch einen Fehler im Verteilungsnetz »angehobene« Schutzleiterpotential (z. B. über den Körper eines Betriebsmittels der Schutzklasse I) und damit das »Erdpotential« des Gebäudes und einen »Erder« außerhalb des Gebäudes (z. B. über ein fremdes leitfähiges Teil) berühren kann (**Bild 6.7 a**).

In den Gremien des DKE-Komitees 221 war man einvernehmlich der Meinung, daß der Wortlaut des Unterabschnitts 413.1.3.9 der harmonisierten Fassung von DIN VDE 0100-410 (VDE 0100 Teil 410):1997-01 nicht ausreichend verständlich ist bzw. sogar zu Mißverständnissen führen kann. So ist es z. B. nicht einzusehen, warum diese Anforderung nur bei Schutz durch Abschaltung der Stromversorgung mit RCDs und nicht auch bei Schutz mit Überstrom-Schutzeinrichtungen zutreffen soll. Um dieses zu bereinigen, wurde bei CENELEC/SC 64 A beantragt, den Text dieses Abschnitts zu ändern. Er soll nunmehr wie folgt lauten:

Wenn die Schutzmaßnahme »Schutz durch automatische Abschaltung der Stromversorgung« (unabhängig von der verwendeten Abschalteinrichtung) in einem Stromkreis angewendet wird, der außerhalb des Gebäudes befindliche Betriebsmittel versorgt, und wenn zwischen berührbaren Körpern und fremden leitfähigen Teilen eine Berührungsspannung > U_L (d. h. > 50 V) auftreten kann, dürfen die Körper nicht mit dem Schutzleiter des TN-Systems verbunden werden. Es müssen dann die Schutzleiter mit einem Erder verbunden werden, der einen in geeigneter Weise mit der Abschalteinrichtung abgestimmten Widerstandswert besitzt. Der so geschützte Stromkreis ist als TT-System zu betrachten, und es gelten die Bedingungen nach Unterabschnitt 413.1.4 der DIN VDE 0100-410 (VDE 0100 Teil 410):1997-01 (**Bild 6.7 a**).

Anmerkung 1:

Außerhalb des Gebäudes mit ausgeführtem Hauptpotentialausgleich dürfen die folgenden anderen Schutzmaßnahmen angewendet werden:

- Schutztrennung nach Abschnitt 413.5 der DIN VDE 0100-410 (VDE 0100 Teil 410):1997-01
- Schutzisolierung nach Abschnitt 413.2 der DIN VDE 0100-410 (VDE 0100 Teil 410):1997-01

Anmerkung 2:
Eine Verbindung von außerhalb des Gebäudes angeordneten fremden leitfähigen Teilen mit dem Hauptpotentialausgleich entweder über einen Potentialausgleichsleiter oder über eine Verbindung mit dem Schutzleiter des entsprechenden Stromkreises (**Bilder 6.7b und c**) kann das Erfüllen der Bedingung $U_L \leq 50$ V sicherstellen.

Es bestehen keine Einwände, den Einflußbereich des Hauptpotentialausgleichs auszudehnen, indem ein nach DIN VDE 0100-540 (VDE 0100 Teil 540):1991-11 bemessener Potentialausgleichsleiter den außerhalb des Gebäudes befindlichen Erder (fremdes leitfähiges Teil) mit dem Hauptpotentialausgleich des Gebäudes verbindet. Die Körper der Betriebsmittel, die sich in dem ausgedehnten Hauptpotentialausgleich befinden, dürfen dann auch mit dem Schutzleiter des TN-Systems verbunden sein. Bei einer derartigen Anlagenkonzeption handelt es sich weiterhin um ein TN-System (**Bilder 6.7b und c**).
Mit dieser neuen Textformulierung des Unterabschnitts 413.1.3.9 der DIN VDE 0100-410 (VDE 0100 Teil 410):1997-01 trägt das DKE-Unterkomitee 221.3 der Tatsache Rechnung, daß die Kriterien des »Einflußbereichs des Hauptpotentialausgleichs« sich bei IEC/TC 64 in Beratung befinden und zukünftig wahrscheinlich nicht mehr weiter benutzt werden. Der jetzt eingereichte neue Textvorschlag steht in Übereinstimmung mit dem derzeitigen Beratungsstand bei IEC und entspricht den Festlegungen in der Errichtungsleitlinie IEC 1200-413, deren Vorläufer als Entwurf DIN IEC 64(Sec)726 (VDE 0100 Teil 410/A5) veröffentlicht wurde. Da auch dieser Text nicht anwender-(errichter-)freundlich ist, hat das Deutsche Nationale Komitee eine ersatzlose Streichung dieses Abschnitts beantragt; sie wurde von den anderen Ländern bei IEC bereits akzeptiert. Es kann daher empfohlen werden, bei Betriebsmitteln außerhalb von Gebäuden wie bisher zu verfahren.
Zur Zeit muß in den zuvor beschriebenen Anlagen oder Anlagenteilen mit RCDs außerhalb des Hauptpotentialausgleichs ein separater Erder errichtet werden. Mit diesem Erder sind die Körper der dort angeschlossenen Betriebsmittel – die außerhalb des Einflußbereichs des Hauptpotentialausgleichs errichtet sind – zu verbinden (**Bild 6.7a**). Der erforderliche Widerstandswert R_A des Erders ist abhängig vom Bemessungsdifferenzstrom der RCD und der dauernd zulässigen Berührungsspannung U_L (50 V). So errichtete Anlagen oder Anlagenteile gelten als TT-System. Das heißt, hier sind die Anforderungen an Anlagen im TT-System zu erfüllen.
Neben der beschriebenen Möglichkeit, den Schutz durch automatische Abschaltung der Stromversorgung außerhalb des Einflußbereichs des Hauptpotentialausgleichs sicherzustellen, darf auch die Schutztrennung nach Abschnitt 413.5 der DIN VDE 0100-410 (VDE 0100 Teil 410):1997-01 und die »Schutzisolierung« (Betriebsmittel der Schutzklasse II oder mit gleichwertiger Isolierung) nach Abschnitt 413.2 der DIN VDE 0100-410 (VDE 0100 Teil 410):1997-01 in diesen Anlagen zur Anwendung kommen.

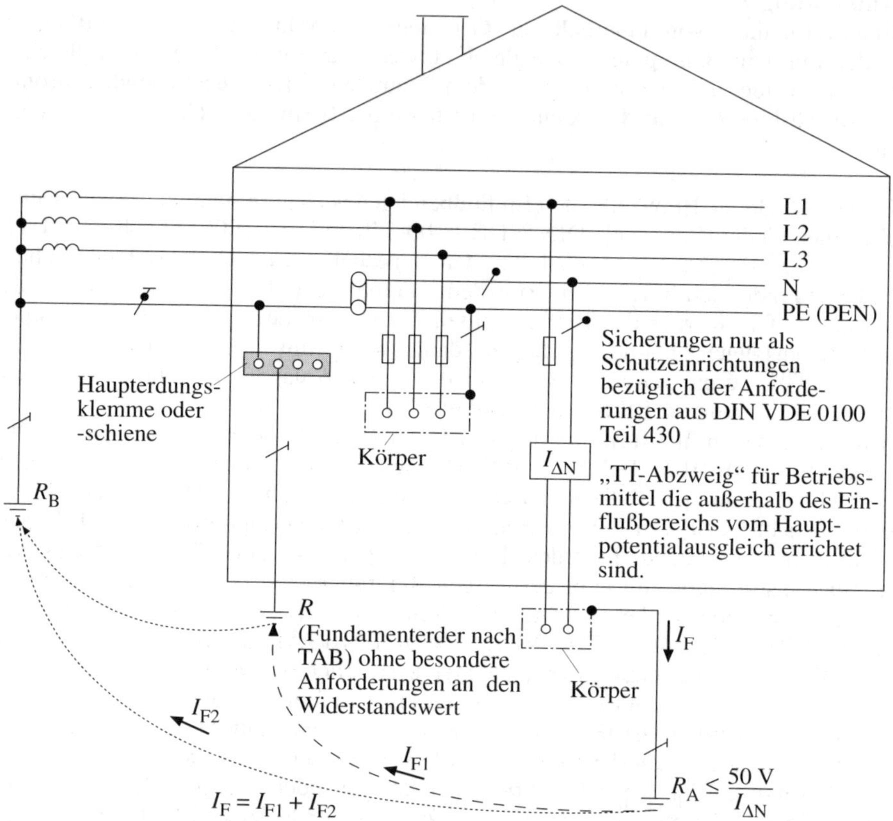

Bild 6.7a Schutz durch automatische Abschaltung der Stromversorgung in einem TN-C-S-System mit TT-Abzweig für Betriebsmittel, die außerhalb des Einflußbereichs vom Hauptpotentialausgleich errichtet und mit RCD als Schutzeinrichtung geschützt sind.
Ausführung nach derzeitigem Anforderungstext aus DIN VDE 0100-410 (VDE 0100 Teil 410), ohne Verbindung mit Schutzleitern oder dem Hauptpotentialausgleich des Gebäudes.

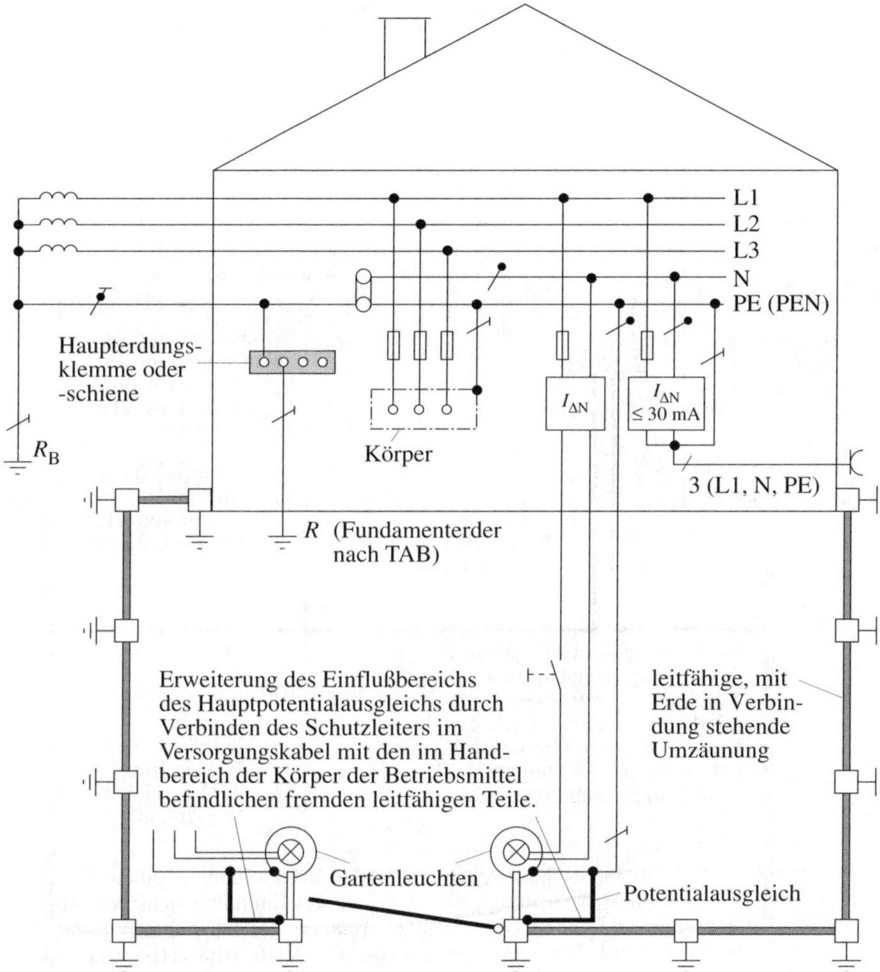

Bild 6.7b Schutz durch automatische Abschaltung der Stromversorgung in einem TN-C-S-System für Betriebsmittel, die außerhalb eines Gebäudes (und sich damit formal außerhalb des Einflußbereichs des Hauptpotentialausgleichs befinden) errichtet werden.
Ausführung nach **neuem deutschen Vorschlag** (Erweiterung des Einflußbereichs des Hauptpotentialausgleichs). Verbindung der fremden leitfähigen Teile mit den Schutzleitern innerhalb des Gebäudes über Potentialausgleichsleiter, auch bei Stromkreisen ohne RCD.

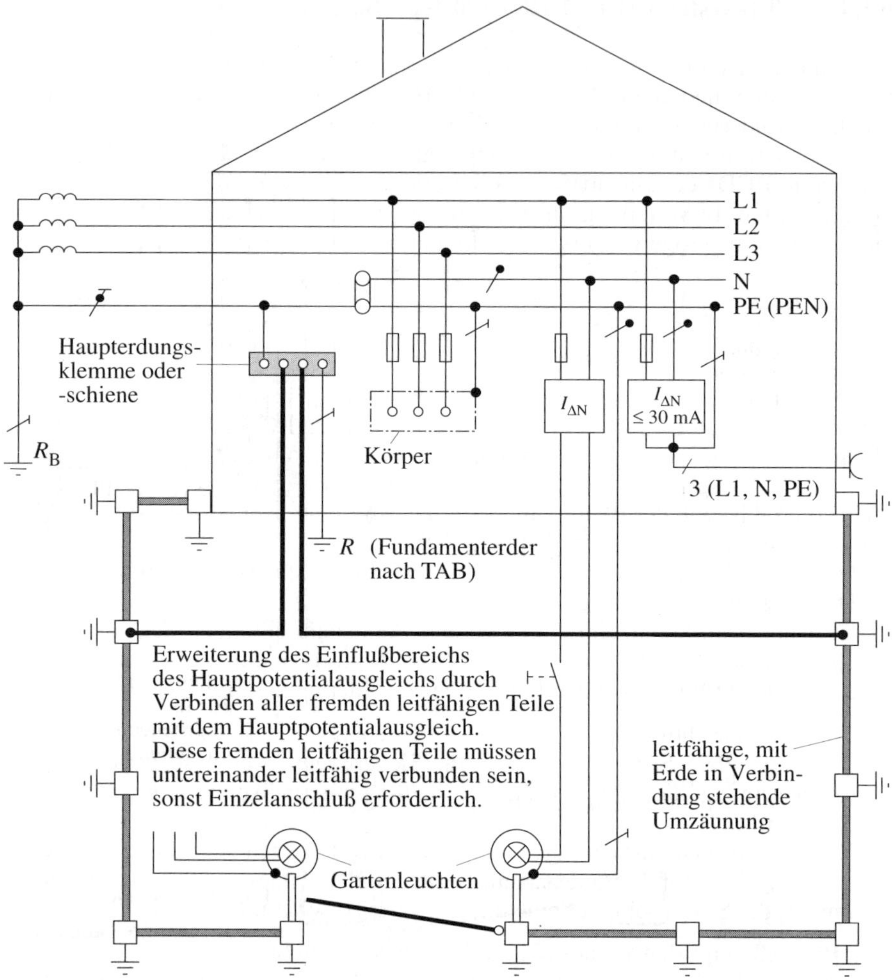

Bild 6.7c Schutz durch automatische Abschaltung der Stromversorgung in einem TN-C-S-System für Betriebsmittel, die außerhalb eines Gebäudes (und sich damit formal außerhalb des Einflußbereichs des Hauptpotentialausgleichs befinden) errichtet werden.
Ausführung nach **neuem deutschen Vorschlag** (Erweiterung des Einflußbereichs des Hauptpotentialausgleichs). Verbinden aller fremden leitfähigen Teile über Hauptpotentialausgleichsleiter mit dem Hauptpotentialausgleich, auch bei Stromkreisen ohne RCD.

6.1.4 TT-Systeme (DIN VDE 0100 Teil 410, Unterabschnitt 413.4)

Auch für Anlagen im TT-System (siehe Klappkarte am Schluß dieses Buchs) ergeben sich durch die neue DIN VDE 0100-410 (VDE 0100 Teil 410):1997-01 einige sachliche Änderungen, die für den Errichter elektrischer Anlagen wichtig sind.
So beispielsweise ist normativ festgelegt, daß – um Selektivität zu erreichen – zeitverzögerte RCDs der Bauart S in Reihe mit nicht verzögernden RCDs eingesetzt werden dürfen. In Verteilungsstromkreisen ist, um Selektivität von RCDs zu erreichen, eine Zeitverzögerung bis zu 1 s erlaubt. Damit ist die Anforderung

$$R_A = \frac{U_L}{2\,I_{\Delta N}}$$

in Tabelle F.3 der DIN VDE 0100-610 (VDE 0100 Teil 610) für neu zu errichtende Anlagen unbedeutend geworden. Selektivität zwischen RCDs der Bauart S und der allgemeinen Bauart in Reihenschaltung ist als erreicht anzusehen, wenn eine RCD der Bauart S ausgewählt wird, deren Bemessungsdifferenzstrom $I_{\Delta N}$ mindestens 3mal so groß ist wie der Bemessungsdifferenzstrom der nachgeschalteten RCD allgemeiner Bauart.
In der Formel $R_A \cdot I_a \leq 50$ V ist dann als I_a der Bemessungsdifferenzstrom $I_{\Delta N}$ der RCD der Bauart S einzusetzen.
Wenn Überstrom-Schutzeinrichtungen als Schutzeinrichtungen für den Schutz durch automatische Abschaltung der Stromversorgung eingesetzt werden, muß **eine** der beiden im folgenden aufgeführten Anforderungen erfüllt werden:

1) Werden Einrichtungen mit einer Abschaltcharakteristik »kürzere Auslösezeit mit steigendem Strom« – typisch für Sicherungen – eingesetzt, muß I_a der Strom sein, der die automatische Abschaltung innerhalb einer Zeit von maximal 5 s bewirkt.
2) Werden Abschalteinrichtungen mit einer unverzögerten Ausschalt-Charakteristik – typisch für Leitungsschutzschalter und Leistungsschalter – eingesetzt, muß I_a der Strom sein, der eine unverzögerte Abschaltung bewirkt.

Das **Bild 6.8** zeigt den grundsätzlichen Aufbau des Schutzes durch automatische Abschaltung der Stromversorgung in einem TT-System, wobei die folgende Bedingung zu erfüllen ist:

$$R_A \leq \frac{50\ \text{V}}{I_a}$$

Darin bedeuten:

R_A Summe der Widerstände des Erders und des Schutzleiters bis zum Körper (**Bilder 6.8a und b**)

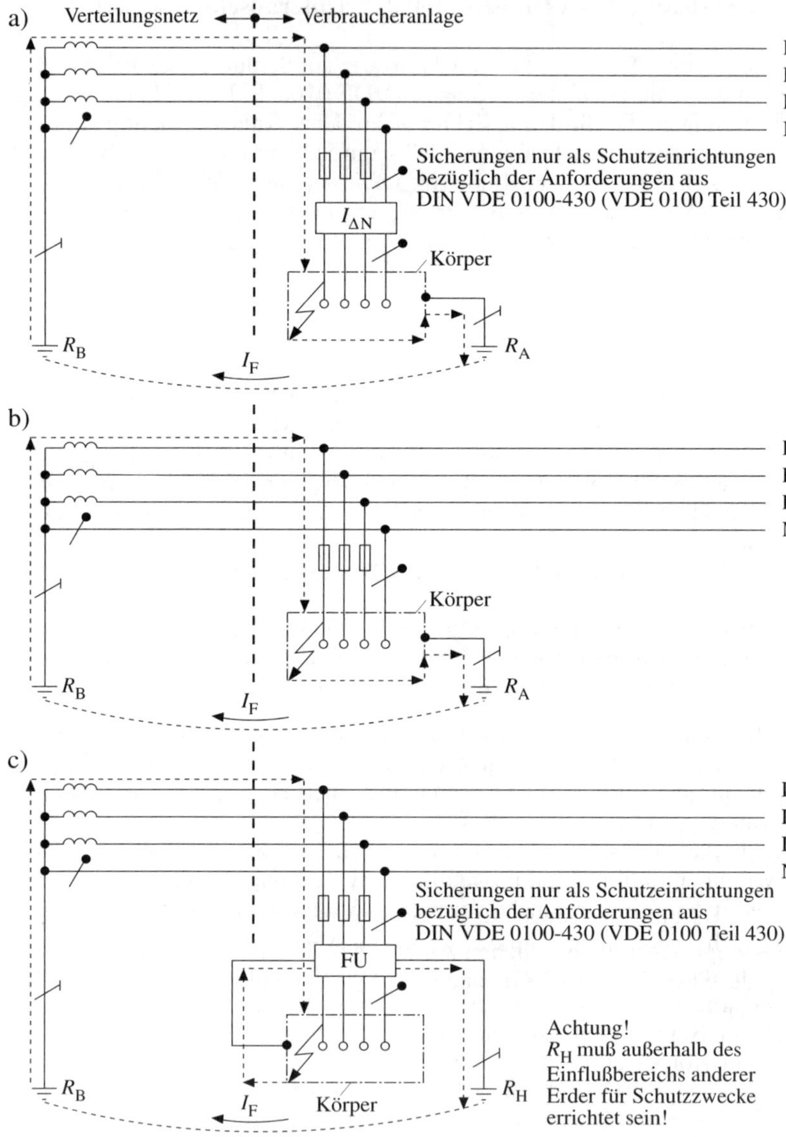

Bild 6.8 Schutz durch automatische Abschaltung der Stromversorgung in einem TT-System
a) mit RCD als Schutzeinrichtung
b) mit Überstrom-Schutzeinrichtungen als Schutzeinrichtungen
c) mit Fehlerspannungs-Schutzeinrichtung als Schutzeinrichtung

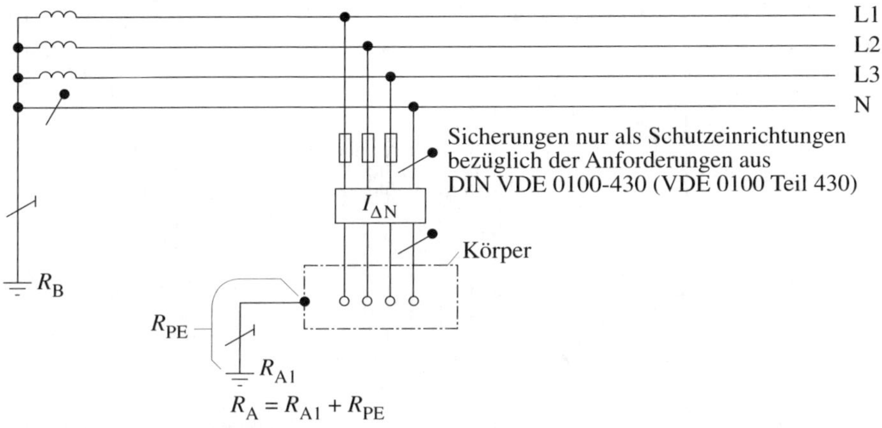

Bild 6.8a Schutz durch automatische Abschaltung der Stromversorgung mit RCD in einem TT-System – Ermitteln von R_A

I_a Strom, der das automatische Abschalten der Schutzeinrichtung bewirkt. Wenn die Schutzeinrichtung eine RCD ist, entspricht I_a dem Bemessungsdifferenzstrom $I_{\Delta N}$.

Formal dürfen neben RCDs nach wie vor auch Überstrom-Schutzeinrichtungen als Schutzeinrichtungen im TT-System angewendet werden, wobei in einer Anmerkung schon darauf hingewiesen wird, daß Überstrom-Schutzeinrichtungen für den Schutz bei indirektem Berühren im TT-System nur bei einem sehr niedrigen Wert für R_A anwendbar sind.
Wo RCDs nicht eingesetzt werden können, z. B. bei »größeren« Nennströmen, für die es keine RCDs gibt, darf auch im TT-System nach wie vor ein zusätzlicher Potentialausgleich angewendet werden, wenn die Abschaltbedingungen nicht zu erfüllen sind. In diesem Zusammenhang ist es von Bedeutung, daß die bisherige Forderung, bei Einsatz von Überstrom-Schutzeinrichtungen als Abschalteinrichtungen, auch im Neutralleiter eine Schutzeinrichtung einzusetzen, entfallen ist. Wenn bei einem Körperschluß des Neutralleiters, der ein aktiver Leiter ist, eine Berührungsspannung > 50 V auftreten kann, ist beim Schutz durch Abschaltung der Stromversorgung mit Überstrom-Schutzeinrichtungen in der Regel auch im Neutralleiter eine Überstrom-Schutzeinrichtung erforderlich, auch wenn dies nicht mehr ausdrücklich in der Norm gefordert ist. In solchen Fällen muß eine allpolig abschaltende Schutzeinrichtung eingesetzt werden, um sicherzustellen, daß eine Unterbrechung im Neutralleiter nicht zu Überspannungen führt, was wie-

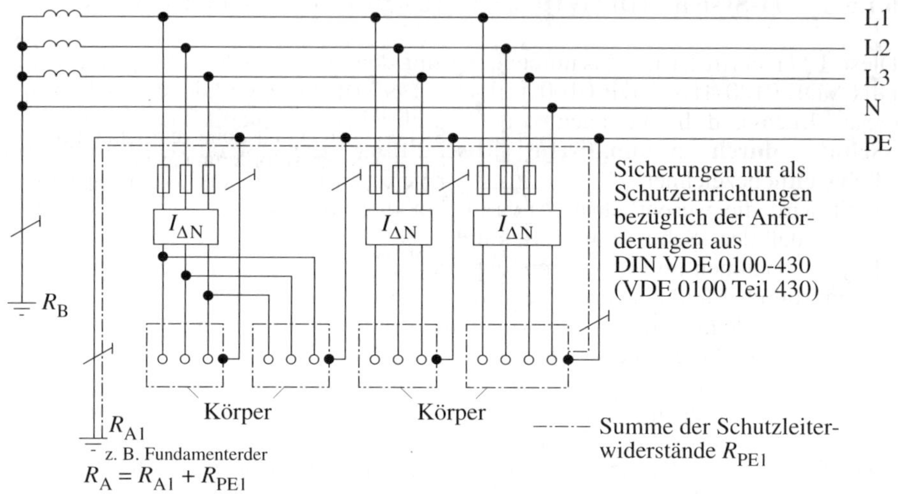

Bild 6.8b Schutz durch automatische Abschaltung der Stromversorgung mit RCDs in einem TT-System – Ermitteln von R_A **bei einem gemeinsamen Erder**

derum zur Zerstörung von elektrischen Betriebsmitteln/Verbrauchsmitteln führen könnte.

Der Einsatz von Überstrom-Schutzeinrichtungen als Abschalteinrichtungen im TT-System sollte auf Ausnahmen eingeschränkt werden, und wenn schon, sollte dieser Schutz nur in Verbindung mit dem zusätzlichen Potentialausgleich zur Anwendung kommen. Der zulässige Wert von R_A ergibt sich aus der zuvor angeführten Gleichung.

Fehlerspannungs-Schutzeinrichtungen sind für besondere Anwendungen nicht ausgeschlossen. Sie dürfen allerdings nur dann eingesetzt werden, wenn RCDs oder Überstrom-Schutzeinrichtungen nicht verwendet werden können. Darüber hinaus ist ihr Einsatz nur in Eigenverantwortung möglich, da Fehlerspannungs-Schutzeinrichtungen nicht mehr genormt sind und Betriebsmittel, die keiner DIN-VDE-Produktnorm entsprechen, nach den DIN-VDE-Normen nicht eingesetzt werden dürfen.

Aus physikalischen Gründen muß die sogenannte »Spannungswaage« für Anlagen im TT-System entfallen, da die »Spannungswaage« nur bei zusätzlicher Erdung des Schutz- oder PEN-Leiters wirksam wird. Der Neutralleiter im TT-System darf aber nur einmal (nämlich an der Stromquelle) geerdet werden.

6.1.5 IT-Systeme (DIN VDE 0100 Teil 410, Unterabschnitt 413.1.5)

Diese Überschrift ist im Zusammenhang mit dem Titel des Abschnitts 413.1 von DIN VDE 0100-410 (VDE 0100 Teil 410):1997-01 zu sehen (siehe Abschnitt 6.1 dieses Buchs), d. h. die nachfolgend beschriebene Schutzmaßnahme wird als **»Schutz durch automatische Abschaltung der Stromversorgung im IT-System«** bezeichnet.

Damit wird die wesentlichste Änderung in diesem Abschnitt sofort ersichtlich, nämlich daß der »Schutz durch Meldung« – als eine der beiden bisher möglichen Schutzmaßnahmen im IT-System – der Vergangenheit angehört. Die Formulierung »Schutz durch Meldung« traf nie so richtig zu, denn der Schutz bei indirektem Berühren wurde nicht durch die »Meldung« sondern durch den geforderten zusätzlichen örtlichen Potentialausgleich erfüllt. **Bild 6.9** zeigt beispielhaft die **bisherige Schutzmaßnahme** »Schutz durch Meldung«, mit Isolationsüberwachung und zusätzlichem örtlichen Potentialausgleich. Aber auch die bisher schon mögliche Schutzmaßnahme »Schutz durch Abschaltung der Stromversorgung beim zweiten

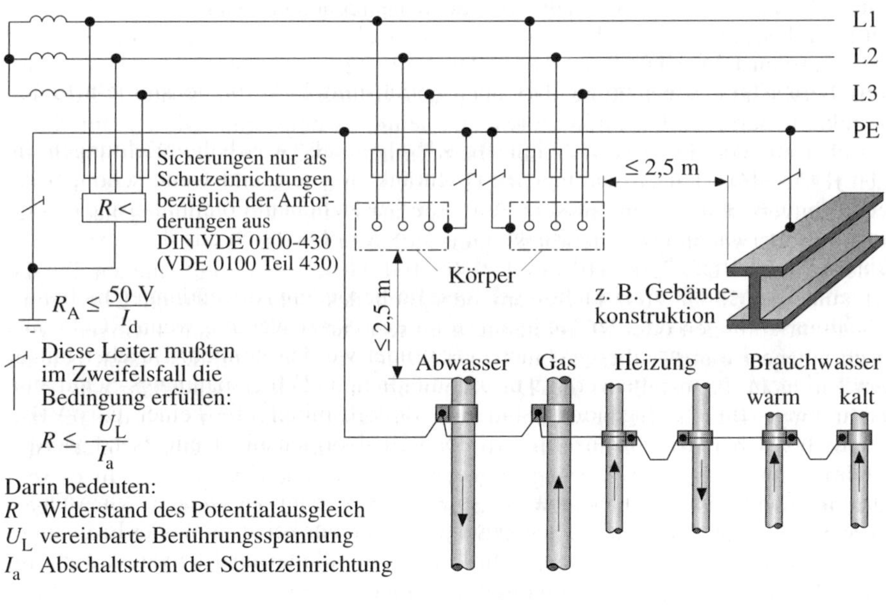

Bild 6.9 »Schutz durch Meldung mit Isolationsüberwachungseinrichtung (R<)« und mit örtlichem zusätzlichem Potentialausgleich im IT-System **nach inzwischen ungültiger Norm DIN VDE 0100-410 (VDE 0100 Teil 410):1983-11**

Fehler« war abweichend – da eine Isolationsüberwachungseinrichtung nicht zwingend vorgeschrieben war – von der nun allein möglichen Schutzmaßnahme im IT-System. Hierauf wird nachfolgend noch ausführlich eingegangen.

Auch wenn das IT-System, oder anders formuliert, dieses »System nach Art der Erdverbindung« – wie nach DIN VDE 0100-300 (VDE 0100 Teil 300) die bisherigen Netzformen nun genannt werden –, in der Praxis vorwiegend nur in besonderen Bereichen zur Anwendung kommt, soll hier dennoch auf einige wesentliche Anforderungen und Hintergründe eingegangen werden. Besondere Bereiche, in denen das IT-System zur Anwendung kommt, sind beispielsweise elektrische Anlagen in Krankenhäusern, Bergwerken (über und unter Tage) sowie in Betrieben, deren Produktion beim ersten Fehler in der elektrischen Anlage nicht unterbrochen werden soll, z. B. in der chemischen Industrie. Aber auch für leistungsstarke Motoren werden IT-Systeme häufig angewendet, da hierbei bei einem ersten Fehler wegen der geringen Ströme keine Beschädigung dieser Motoren auftreten kann.

Obwohl diese Maßnahme zum Schutz gegen elektrischen Schlag nun nicht mehr mit »Schutz durch Meldung« bezeichnet wird, wird aus der bisherigen alternativen Möglichkeit, eine Isolationsüberwachungseinrichtung vorzusehen, nun eine zwingende Forderung. Bisher war die Isolationsüberwachungseinrichtung nur bei Schutz durch Meldung oder aus Gründen, die nicht den Schutz bei indirektem Berühren betrafen, erforderlich. Daher macht auch die Anmerkung 2 im Abschnitt 413.1.5.4 von DIN VDE 0100-410 (VDE 0100 Teil 410):1997-01 – »Eine Isolationsüberwachungseinrichtung darf auch aus Gründen, die nicht den Schutz bei indirektem Berühren betreffen, notwendig sein« – wenig Sinn. Diese Anmerkung ist sicher aus der IEC 364-4-41 mit übernommen worden, wo sie Sinn macht, da nach IEC 364-4-41 nach wie vor das IT-System in der Ausführung »Abschaltung der Stromversorgung beim zweiten Fehler« ohne zwingende Forderung nach einer Isolationsüberwachungseinrichtung angewendet werden darf.

In der in DIN VDE 0100-410 (VDE 0100 Teil 410):1997-01 enthaltenen Tabelle N.1 sind die Bilder zum IT-System bezüglich des Schutzes durch Überstrom-Schutzeinrichtungen oder RCDs insofern irreführend, weil die nun zwingend vorgeschriebene Isolationsüberwachungseinrichtung zur Meldung des ersten Fehlers zum Teil nicht dargestellt wurde. Die Klappkarte am Ende dieses Buchs zeigt eine überarbeitete Tabelle. In dieser überarbeiteten Tabelle sind nun auch die für den Schutz bei Überstrom erforderlichen Schutzeinrichtungen – aus Gründen der Vereinfachung wurden Sicherungen gewählt – gestrichelt dargestellt. In diesem Zusammenhang ist zu beachten, daß im IT-System Sicherungen bzw. Überstrom-Schutzeinrichtungen in allen aktiven Leitern – damit auch in einem eventuell vorhandenen Neutralleiter – erforderlich sind. Hierbei ist zu beachten, daß die im Neutralleiter vorhandene Schutzeinrichtung nicht zu einer Abschaltung des Neutralleiters vor den Außenleitern führen darf. Außerdem sind Überstrom-Schutzeinrichtungen immer **zusätzlich** erforderlich, wenn hinter einer RCD mehrere Verbrauchsmittel angeschlossen sind, was nachfolgend noch näher erläutert wird.

Die Isolationsüberwachungseinrichtung darf so konzipiert sein, daß sie durch ein optisches und/oder akustisches Signal einen ersten Fehler anzeigt. Nach Abschnitt 4.7 von DIN VDE 0413-2 (VDE 0413 Teil 2):1973-01 darf das akustische Signal nach Auftreten eines Fehlers (Körper- oder Erdschluß) abgeschaltet werden, wenn das optische Signal erst nach Beheben des Fehlers zurückgesetzt werden kann. In einem IT-System dürfen auch mehrere Isolationsüberwachungseinrichtungen (parallel) eingesetzt werden. Dabei ist jedoch zu beachten, daß sich dadurch der Wert von I_d – wegen der nicht unendlich großen Innenwiderstände der Isolationsüberwachungseinrichtungen (üblich größer 100 kΩ) – vergrößert. Damit muß der Erdungswiderstand R_A entsprechend verkleinert werden, da die Bedingung erfüllt werden muß:

$$R_A \leq \frac{50\ \text{V}}{I_d}.$$

Darin bedeuten:

R_A Summe der Widerstände des Erders und des Schutzleiters bis zum Körper;
50 V Grenze der dauernd zulässigen Berührungsspannung unter normalen Bedingungen;
I_d Fehlerstrom im Falle eines ersten Fehlers mit vernachlässigbarer Impedanz zwischen einem Außenleiter und einem Körper. Der Wert von I_d berücksichtigt die Ableitströme und die Gesamtimpedanz der elektrischen Anlage gegen Erde.

Aus der Anmerkung zu Abschnitt 413.1.5.2 von DIN VDE 0100-410 (VDE 0100 Teil 410):1997-01, die auch schon in der Ausgabe von DIN VDE 0100-410 (VDE 0100 Teil 410):1983-11 enthalten war und sachlich eigentlich zu Abschnitt 413.1.5.1 von DIN VDE 0100-410 (VDE 0100 Teil 410):1997-01 gehören würde, ist zu entnehmen, daß auch ein IT-System geerdet werden darf. Diese mögliche Erdung, die nicht im direkten Zusammenhang mit dem Schutz gegen elektrischen Schlag zu sehen ist, darf allerdings nur über »ausreichend hohe« Impedanzen vorgenommen werden. Leider fehlen konkrete Aussagen, wie klein bzw. wie groß die Werte für die »ausreichend hohe« Impedanz bzw. eine »hochohmige Erdung« sein sollen. Ein Wert von > 40 Ω wird von Ländern, in denen die hochohmige Erdung angewendet wird, noch als ausreichend angesehen.
Entsprechend den Anforderungen für das TN- und TT-System (siehe auch Abschnitte 6.1.3 und 6.1.4 dieses Buchs) darf auch beim IT-System anstelle eines Sternpunktes ein Außenleiter geerdet werden, jedoch, wie bereits erwähnt, nur »hochohmig«. Darüber hinaus darf auch ein künstlicher Sternpunkt gebildet und geerdet werden. Die Anmerkung in Abschnitt 413.1.5.2 von DIN VDE 0100-410 (VDE 0100 Teil 410):1997-01 weist darauf hin, daß die Erdung auch aus Gründen des Schutzes bei Überspannung gefordert sein kann, was letztlich auch für die beiden anderen Systeme nach Art der Erdverbindung – TT-System und TN-System – gilt.

Nach wie vor fehlen in der Norm Angaben, auf welchen Wert der Isolationswiderstand an der Isolationsüberwachungseinrichtung einzustellen ist. Werte zwischen 15 kΩ und 100 kΩ gelten als gebräuchlich, wobei in Krankenhäusern nach DIN VDE 0107 (VDE 0107) ein einzustellender Wert von 50 kΩ – bei einem Wechselstrominnenwiderstand der Isolationsüberwachungseinrichtung von mindestens 100 kΩ – nicht unterschritten werden darf. Noch schwieriger dürfte es sein, einen entsprechenden Wert für eine hochohmige Erdung einzustellen. An dieser Stelle kann von den Autoren auch keine Empfehlung gegeben werden, da diesbezüglich in Deutschland keine Erfahrungen vorliegen. Wenn überhaupt, wird in Deutschland nur eine Erdung über Überspannungsableiter wegen des Schutzes bei Überspannung angewendet, wobei die Verhältnisse dann vergleichbar sind mit »völlig« ungeerdeten Systemen. Die Veränderung des eingestellten Isolationswiderstandes darf nur mit Werkzeug oder Schlüssel möglich sein. Außerdem muß bei der Einstellung der Überwachungseinrichtungen auch der Meßfehler – meist ±30 % – berücksichtigt werden.
Überflüssig erscheint die Aussage in der Anmerkung zu 413.1.5.3 von DIN VDE 0100-410 (VDE 0100 Teil 410):1997-01 zu sein. In der Praxis dürfte es keinen Fall geben, in dem ein Körper »direkt« oder unmittelbar mit einem Erder verbunden ist. Ein – wenn auch nur sehr kurzer – Schutzleiter ist immer erforderlich, so daß durch die Anmerkung lediglich die Praxis bestätigt wird.
Neu ist auch, daß nun – wie beim TT-System, das im Abschnitt 6.1.4 dieses Buchs beschrieben wird – der Widerstand des Schutzleiters (PE) dem Widerstand des Erders R_A hinzugerechnet werden muß, was bisher nur in DIN VDE 0100-610 (VDE 0100 Teil 610) enthalten war. Einfacher ausgedrückt, von dem mit folgender Formel

$$R_A \leq \frac{50\ \mathrm{V}}{I_d}$$

ermittelten R_A (in DIN VDE 0100-410 (VDE 0100 Teil 410) ist die Formel umgestellt mit $R_A \cdot I_d \leq 50$ V aufgeführt) muß noch der Anteil des Schutzleiterwiderstandes (zwischen Erder R_A und Körper des jeweiligen Betriebsmittels) abgezogen werden, um den maximal zulässigen Widerstand des Erders R_A zu ermitteln. Hier wurde bewußt nur der ohmsche Widerstand – im Gegensatz zum TN-System – betrachtet, da bei Erdern nur dieser relevant ist. Der geringe Anteil des Schutzleiters macht sich in diesem Zusammenhang – anders als beim TN-System – nur unwesentlich bemerkbar.
Nach Auftreten eines ersten Fehlers (**Bild 6.10**) wird keine Abschaltung der elektrischen Anlage gefordert, da, sofern die vorgenannte Bedingung $R_A \cdot I_d \leq 50$ V erfüllt ist, keine gefährliche Berührungsspannung auftreten kann. Trotzdem wird in der Anmerkung empfohlen, den ersten Fehler so schnell wie möglich zu beseitigen. Diese Empfehlung dient, da der zweite Fehler zur Abschaltung führen muß, in erster Linie der »(betriebs)sicheren Stromversorgung« und nicht dem Schutz gegen elektrischen Schlag.

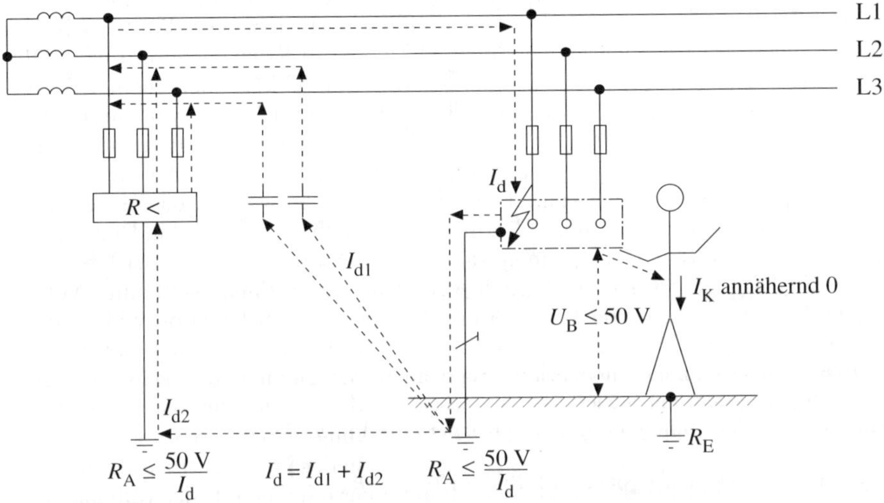

Bild 6.10 Fehlerstrom beim ersten Fehler im IT-System nur abhängig von I_d

Aus dem ungeerdetem System wird, je nach Ausführung der Erdung der Körper – einzeln oder in Gruppen – ein TT- oder TN-System. Das Erfüllen der Bedingung $R_A \cdot I_d \leq 50$ V dürfte in der Praxis kaum Probleme bereiten, da durch die in aller Regel relativ kleine Ausdehnung der Netze die Ableitströme sehr gering sind, so daß auch Erderwiderstände R_A – wie früher in DIN VDE 0100 (VDE 0100): 1973-05 festgelegt – von bis zu 15 Ω kaum zu Problemen führen. Allerdings muß für R_A bei Einzel- oder Gruppenerdern auch noch die Bedingung für den zweiten Fehler berücksichtigt werden:

$$R_A \leq \frac{50 \text{ V}}{I_a} .$$

Darin bedeuten:

R_A Summe der Widerstände des Erders und des Schutzleiters bis zum Körper;
50 V Grenze der dauernd zulässigen Berührungsspannung unter normalen Bedingungen;
I_a Strom, der das automatische Abschalten der Schutzeinrichtung bewirkt.

Bei gemeinsamem Erder ist der R_A für den zweiten Fehler ohne Bedeutung, da dann die Bedingungen für das TN-System zu erfüllen sind.

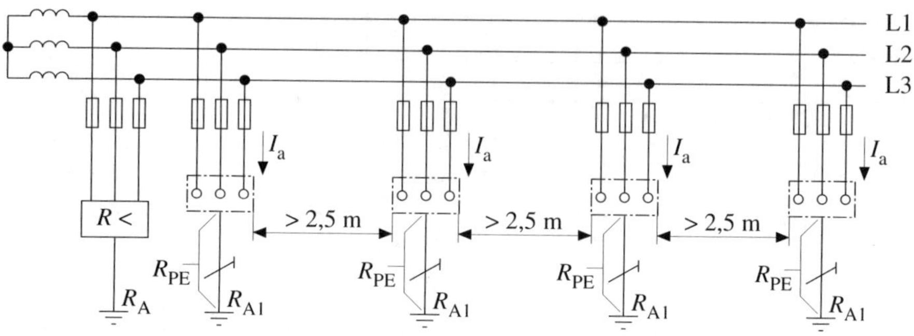

Bild 6.11 Schutz durch automatische Abschaltung der Stromversorgung beim zweiten Fehler im IT-System mit Sicherungen als Schutzeinrichtungen und mit (notwendiger) Isolationsüberwachungseinrichtung (*R*<) – **Körper einzeln geerdet**

R_A für den ersten Fehler (siehe auch Bild 6.10) $\quad R_A \leq \frac{50\text{ V}}{I_d}$

R_A für den zweiten Fehler (siehe auch Bild 6.13) $\quad R_A \leq \frac{50\text{ V}}{I_a}$

hierbei ist zu berücksichtigen: $R_A = R_{A1} + R_{PE}$

Achtung! Da nach dem ersten Fehler ein TT-System entsteht, müssen die Bedingungen für das TT-System erfüllt werden. Daher ist der Schutz mit Überstrom-Schutzeinrichtungen problematisch, ggf. RCDs als Schutzeinrichtung einsetzen; siehe Bild 6.17.

In jedem Fall muß die Anlage so ausgeführt sein, daß nach Auftreten eines ersten Fehlers die Abschaltung der Stromversorgung im Falle eines zweiten Fehlers – wie nachfolgend beschrieben – erfüllt werden kann. Unter zwei Fehlern sind keinesfalls zwei Fehler im gleichen Außenleiter und auch nicht zwei Fehler im Neutralleiter zu verstehen. Solche Doppelfehler bedeuten kein größeres Risiko als bei einem Fehler.
Mit dem Auftreten von zwei Fehlern muß ansonsten in der Regel im VDE-Vorschriftenwerk nicht gerechnet werden. Eine Ausnahme ergibt sich nur in Einzelfällen, z. B. beim **»zusätzlichen Schutz«** nach Abschnitt 412.5 von DIN VDE 0100-410 (VDE 0100 Teil 410):1997-01, wie er in der Gruppe 700 der Normen der Reihe DIN VDE 0100 (VDE 0100) gefordert wird. Hierbei werden auch zwei Fehler betrachtet, z. B. bei Betriebsmitteln der Schutzklasse II, bei denen Basis- und Fehlerschutz versagen müssen, damit eine Berührung solcher Betriebsmittel gefährlich werden kann, wobei dann von einer direkten Berührung aktiver Teile ausgegangen wird – daher auch »Schutz **bei direktem** Berühren« (siehe auch Abschnitt 5.5 dieses Buchs).

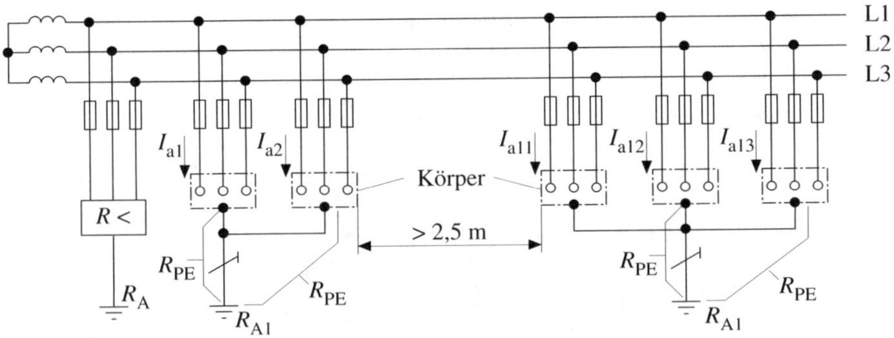

Bild 6.12 Schutz durch automatische Abschaltung der Stromversorgung beim zweiten Fehler im IT-System mit Sicherungen als Schutzeinrichtungen und mit (notwendiger) Isolationsüberwachungseinrichtung ($R<$) – **Körper in Gruppen geerdet**

R_A für den ersten Fehler (siehe auch Bild 6.10) $R_A \leq \frac{50\text{ V}}{I_d}$

R_A für den zweiten Fehler (siehe auch Bild 6.13) $R_A \leq \frac{50\text{ V}}{I_a}$

hierbei ist zu berücksichtigen: $R_A = R_{A1} + R_{PE}$

Bei in Gruppen geerdete Körper muß das jeweils größte I_a einer Schutzeinrichtung in dieser Gruppe eingesetzt werden!

Achtung! Da nach dem ersten Fehler ein TT-System entsteht, müssen die Bedingungen für das TT-System erfüllt werden. Daher ist der Schutz mit Überstrom-Schutzeinrichtungen problematisch, ggf. RCDs als Schutzeinrichtung einsetzen; siehe Bild 6.17.

Folgende Bedingungen gelten im IT-System:

- Wenn die Körper der elektrischen Betriebsmittel einzeln (**Bild 6.11**) oder in Gruppen (**Bild 6.12**) geerdet sind, gelten beim zweiten Fehler für die Abschaltung der Stromversorgung die Bedingungen für das TT-System – wie im Abschnitt 6.1.4 dieses Buchs beschrieben.
  Allerdings gilt hierbei der 2. Absatz von Abschnitt 413.1.4.1 der DIN VDE 0100-410 (VDE 0100 Teil 410):1997-01 bezüglich der Erdung eines Sternpunktes oder eines Außenleiters **nicht für das IT-System**. Außerdem wird für die Fehlerbetrachtung nur der R_A (einschließlich Schutzleiterwiderstand) und der I_a der Schutzeinrichtung des jeweiligen Betriebsmittels, d. h. **eines Betriebsmittels** betrachtet (**Bild 6.13**).
  In diesem Zusammenhang ist zu beachten, daß nach Abschnitt 413.1.1.2 von DIN VDE 0100-410 (VDE 0100 Teil 410):1997-01 **gleichzeitig berührbare Körper an demselben Erdungssystem** angeschlossen sein müssen (**Bild 6.14**).

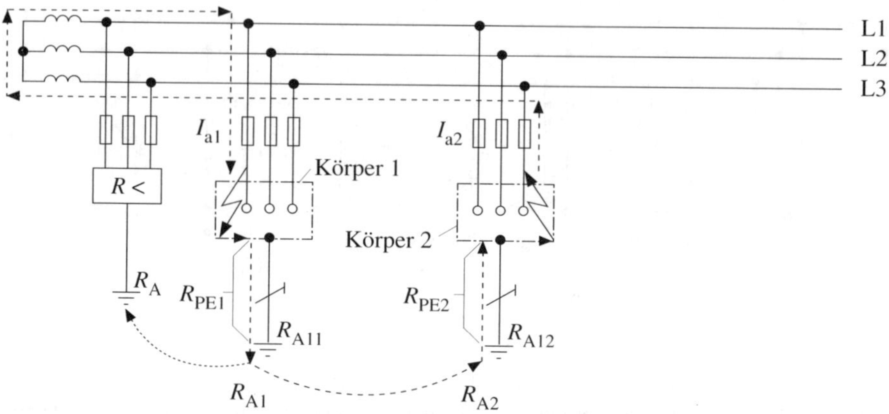

Bild 6.13 Schutz durch automatische Abschaltung der Stromversorgung beim zweiten Fehler im IT-System mit Sicherungen als Schutzeinrichtungen und mit (notwendiger) Isolationsüberwachungseinrichtung (R<) – **Körper einzeln geerdet; Fehlerbetrachtung nur für ein Betriebsmittel** gefordert.

für Betriebsmittel 1 gilt:

$$R_{A1} \leq \frac{50\text{ V}}{I_{a1}}$$

hierbei ist zu berücksichtigen:

$$R_{A1} = R_{A11} + R_{PE1}$$

für Betriebsmittel 2 gilt:

$$R_{A2} \leq \frac{50\text{ V}}{I_{a2}}$$

hierbei ist zu berücksichtigen:

$$R_{A2} = R_{A12} + R_{PE2}$$

Eine Einzel- oder Gruppenerdung ist danach nur dann möglich, wenn zwischen einzel geerdeten Körpern bzw. zwischen geerdeten Körpergruppen ein Abstand von größer 2,5 m eingehalten wird (Bild 6.14). In diesem Falle darf ein gleichzeitiges Berühren von getrennt geerdeten Körpern ausgeschlossen werden, was nur bei festangeschlossenen Betriebsmitteln zutreffen kann. Bei Steckdosenstromkreisen muß daher – auch wenn nicht ausdrücklich gefordert – immer ein gemeinsamer, geerdeter Schutzleiter zur Anwendung kommen, d. h. alle Körper müssen über Schutzleiter an **einem Erder** angeschlossen werden.

Die bisherige Forderung, daß alle Körper, die durch eine gemeinsame Schutzeinrichtung geschützt werden – auch wenn ihr Abstand zueinander mehr als 2,5 m beträgt –, an einem gemeinsamen Erder/Schutzleiter angeschlossen werden müssen, ergibt sich nun aus dem Hinweis in Abschnitt 413.1.5.5 a) von DIN VDE 0100-410 (VDE 0100 Teil 410):1997-01. Dort wird gefordert, daß bei Einzel- oder Gruppenerdung der Körper die Anforderungen von Abschnitt 413.1.4 der DIN VDE 0100-410 (VDE 0100 Teil 410):1997-01 – die für das TT-System zutreffend sind – eingehalten werden müssen. In diesem Abschnitt wird der gemeinsame Erder gefordert.

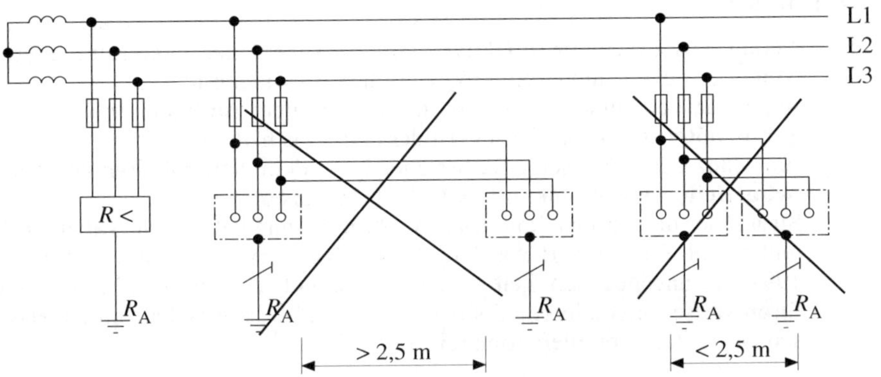

Bild 6.14 Unzulässige Anordnung von einzeln geerdeten Körpern hinter einer gemeinsamen Schutzeinrichtung bei Schutz durch automatische Abschaltung der Stromversorgung beim zweiten Fehler im IT-System mit Sicherungen als Schutzeinrichtungen; gilt sinngemäß auch bei Einsatz anderer Schutzeinrichtungen.

Achtung! Körper unterschiedlicher Betriebsmittel **hinter derselben Schutzeinrichtung** dürfen **nicht an getrennte Erder** angeschlossen werden, unabhängig davon, ob im Handbereich oder nicht.

- Wenn die Körper – einschließlich der geforderten Isolationsüberwachungseinrichtung – untereinander über einen Schutzleiter gemeinsam geerdet sind (**Bild 6.15**) – was in Deutschland übliche Praxis ist –, gelten für die Abschaltung der Stromversorgung die Bedingungen für das TN-System. Formal ist diese Aussage nicht ganz richtig, da in den nachfolgenden Formeln für die Schleifenimpedanz zweimal I_a einzusetzen ist, was eine Abweichung zur Bedingung im TN-System ist. Für den ersten Fehler muß aber auch hierbei die Bedingung $R_A \cdot I_d \leq 50$ V erfüllt werden. Auch in diesem Falle braucht beim zweiten Fehler nur ein fehlerhaftes Betriebsmittel/Verbrauchsmittel betrachtet zu werden (**Bilder 6.16a bis 6.16e**). Aber anders als bei Einzel- oder Gruppenerdung wird hierbei der zweite fehlerhafte Stromkreis bzw. das Betriebsmittel/Verbrauchsmittel durch Verdoppeln von I_a berücksichtigt. Somit gilt:

  sofern **kein** Neutralleiter vorhanden ist

  $$Z_S \leq \frac{U}{2 \cdot I_a}$$

  sofern **ein** Neutralleiter vorhanden ist

  $$Z'_S \leq \frac{U_0}{2 \cdot I_a}$$

Darin bedeuten:

U_0 Nennwechselspannung (effektiv) zwischen Außenleiter und Neutralleiter;
U Nennwechselspannung (effektiv) zwischen Außenleitern;
Z_S Impedanz der Fehlerschleife, bestehend aus dem **Außenleiter** und dem **Schutzleiter** des Stromkreises (Bilder 6.16a bis 6.16c);
Z'_S Impedanz der Fehlerschleife, bestehend aus dem **Neutralleiter** und dem **Schutzleiter** des Stromkreises (Bilder 6.16d bis 6.16e);
I_a Strom, der die Abschaltung des Stromkreises innerhalb der in **Tabelle 6.3** (entspricht Tabelle 41B von DIN VDE 0100-410 (VDE 0100 Teil 410): 1997-01) angegebenen Zeit *t*, soweit anwendbar, oder für alle anderen Stromkreise innerhalb von 5 s bewirkt, sofern diese Abschaltzeit zugelassen ist, z. B. in Verteilerstromkreisen.

Tabelle 6.3: Nennwechselspannungen und maximale Abschaltzeiten für das Abschalten beim zweiten Fehler in IT-Systemen

Nennspannung der elektrischen Anlage U_0/U	Abschaltzeit in s	
	Neutralleiter nicht verteilt	Neutralleiter verteilt
230/400	0,4	0,8
400/690	0,2	0,4
580/1000	0,1	0,2

Anmerkung 1: Für Spannungen, die innerhalb des Toleranzbandes nach DIN IEC 38 liegen, gilt die Abschaltzeit für die zugehörige Nennspannung.
Anmerkung 2: Für Zwischenwerte von Spannungen ist der nächsthöhere Spannungswert aus der Tabelle zu verwenden.

Aufgrund dieser neuen Anforderungen ergibt sich auch, daß DIN VDE 0100-610 (VDE 0100 Teil 610):1987-11 nur noch bedingt angewendet werden kann, da die dort enthaltenen Anforderungen für die Erstprüfungen auf der bisherigen Norm DIN VDE 0100-410 (VDE 0100 Teil 410):1983-11 beruhen.
Wegen der Problematik mit RCDs in IT-Systemen – siehe auch Aussagen am Ende dieses Abschnittes – wurde bewußt kein Bezug zwischen $I_{\Delta N}$ und I_a hergestellt. Dennoch dürfen auch RCDs als Abschalteinrichtungen im IT-System eingesetzt werden.
Daß in der zweiten Formel (Bedingung) – die bei Vorhandensein eines Neutralleiters angewendet werden muß –, U_0 eingesetzt werden muß, ist damit zu begründen, daß einer der beiden Fehler auch gegen den Neutralleiter auftreten kann. In diesem Falle würde als Spannung – die den Abschaltstrom zum Fließen bringen muß – nur U_0 zur Verfügung stehen. Wegen der kleineren Spannung ergibt sich

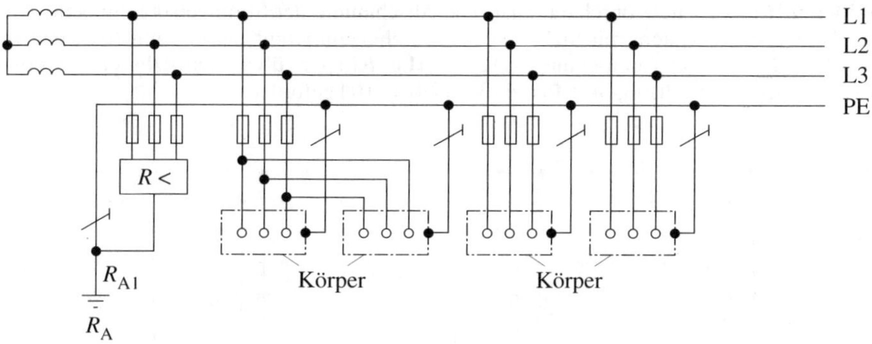

R_A für den ersten Fehler:

$R_A \leq \frac{50\ V}{I_d}$ wobei sich auch hier R_A zusammensetzt aus R_{A1} und dem jeweiligen Schutzleiterwiderstand R_{PE}. Somit muß bei der Ermittlung von R_A der größte R_{PE} berücksichtigt werden (siehe Darstellung unten).

Achtung! Nach dem Fehler entsteht ein TN-System; es müssen daher die Bedingungen für das TN-System erfüllt werden!

Bedingung für den zweiten Fehler:

$Z_s \leq \frac{U}{2 \cdot I_a}$ Ermitteln von Z_S siehe Bild 6.16

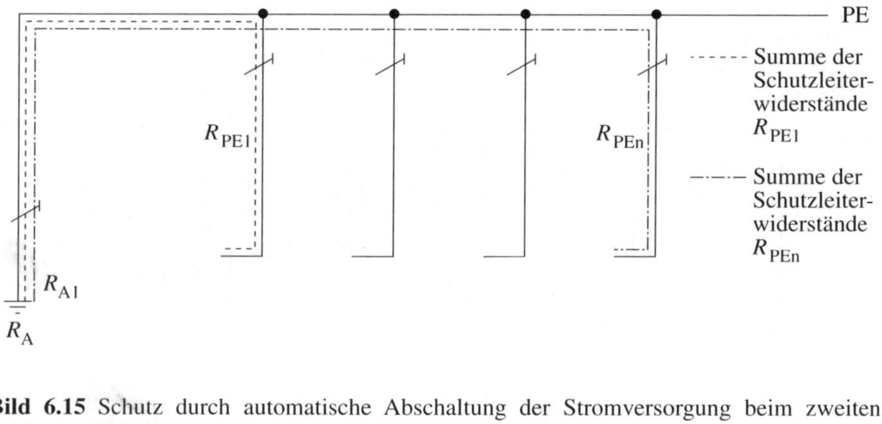

Bild 6.15 Schutz durch automatische Abschaltung der Stromversorgung beim zweiten Fehler im IT-System mit Sicherungen als Schutzeinrichtungen und mit (notwendiger) Isolationsüberwachungseinrichtung (*R*<) – **Alle Körper über Schutzleiter an einen Erder angeschlossen.**

Bilder 6.16 a–e Schutz durch automatische Abschaltung der Stromversorgung beim zweiten Fehler im IT-System mit Sicherungen als Schutzeinrichtungen und mit (notwendiger) Isolationsüberwachungseinrichtung (*R*<) – **Alle Körper über Schutzleiter an einem Erder. Fehlerbetrachtung nur für ein Betriebsmittel** gefordert.

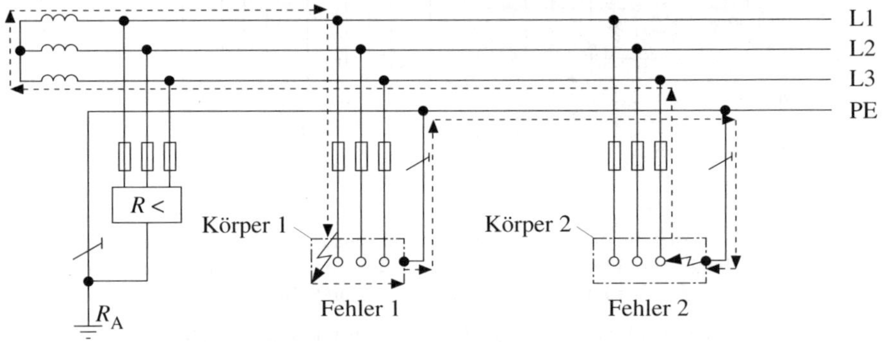

Bild 6.16a tatsächliche Fehlerschleife bei zwei Fehlern in einem IT-System, in dem alle Körper gemeinsam an einem geerdeten Schutzleiter angeschlossen sind.

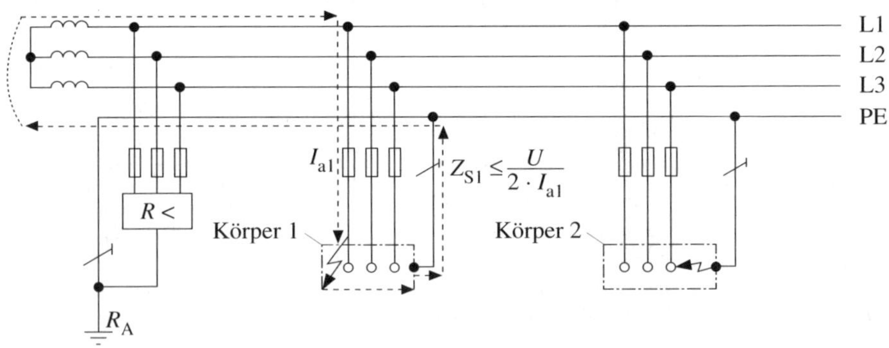

Bild 6.16b zu berücksichtigende Fehlerschleife bezogen auf **Körper 1,** bei zwei Fehlern in einem IT-System, in dem alle Körper gemeinsam an einen geerdeten Schutzleiter angeschlossen sind.

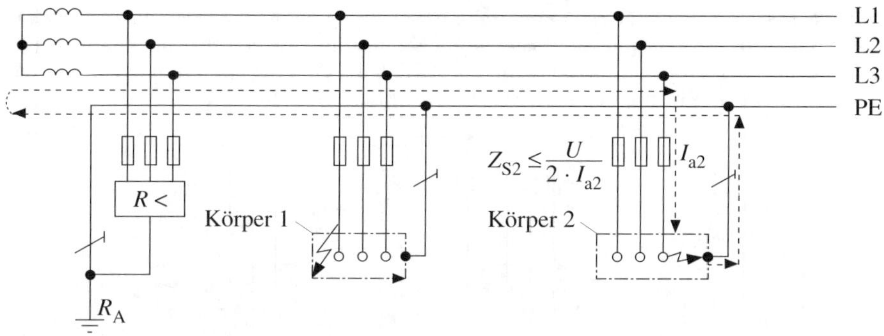

Bild 6.16c zu berücksichtigende Fehlerschleife bezogen auf **Körper 2,** bei zwei Fehlern in einem IT-System, in dem alle Körper gemeinsam an einen geerdeten Schutzleiter angeschlossen sind.

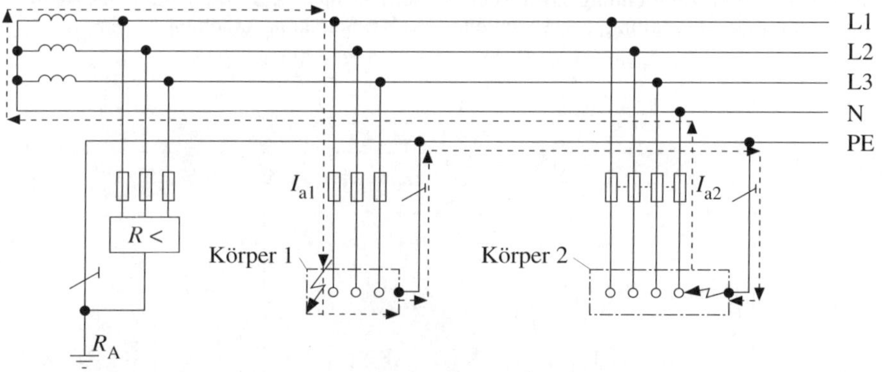

Bild 6.16d tatsächliche Fehlerschleife bei zwei Fehlern in einem IT-System **mit verteiltem Neutralleiter,** in dem alle Körper gemeinsam an einen geerdeten Schutzleiter angeschlossen sind.

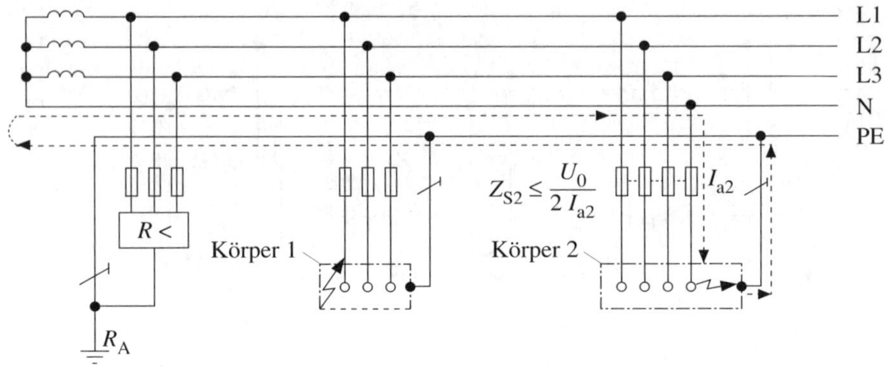

Bild 6.16e zu berücksichtigende Fehlerschleife bei zwei Fehlern in einem IT-System **mit verteiltem Neutralleiter,** in dem alle Körper gemeinsam an einen geerdeten Schutzleiter angeschlossen sind.

Achtung! Bei Schutzeinrichtungen im Neutralleiter beachten, daß Abschaltung des Neutralleiters nicht ohne Abschaltung der Außenleiter erfolgt; Spannungserhöhung!

aus der Formel, daß auch die Schleifenimpedanz kleiner sein muß, damit der Abschaltstrom I_a – der die Abschaltung der Schutzeinrichtung innerhalb der geforderten Zeiten bewirkt –, zum Fließen kommt. Unklar ist in diesem Falle, warum die Abschaltzeiten in Tabelle 41B von DIN VDE 0100-410 (VDE 0100 Teil 410): 1997-01 (Tabelle 6.3 dieses Buchs) bei verteiltem Neutralleiter vergrößert wurden. Schließlich können in solchen Systemen auch zwei Fehler in unterschiedlichen Außenleitern auftreten. Somit müßten die gleichen Verhältnisse wie im IT-System ohne verteiltem Neutralleiter und somit auch die gleichen Abschaltzeiten gelten. Zu begründen ist dieser Sachverhalt nur damit, daß bei Fehlern mit zwei unterschiedlichen Außenleitern auch die volle verkettete Spannung »U« für den Abschaltstrom zur Verfügung steht. Diese größere Spannung wird bei gleichbleibender Fehlerschleifenimpedanz einen entsprechend größeren Fehler-/Abschaltstrom zum Fließen bringen, der dann auch zwangsläufig zu einer wesentlich kürzeren Abschaltzeit führt.

Das Einsetzen von $2 \cdot I_a$ in die Formeln ist damit zu begründen, daß in den beiden Formeln nur die Impedanz eines Stromkreises – die des zu betrachtenden Stromkreises – berücksichtigt werden muß. Bei einem Doppelfehlerfall muß jedoch der Fehlerstrom (Kurzschlußstrom) über die Teilimpedanzen von zwei Stromkreisen fließen (Bilder 6.16a und 6.16d). Da hierfür eine sehr aufwendige Fehlerbetrachtung erforderlich wäre (es müßte jeweils eine Fehlerbetrachtung für den betreffenden Stromkreis gegen jeden anderen Stromkreis durchgeführt werden, was z. B. bei zehn Stromkreisen mit angeschlossenen Betriebsmitteln bereits 45 Fehlerbetrachtungen erforderlich machen würde), wird nur der jeweilige fehlerhafte Stromkreis betrachtet. Damit wird die Fehlerbetrachtung wesentlich vereinfacht. Durch Einsetzen von $2 \cdot I_a$ liegt das Ergebnis auf der sicheren Seite (Bilder 6.16 b, 6.16 c und 6.16 e).

Aufgrund der zuvor angeführten Anforderungen mag es unverständlich erscheinen, daß bei Einzel- oder Gruppenerdung R_A nur einmal berücksichtigt werden muß, obwohl auch hier bei zwei Fehlern der Fehlerstrom über zwei Erder fließen muß. Hier gelten jedoch die Anforderungen für das TT-System. Auch im TT-System muß bei der Fehlerbetrachtung nicht zusätzlich der Widerstand R_B des Betriebserders hinzugefügt werden. Eine Gefahr kann weder im TT- noch im IT-System entstehen, da beim Abschaltstrom I_a nur eine Berührungsspannung von ≤ 50 V auftreten darf. Kommt aufgrund guter Erdungsverhältnisse – auch unter Berücksichtigung von $2 \cdot R_a$ – ein größerer Strom als I_a zum Fließen, dann wird eine Abschaltung innerhalb der zulässigen Zeiten erfolgen. Kommt nur ein Strom kleiner als der Abschaltstrom I_a zum Fließen, dann wird die Berührungsspannung unter 50 V bleiben. Berührungsspannungen ≤ 50 V dürfen aber in normalen Anwendungsfällen – Ausnahmen gibt es in der Gruppe 700 von DIN VDE 0100 (VDE 0100) – in allen »Systemen nach Art der Erdverbindung« dauernd auftreten, ohne abgeschaltet zu werden, da es sich um den Schutz bei indirektem Berühren handelt.

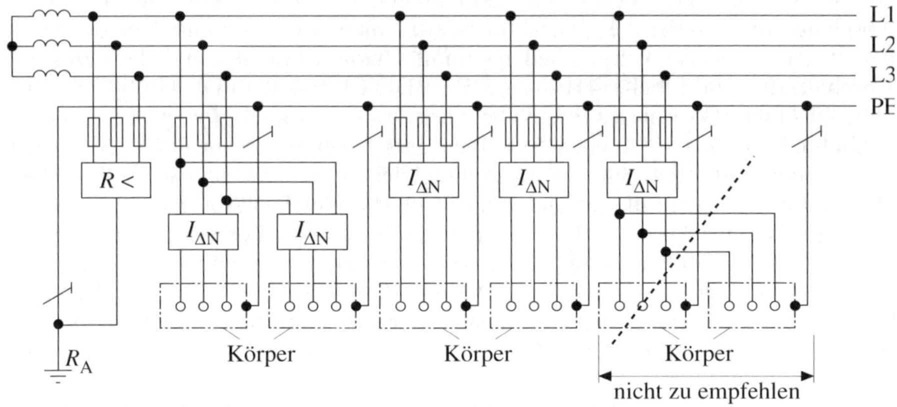

Bild 6.17 Schutz durch automatische Abschaltung der Stromversorgung beim zweiten Fehler **mit RCD,** mit notwendiger Isolationsüberwachungseinrichtung (R<) – **Körper gemeinsam geerdet.**

Die Variante rechts ist nicht zu empfehlen, da bei einer RCD für mehrere Verbraucher die RCD nur bedingt wirksam ist; Schutz muß durch die vorgeschaltete Sicherung erreicht werden oder für jedes Verbrauchsmittel eine RCD (siehe links).

Gefährlich könnte es im TT- und im IT-System nur werden, wenn zwei getrennt geerdete fehlerhafte Betriebsmittel gleichzeitig berührt werden könnten, was aber bestimmungsgemäß ausgeschlossen ist.
In der Tabelle 6.3 wurde bewußt neben U_0 auch U angegeben, da das IT-System überwiegend ohne Neutralleiter zur Anwendung kommt. Anders als in Tabelle 6.1, die für das TN-System gilt, wird in der dritten Zeile der Tabelle 6.3 für das IT-System nicht »größer« geschrieben, sondern ein fester Wert vorgegeben, da sich sonst eine Spannung U von größer 1000 V – und somit eine Spannung, die außerhalb des Anwendungsbereiches von DIN VDE 0100 (VDE 0100) liegt – ergeben würde.
Da für Gleichspannungen keine Werte in DIN VDE 0100-410 (VDE 0100 Teil 410):1997-01 vorgegeben sind, empfiehlt es sich, Tabelle 6.3 analog anzuwenden, auch wenn die dort aufgeführten Nennspannungen bei Gleichspannung nicht gebräuchlich sind. Für Gleichspannung gilt dann

U_0 ist die Spannung zwischen Außenleiter und (ungeerdetem) Mittelleiter
U ist Spannung zwischen zwei Außenleitern.

Analog darf diese Aussage auch für ein Gleichspannungs-TN-System angewendet werden. Beim TT-System ist dieser Sachverhalt nicht von Bedeutung, da für R_A immer 50 V zugrunde gelegt werden müssen.

Obwohl bei den Abschaltzeiten zwischen Anlagen mit und ohne verteiltem Neutralleiter/Mittelleiter – d. h. für Anlagen, bei denen der Neutralleiter oder ggf. der Mittelleiter benötigt wird – unterschieden wird, gilt nach wie vor, daß ein IT-System mit einer Wechselspannung 400 V/230 V – d. h. mit Neutralleiter – problematisch ist, da die Isolierung der üblicherweise für eine Spannung von 230 V eingesetzten elektrischen Betriebsmittel/Verbrauchsmittel – insbesondere die Isolierung von Installationsmaterial – in vielen Fällen bestimmungsgemäß nur für eine Wechselspannung von 250 V gegen Erde bemessen ist. Im Falle eines Fehlers »Außenleiter gegen Erde« steigt die Spannung in den »gesunden«, d. h. in den nicht fehlerbehafteten Außenleitern gegen Erde auf 400 V an. Damit könnte die Isolierung der Betriebsmittel bei einem länger anstehenden ersten Fehler geschädigt werden. Wenn solche Betriebsmittel an ein IT-System angeschlossen werden sollen, empfiehlt sich der Anschluß zwischen zwei Außenleitern bei einer verketteten Spannung » U « von 230 V.

Anstelle der Abschaltung beim zweiten Fehler innerhalb der in Tabelle 6.3 angegebenen Zeiten war bisher alternativ auch das Errichten eines zusätzlichen örtlichen Potentialausgleichs[3)] in Verbindung mit einer Isolationsüberwachungseinrichtung ausreichend. Ein zusätzlicher Potentialausgleich ist nur noch dann erforderlich, wenn die Abschaltbedingungen durch Überstrom-Schutzeinrichtungen nicht erfüllt werden können oder in besonderen Bereichen – wie in der Gruppe 700 von DIN VDE 0100 (VDE 0100) z. T. gefordert.

Alternativ dürfen auch RCDs als Schutzeinrichtung für die Abschaltung beim zweiten Fehler vorgesehen werden, wobei im IT-System dieser Schutz jedoch nur dann voll wirksam wird, wenn für **jedes** Verbrauchsmittel eine RCD vorgesehen wird (**Bild 6.17**). In diesen Fällen darf dann anstelle von I_a der Bemessungsdifferenzstrom $I_{\Delta N}$ in die Formel für die Abschaltbedingungen beim zweiten Fehler eingesetzt werden.

In Netzen, in denen sich vor der RCD (**Bild 6.18**), ein großer Wert von I_d (im Bild zur besseren Unterscheidung zu $I_{d\text{-gesamt}}$ mit I_{dv} bezeichnet) ergibt, kann eine RCD auch schon bei einem ersten Fehler eine Abschaltung bewirken. Eine Abschaltung beim ersten Fehler ist jedoch nicht im Sinne einer »(betriebs)sicheren Stromversorgung«. Eine »(betriebs)sichere Stromversorgung«, z. B. für lebenserhaltende medizinische elektrische Geräte in einem Operationssaal, ist häufig primär der Grund

[3)] In den Normen der Reihe DIN VDE 0100 (VDE 0100) und auch in diesem Buch werden z. T. unterschiedliche Begriffe verwendet wie:
- zusätzlicher Potentialausgleich,
- zusätzlicher örtlicher Potentialausgleich,
- örtlicher zusätzlicher Potentialausgleich,
- örtlicher Potentialausgleich,

die jedoch alle das gleiche bedeuten, obwohl es sich immer um einen zusätzlichen Potentialausgleich handelt, der in örtlich begrenzten Bereichen zur Anwendung kommt. Der korrekte Begriff wäre »örtlicher zusätzlicher Potentialausgleich«.

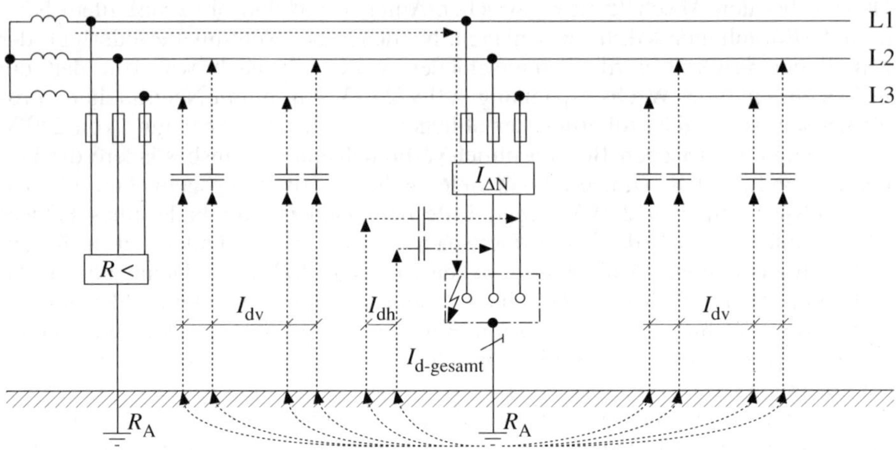

Bild 6.18 Schutz durch automatische Abschaltung der Stromversorgung im IT-System **mit RCDs** als Schutzeinrichtungen und mit (notwendiger) Isolationsüberwachungseinrichtung (*R*<) – **Berücksichtigung von I_d.**

RCD schaltet bereits beim ersten Fehler (evtl. unerwünscht) ab, wenn I_{dv} mindestens so groß ist, daß $I_{\Delta N}$ auch unter Berücksichtigung von I_{dh} zum Fließen kommt. I_{dh} wird von der RCD nicht als Differenzstrom registriert. Bei kleinem I_{dv} kann eine Abschaltung beim zweiten Fehler nur erfolgen, wenn die Fehler hinter zwei verschiedenen RCDs in verschiedenen Außenleitern auftreten. Bei großem I_{dh} kann der Schutz bei direktem Berühren unwirksam werden.

für die Entscheidung für das IT-System, es darf daher beim ersten Fehler keine Abschaltung erfolgen.
Im IT-System sind folgende Überwachungs- und Schutzeinrichtungen zugelassen:

- Isolationsüberwachungseinrichtungen,
- Überstrom-Schutzeinrichtungen,
- RCDs.

Durch die Unterteilung in Überwachungseinrichtungen und Schutzeinrichtungen wird nun auch deutlich, daß Isolationsüberwachungseinrichtungen keine Schutzeinrichtungen sind, die den Schutz bei indirektem Berühren sicherstellen können. Jedoch sei nochmals darauf hingewiesen, daß nach der nun gültigen Norm eine Isolationsüberwachungseinrichtung **immer** erforderlich ist, es sei denn, in einem Teil der Gruppe 700 von DIN VDE 0100 (VDE 0100) wird etwas anderes festgelegt, was aber bisher nicht der Fall ist.

Der in Abschnitt 413.1.2.1 von DIN VDE 0100-410 (VDE 0100 Teil 410):1997-01 geforderte Hauptpotentialausgleich ist auch für Anlagen, die im IT-System betrieben werden, in jedem Gebäude durchzuführen.

6.1.6 Zusätzlicher Potentialausgleich (DIN VDE 0100 Teil 410, Unterabschnitte 413.1.2.2 und 413.1.6)

Der »zusätzliche Potentialausgleich« wird in der neuen DIN VDE 0100-410 (VDE 0100 Teil 410):1997-01 sowohl im Unterabschnitt 413.1.2.2 als auch im Unterabschnitt 413.1.6 behandelt. Es sei klargestellt, daß es – unabhängig von der Aufteilung in zwei Unterabschnitte – zwei Arten des zusätzlichen Potentialausgleichs nach DIN VDE 0100-410 (VDE 0100 Teil 410):1997-01 gibt. Sie werden in den folgenden Unterabschnitten 6.1.6.1 und 6.1.6.2 dieses Buchs beschrieben; primär werden die Hintergründe der Dimensionierungskriterien erläutert.
Auch wenn der »zusätzliche Potentialausgleich« in der Norm mit eigenständiger Benummerung aufgeführt ist, und damit der Eindruck einer eigenständigen Schutzmaßnahme entsteht, ist diese Maßnahme dem »Schutz durch automatische Abschaltung« untergeordnet und nur in Ausnahmefällen anwendbar.

6.1.6.1 Zusätzlicher Potentialausgleich als Ersatz für nichterfüllbare Abschaltbedingungen

Diese Art des zusätzlichen Potentialausgleichs ist vorgesehen, um in Fällen, in denen die Abschaltbedingungen nicht erfüllt werden können, einen Fehlerschutz sicherzustellen.
Dieser zusätzliche Potentialausgleich – als Ersatz für die nichterfüllbaren Abschaltbedingungen – ist im

- TN-System alternativ zur Abschaltung mit RCDs zulässig (siehe 413.1.3.6 der DIN VDE 0100-410 (VDE 0100 Teil 410):1997-01),
- TT-System erst zulässig, wenn auch die Abschaltung mit RCD nicht möglich ist (siehe 413.1.4.3 der DIN VDE 0100-410 (VDE 0100 Teil 410):1997-01),
- IT-System alternativ zur Abschaltung mit RCDs zulässig (siehe 413.1.5.7 der DIN VDE 0100-410 (VDE 0100 Teil 410):1997-01).

Für den Potentialausgleich gilt das Dimensionierungskriterium:

$$R \leq \frac{50\ \text{V}}{I_\text{a}}\ .$$

Darin bedeuten:

R Widerstand der Verbindungsleitungen (Potentialausgleich) zwischen gleichzeitig berührbaren Körpern oder zwischen gleichzeitig berührbaren Körpern und fremden leitfähigen Teilen

I_a Strom, der das automatische Abschalten der Schutzeinrichtung bewirken würde:
- für RCD der Bemessungsdifferenzstrom $I_{\Delta N}$;
- für Überstrom-Schutzeinrichtungen der Strom, der eine Abschaltung innerhalb von 5 s bewirken würde.

50 V Grenze der dauernd zulässigen Berührungsspannung unter normalen Bedingungen

In diesen zusätzlichen Potentialausgleich müssen alle gleichzeitig berührbaren Körper festangebrachter Betriebsmittel und alle gleichzeitig berührbaren fremden leitfähigen Teile einbezogen werden (**Bild 6.19**). Wenn eben möglich, sind auch die wesentlichen metallenen Verstärkungen von Gebäudekonstruktionen von bewehrtem Beton in diesen zusätzlichen Potentialausgleich einzubeziehen. Mit diesem zusätzlichen Potentialausgleich müssen auch die Schutzleiter aller Betriebsmittel – einschließlich der, die über Steckdosen angeschlossen sind – verbunden werden (**Bild 6.19**).
Es mag verwundern, daß der Abschaltstrom I_a in die zuvor angeführte Formel einzusetzen ist, obwohl dieser Abschaltstrom im Fehlerfall nicht zum Fließen kommt und gerade das der Grund für die Anwendung des zusätzlichen Potentialausgleichs ist. Hierzu sei angemerkt, daß durch den zusätzlichen Potentialausgleich der Abschaltstrom zum Fließen kommen könnte und damit die Abschaltung in der vorgegebenen Zeit erreicht wird. Aber selbst wenn der Abschaltstrom nicht zum Fließen kommt, wäre er der Strom, der am zusätzlichen Potentialausgleich einen Spannungsfall von maximal 50 V verursachen würde, was dem zulässigen Schutzpegel von DIN VDE 0100 (VDE 0100) entspricht.
Das Messen des zulässigen Widerstandswertes für die Potentialausgleichsverbindungen ist sinngemäß wie bei jeder anderen niederohmigen Widerstandsmessung durchzuführen – so wie es beispielsweise für den Nachweis der Durchgängigkeit von Schutzleitern erforderlich ist.
In der Anmerkung zum Unterabschnitt 413.1.6.1 der DIN VDE 0100-410 (VDE 0100 Teil 410):1997-01 wird besonders darauf hingewiesen, daß dieser zusätzliche Potentialausgleich als Ersatz für die nichterfüllbaren Abschaltbedingungen nicht anwendbar ist, wenn der Fußboden aus nichtisolierendem Material besteht, aber nicht in den zusätzlichen Potentialausgleich einbezogen werden kann. Das kann z. B. der Fall sein bei Erdreich als Boden einer Halle (z. B. einer Reithalle).
Eine Hilfe bei der Beurteilung, ob ein Fußboden nichtisolierend oder eben isolierend ist, bietet DIN VDE 0100-410 (VDE 0100 Teil 410):1997-01 in Abschnitt 413.3.4 für isolierende Wände und Fußböden beim Schutz durch nichtleitende Räume. Ein Fußboden wird als isolierend angesehen, wenn der Widerstand an keiner Stelle die folgenden Werte unterschreitet:

- 50 kΩ bei einer Nennspannung von ≤ 500 V,
- 100 kΩ bei einer Nennspannung > 500 V.

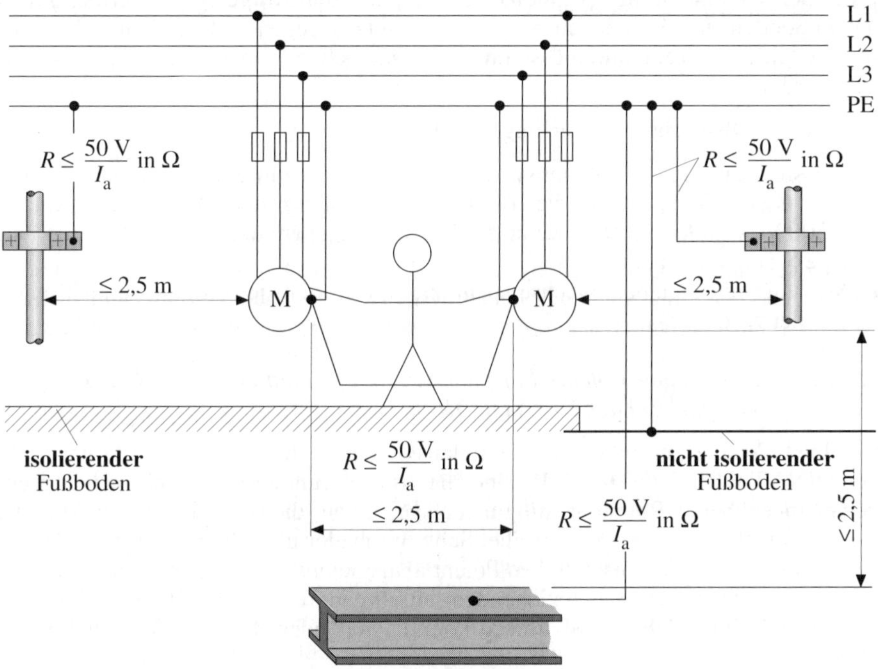

Bild 6.19 Örtlicher zusätzlicher Potentialausgleich als Ersatz für die nichterfüllbare Abschaltbedingung

Auf einen zusätzlichen Potentialausgleichsleiter zwischen Körpern darf verzichtet werden, wenn die Summe der Widerstände der Schutzleiter zu den gleichzeitig berührbaren Körpern folgende Anforderung erfüllt:

$$R \leq \frac{50\ \text{V}}{I_a} \quad \text{in } \Omega.$$

Achtung: Der »örtliche zusätzliche Potentialausgleich« als »Ersatz« für die nichterfüllbare Abschaltbedingung ist **nicht** anwendbar, wenn der Fußboden aus **nichtisolierendem** Material besteht und **nicht** in den zusätzlichen Potentialausgleich einbezogen werden kann.

Liegt der Widerstand an irgendeiner Stelle unter den festgelegten Werten, gelten die Fußböden und Wände im Sinne des Schutzes gegen elektrischen Schlag als fremde leitfähige Teile und müssen in den zusätzlichen Potentialausgleich einbezogen werden.

Folgende Meßverfahren dürfen angewendet werden:

- Messung mit einem Isolationswiderstandsmeßgerät mit einer Leerlaufspannung von etwa 500 V, wenn die Bemessungsspannung der elektrischen Anlage ≤ 500 V ist, oder 1000 V, wenn die Bemessungsspannung der elektrischen Anlage > 500 V ist, oder
- Messung mit Netznennwechselspannung, die in dem jeweiligen Bereich angewendet wird.

6.1.6.2 *Zusätzlicher Potentialausgleich in Anlagen mit erhöhtem Risiko (Gruppe 700 der DIN VDE 0100)*

Bei dieser Art des zusätzlichen Potentialausgleichs nach den Teilen der Gruppe 700 der DIN VDE 0100 (VDE 0100) sind die Anforderungen u. a. nach örtlich recht genau angegebenen Rahmenbedingungen speziell auf die besondere Raumart (z. B. Räume mit Badewanne oder Dusche, Schwimmbäder usw.) zugeschnitten. Gegenüber dem Umfang des zusätzlichen Potentialausgleichs nach Unterabschnitt 6.1.6.1 wird der Umfang der einzubeziehenden leitfähigen Teile in der 700er Gruppe der DIN VDE 0100 (VDE 0100) zumeist konkretisiert oder aber zum Teil auch reduziert.
Nach den Anforderungen der neuen DIN VDE 0100-410 (VDE 0100 Teil 410): 1997-01 ist auch für den in der 700er Gruppe der DIN VDE 0100 (VDE 0100) geforderten zusätzlichen Potentialausgleich das Dimensionierungskriterium

$$R \leq \frac{50\ \mathrm{V}}{I_a}$$

einzuhalten (**Bild 6.20**). Da hierbei alle Schutzleiter und eindeutig definierte (siehe 700er Gruppe der DIN VDE 0100 (VDE 0100)) fremde leitfähige Teile miteinander verbunden werden müssen, muß als Wert für I_a der Abschaltstrom der größten Überstrom-Schutzeinrichtung eines Endstromkreises für den entsprechenden Raum oder Bereich eingesetzt werden, der die Abschaltung innerhalb der geforderten Zeit bewirkt. Unter der Voraussetzung, daß als Abschalteinrichtungen allein RCDs angewendet werden, gilt der größte Bemessungsdifferenzstrom $I_{\Delta N}$ als I_a.

Schon in der DIN VDE 0100-410 (VDE 0100 Teil 410):1983-11 – also der zwischen 1983 und 1997 gültigen Norm – war die Bedingung

$$R \leq \frac{U_L}{I_a}$$

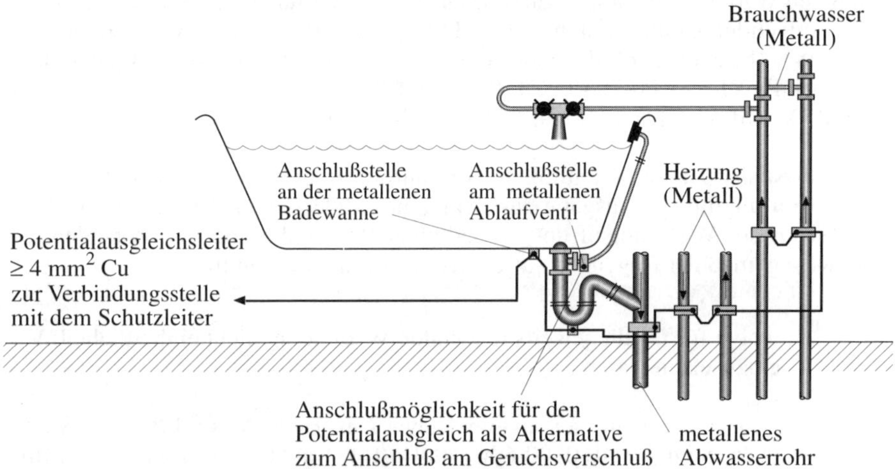

Bild 6.20 Beispiel für den zusätzlichen Potentialausgleich an metallenen Badewannen und Metallrohren; gilt sinngemäß auch für metallene Duschwannen.

Neben dem vorgegebenen Mindestquerschnitt von 4 mm² Cu ist das folgende Dimensionierungskriterium zu erfüllen:

$$R \leq \frac{50\ \mathrm{V}}{I_a} \quad \text{in } \Omega$$

Darin bedeuten:

R Widerstand der Verbindungsleitungen (Potentialausgleichsleiter) zwischen gleichzeitig berührbaren Körpern oder zwischen gleichzeitig berührbaren Körpern und fremden leitfähigen Teilen

I_a Strom, der das automatische Abschalten der Schutzeinrichtung bewirken würde:
- für RCDs der Bemessungsdifferenzstrom $I_{\Delta N}$, vorausgesetzt daß als Schutzeinrichtungen nur RCDs zur Anwendung kommen;
- für Überstrom-Schutzeinrichtungen der Strom, der eine Abschaltung innerhalb der geforderten Zeit bewirkt, wobei der Abschaltstrom der größten Überstrom-Schutzeinrichtung eines Endstromkreises in diesem Bereich einzusetzen ist;

50 V Grenze der dauernd zulässigen Berührungsspannung für Gleich- und Wechselspannung

für beide Arten des zusätzlichen Potentialausgleichs (siehe auch Unterabschnitt 6.1.6.1 dieses Buchs) einzuhalten. Mit U_L war die vereinbarte Grenze der dauernd zulässigen Berührungsspannung gekennzeichnet; sie war bei Wechselspannung mit 50 V und bei Gleichspannung mit 120 V unter normalen Bedingungen vereinbart. In der neuen DIN VDE 0100-410 (VDE 0100 Teil 410):1997-01 wurde sie nun durch den Wert 50 V für alle Spannungsarten gleichermaßen festgelegt. Für besondere Anwendungsfälle waren nach DIN VDE 0100-410 (VDE 0100 Teil 410):1983-11 gegebenenfalls niedrigere Werte gefordert. So wird z. B. auch heute noch in DIN VDE 0100-705 (VDE 0100 Teil 705):1992-10 für Wechselspannung $U_L \leq 25$ V und für Gleichspannung $U_L \leq 60$ V gefordert.

Der Unterschied zu der nun gültigen Normanforderung besteht darin, daß nach der inzwischen ungültigen Ausgabe aus dem Jahre 1983 nur in den Fällen, in denen Zweifel an der Wirksamkeit des zusätzlichen Potentialausgleichs bestanden, der Nachweis gemäß der folgenden Anforderung geführt werden mußte:

$R \leq \frac{U_L}{I_a}$; wobei für U_L die jeweils relevanten Werte, d. h. nicht einheitlich 50 V einzusetzen waren.

In diesem Zusammenhang sei an die früher (bis Ende März 1994) relevanten Anforderungen in DIN VDE 0100-600 (VDE 0100 Teil 600):1987-11 »Erstprüfungen« erinnert. Hiernach war lediglich durch Besichtigen festzustellen, daß alle gleichzeitig berührbaren Körper, Schutzleiteranschlüsse und alle »fremden leitfähigen Teile« in den örtlichen sogenannten zusätzlichen Potentialausgleich einbezogen sind.

Nur in den Fällen, in denen die Wirksamkeit des zusätzlichen Potentialausgleichs nicht durch das Besichtigen festzustellen war – z. B. wenn die Leitungen unter Putz verlegt waren –, wurden Messungen erforderlich, um nachzuweisen, daß zwischen fremden leitfähigen Teilen, z. B. metallenen Rohrsystemen, und der metallenen Bade- oder Duschwanne eine leitfähige Verbindung besteht. Da diese Bedingung z. B. an Bade- oder Duschwannen in aller Regel problemlos zu erfüllen ist, kamen diesbezüglich in der Praxis keine Zweifel auf, und somit konnte auf den meßtechnischen Nachweis verzichtet werden.

Da DIN VDE 0100-600 (VDE 0100 Teil 600):1987-11 inzwischen durch DIN VDE 0100-610 (VDE 0100 Teil 610):1994-04 – zum 1. April 1994 – ersetzt wurde und seitdem auch für den zusätzlichen Potentialausgleich in DIN VDE 0100-610 (VDE 0100 Teil 610):1994-04 ein meßtechnischer Nachweis der Durchgängigkeit des Schutzleiters gefordert wird, ist die generelle Anforderung des Nachweises der Bedingung

$$R \leq \frac{50\ \text{V}}{I_a}$$

in der nun gültigen DIN VDE 0100-410 (VDE 0100 Teil 410):1997-01 – ohne den Hinweis auf eventuelle Zweifel an der Durchgängigkeit des Potentialausgleichs –

eine logische Konsequenz. Die in der Vergangenheit gelegentlich aufgetretenen Differenzen bei der Interpretation der früheren Normentexte sind durch die neue eindeutige Formulierung in DIN VDE 0100-410 (VDE 0100 Teil 410):1997-01 ausgeräumt.
Die Anforderungen im Abschnitt 413.1.6 der DIN VDE 0100-410 (VDE 0100 Teil 410):1997-01 gelten somit sowohl für den im Unterabschnitt 6.1.6.1 als auch für den in diesem Unterabschnitt dieses Buchs beschriebenen zusätzlichen Potentialausgleich; es sei denn, für den in diesem Abschnitt beschriebenen zusätzlichen Potentialausgleich konkretisiert die 700er Gruppe der Normen der Reihe DIN VDE 0100 anders. Das ist bisher nicht der Fall.
Da z. B. nach DIN VDE 0100-701 (VDE 0100 Teil 701):1984-05 der zusätzliche Potentialausgleich auch dann erforderlich ist, wenn in Räumen mit Badewanne oder Dusche keine elektrischen Einrichtungen vorhanden sind, können schon hinsichtlich des in die Formel

$$R \leq \frac{50\ \mathrm{V}}{I_{\mathrm{a}}}$$

einzusetzenden Wertes für I_{a} Probleme auftreten. Deutscherseits ist eine Erleichterung bezüglich der Anforderungen für Anlagen nach der Gruppe 700 der DIN VDE 0100 (VDE 0100) – insbesondere hinsichtlich des meßtechnischen Nachweises – für eine Folgeausgabe der DIN VDE 0100-610 (VDE 0100 Teil 610):1994-04 in Diskussion. In der z. Z. noch bei CENELEC in Beratung befindlichen Neufassung von DIN VDE 0100-701 (VDE 0100 Teil 701) wird wahrscheinlich für Räume mit Badewanne oder Dusche – jedoch ohne elektrische Anlage – kein zusätzlicher Potentialausgleich mehr gefordert werden.
Das Messen des Widerstandswertes für die Potentialausgleichsverbindungen ist sinngemäß wie bei jeder anderen niederohmigen Widerstandsmessung durchzuführen – so wie es beispielsweise für den Nachweis der Durchgängigkeit auch anderer Leiter erforderlich ist.
Obwohl die »zusätzlichen« Anforderungen an den zusätzlichen Potentialausgleich in Schwimmbädern in der gültigen Errichtungsnorm DIN VDE 0100-702 (VDE 0100 Teil 702):1992-06 in kurzer und eindeutiger Form beschrieben sind, ist das Umsetzen dieser Forderungen in die Praxis – zumindest in Teilbereichen – nicht immer problemlos möglich. Deshalb werden im folgenden einige Hinweise hierzu gegeben:
Alle fremden leitfähigen Teile in den Bereichen 0, 1 und 2 (**Bild 6.21**) müssen in einen örtlichen zusätzlichen Potentialausgleich einbezogen werden. Dieser Potentialausgleich wiederum ist mit den Schutzleitern der Körper – wie auch der Steckdosen – zu verbinden, die in diesen Bereichen angeordnet sind.
Die früher geforderte Potentialsteuerung im Schutzbereich um das Becken wird in der ursprünglich beschriebenen Form nicht mehr gefordert. Sie wurde gewissermaßen abgelöst durch den Hinweis, daß Fußböden mit nicht isolierender Eigen-

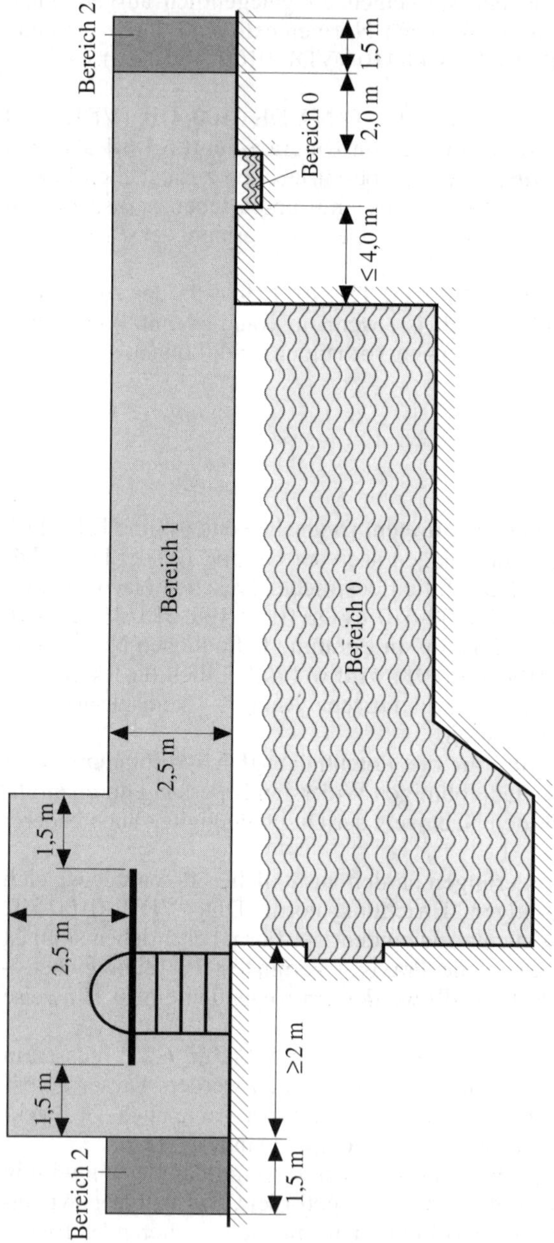

Bild 6.21 Bereichseinteilung bei Schwimmbecken mit Fußwaschrinne entsprechend DIN VDE 0100-702 (VDE 0100 Teil 702):1992-06

schaft zu den fremden leitfähigen Teilen zählen und damit in den zusätzlichen Potentialausgleich einbezogen werden müssen.
Im Zusammenhang mit den Anforderungen zum zusätzlichen Potentialausgleich in Schwimmbädern stellen sich dem Anwender der Norm insbesondere folgende Fragen:

- Welche leitfähigen Teile sind im Sinne der Norm »fremde leitfähige Teile«?
- Welche Fußbodenkonstruktionen sind nichtisolierend oder isolierend, so daß sie in den zusätzlichen Potentialausgleich einbezogen werden müssen oder nicht?
- In welcher Form sind leitfähige Fußböden in den Potentialausgleich einzubeziehen?

Die Fragen lassen sich wie folgt beantworten:

Unter »fremde leitfähige Teile« im Sinne der DIN-VDE-Normen sind alle leitfähigen Teile zu verstehen, die nicht zur elektrischen Anlage gehören, aber ein Potential, im allgemeinen das Erdpotential, in einen Raum einführen (oder einschleppen) können. Das könnte beispielsweise infolge eines Fehlers an einem elektrischen Betriebsmittel geschehen.
Für Schwimmbäder bedeutet das, daß z. B. alle:

- Metallteile der Gebäudekonstruktion,
- die metallenen Rohrsysteme für Wasser, Gas, Heizung usw. wie auch
- die nichtisolierenden Fußböden

in den zusätzlichen Potentialausgleich einbezogen werden müssen. Im Gegensatz dazu müssen z. B. leitfähige Handläufe am Beckenrand, leitfähige Einstiegleitern, leitfähige Teile der Sprungtürme oder Sprungbretter bzw. ähnliche Einrichtungen wie auch leitfähige Gitterabdeckungen einschließlich deren Einrahmungen **nicht** zwingend in den zusätzlichen Potentialausgleich einbezogen werden. Dies wird damit begründet, daß diese leitfähigen Teile praktisch kein gefahrbringendes elektrisches Potential in das Schwimmbad einführen können.
Eine Hilfe bei der Beurteilung, ob ein Fußboden in einem Schwimmbad nichtisolierend oder eben isolierend ist, so daß er in den örtlichen zusätzlichen Potentialausgleich einbezogen werden muß, bietet DIN VDE 0100-410 (VDE 0100 Teil 410):1997-01 in Abschnitt 413.3.4 für isolierende Wände und Fußböden beim Schutz durch nichtleitende Räume. Ein Fußboden wird als isolierend angesehen, wenn der Widerstand an keiner Stelle die folgenden Werte unterschreitet:

- 50 kΩ bei einer Nennspannung von ≤ 500 V,
- 100 kΩ bei einer Nennspannung > 500 V.

Liegt der Widerstand an irgendeiner Stelle unter den festgelegten Werten, gelten die Fußböden und Wände als fremde leitfähige Teile und müssen in den zusätzlichen Potentialausgleich einbezogen werden.

Folgende Meßverfahren dürfen angewendet werden:

- Messung mit einem Isolationswiderstandsmeßgerät mit einer Leerlaufspannung von etwa 500 V, wenn die Bemessungsspannung der elektrischen Anlage ≤ 500 V ist, oder 1000 V, wenn die Bemessungsspannung der elektrischen Anlage > 500 V ist, oder
- Messung mit Netznennwechselspannung, die in dem jeweiligen Bereich angewendet wird.

In vielen Fällen kann die Beurteilung, ob es sich im vorliegenden Fall um einen leitfähigen Fußboden handelt oder nicht, auch ohne die zuvor beschriebene, recht aufwendige Isolationswiderstandsmessung vorgenommen werden. Hierzu einige Hilfen:
Ein Beispiel für nichtisolierende Fußböden sind Betonböden mit Baustahlmatten. Die Stahlarmierung muß in einem solchen Fall in den zusätzlichen Potentialausgleich einbezogen werden. Mit einer solchen Maßnahme würde eine ähnliche Wirkung erzielt, wie sie durch die in der früher gültigen Normfassung geforderten Potentialsteuerung erreicht wurde. Die jetzt gültige Errichtungsnorm DIN VDE 0100-702 (VDE 0100 Teil 702):1992-06 für Schwimmbäder unterscheidet sich in dieser Hinsicht von der alten Fassung allerdings dadurch, daß für isolierende Fußböden nun keine Potentialsteuerung mehr gefordert wird.
Im Zusammenhang mit der Beurteilung, ob ein Fußboden isolierend oder nichtisolierend ist, wird vorgeschlagen, schon zum Zeitpunkt der Betonierungsarbeiten die Armierung, z. B. durch Verschweißen (u. U. reicht auch sorgfältiges Verrödeln), miteinander elektrisch leitend zu verbinden. Dies wird auch dann erforderlich, wenn oberhalb des Betons Keramik- oder Natursteinplatten verlegt werden, da davon auszugehen ist, daß ein derartiger Bodenbelag nicht elektrisch isolierend wirkt. Spätere Maßnahmen bezüglich des Einbeziehens des leitfähigen Bodens in den zusätzlichen Potentialausgleich sind mit wirtschaftlich vertretbarem Aufwand so gut wie nicht mehr möglich.
Für die Verbindungsleitungen des zusätzlichen Potentialausgleichs zwischen der Stahlarmierung und den Metallkonstruktionsteilen der Schwimmbäder bietet sich feuerverzinkter Bandstahl, mindestens 30 mm × 3,5 mm oder feuerverzinkter Rundstahl, mindestens 8 mm Durchmesser, an. Auch diese Verbindungsstellen können durch direktes Verschweißen hergestellt werden.
Fußböden, die z. B. aus vorgefertigten einzelnen Betonplatten mit Stahlarmierung bestehen, brauchen – soweit die Armierung nicht ohne Beschädigung des Bodens zugänglich ist – nicht in den zusätzlichen Potentialausgleich einbezogen zu werden. Das gilt auch für sonstige Plattenbeläge ohne Armierung – selbst, wenn sie elektrisch leitend sind – und selbstverständlich für Mutterboden oder Rasenflächen, z. B. für Liegewiesen von Schwimmbädern im Freien.

6.2 Schutz durch Verwendung von Betriebsmittel der Schutzklasse II oder durch gleichwertige Isolierung (DIN VDE 0100 Teil 410, Abschnitt 413.2)

Schon die neue Überschrift läßt vermuten, daß sich bei dieser Schutzmaßnahme einiges geändert hat. Aus der Schutzmaßnahme mit der kurzen Bezeichnung »Schutzisolierung« wurde nun die Schutzmaßnahme »Verwendung von Betriebsmitteln der Schutzklasse II oder durch gleichwertige Isolierung«. Auch wenn an einigen Stellen der neuen Norm, z. B. in dem in Diskussion befindlichen Abschnitt 413.1.3.9 von DIN VDE 0100-410 (VDE 0100 Teil 410):1997-01 (siehe auch Aussagen im Nationalen Vorwort und im Abschnitt 6.1.3 dieses Buchs) diese Schutzmaßnahme noch Schutzisolierung genannt wird, muß von einer eingeführten und gebräuchlichen Benennung Abschied genommen werden. Letztendlich wurde diese Benennung an die seit Jahren bei IEC gebräuchliche Bezeichnung »Protection by use of Class II equipment or by equivalent insulation« angeglichen.
Deutlicher wird durch die neue Überschrift nun auch, daß es sich um zwei unterschiedliche Maßnahmen bezüglich des Schutzes bei indirektem Berühren handelt, nämlich einerseits um Betriebsmittel der Schutzklasse II und andererseits um Betriebsmittel, bei denen in der Anlage eine gleichwertige Isolierung errichtet wird. Auch wenn die beiden Schutzmaßnahmen die gleiche Sicherheit zum Ziel haben – bestimmungsgemäß gelten alle Schutzmaßnahmen bei indirektem Berühren als gleichwertig –, ergeben sich doch gewisse Unterschiede bei der Anwendung.
Die beiden Schutzmaßnahmen unterscheiden sich dadurch, daß es sich einerseits um sogenannte »fabrikfertige Betriebsmittel« handelt, die nach entsprechenden Normen hergestellt werden, andererseits es sich aber um Betriebsmittel handelt, an denen eine »zusätzliche Isolierung« oder eine »verstärkte Isolierung« angebracht wird. Bei der zweiten Variante wird an Betriebsmitteln, die nur eine Basisisolierung haben, erst bei der Errichtung eine zusätzliche Isolierung oder verstärkte Isolierung angebracht. Betriebsmittel ohne Isolierung müssen mindestens eine verstärkte Isolierung erhalten.
Unverständlich ist allerdings, daß bei der ersten Variante, d. h. bei »fabrikfertigen Betriebsmitteln«, zwischen Betriebsmitteln der Schutzklasse II und solchen, die mit dem folgenden Symbol gekennzeichnet sind, unterschieden wird:

Bisher waren und sicher werden auch weiterhin fast alle Betriebsmittel der Schutzklasse II – ausgenommen Kabel und Leitungen, die nachfolgend noch näher behandelt werden – mit dem zuvor abgebildeten Symbol gekennzeichnet. Es kann sich bei dieser Aussage in der Norm nur um einen redaktionellen Fehler handeln, insbesondere mit Blick auf den zweiten Aufzählungsstrich im Abschnitt 413.2.1.1 von DIN VDE 0100-410 (VDE 0100 Teil 410):1997-01. Im Text des zweiten Aufzählungsstrichs wird suggeriert, daß nur fabrikfertige Gerätekombinationen mit Total-

oder Vollisolierung[4)] nach DIN EN 60439-1 (VDE 0660 Teil 500) mit dem zuvor abgebildeten Symbol gekennzeichnet sind. Zumindest bei der Anordnung der »Anmerkung«, die im HD und damit auch in DIN VDE 0100-410 (VDE 0100 Teil 410) eingerückt und deshalb nur dem zweiten Aufzählungsstrich zugeordnet ist, dürfte es sich um einen Fehler des Drucksatzes handeln, da die »Anmerkung« in IEC 364-4-41, auf der die Norm basiert, beiden Aufzählungsstrichen zugeordnet ist.
Bei der Anordnung nach IEC ergibt sich wieder die gewohnte Aussage, daß Betriebsmittel der Schutzklasse II und fabrikfertige Gerätekombinationen mit Totalisolierung nicht nur gleichwertig sind, sondern auch mit dem gleichen Symbol gekennzeichnet werden. Es ist zu erwarten, daß dieser Sachverhalt durch die zukünftige Norm mit Pilotfunktion für den Schutz gegen elektrischen Schlag DIN VDE 0140 (VDE 0140) – identisch mit IEC 1140 – eindeutig festgelegt werden wird. Nach dieser zukünftigen übergeordneten Norm mit Pilotfunktion für elektrische Anlagen und elektrische Betriebsmittel gelten alle Betriebsmittel mit doppelter (Betriebsmittel mit Basisisolierung und zusätzlicher Isolierung) oder verstärkter Isolierung als Betriebsmittel der Schutzklasse II und sind mit dem Symbol zu kennzeichnen:

⧈

Bei der Überarbeitung von Abschnitt 413.1.3.9 von DIN VDE 0100-410 (VDE 0100 Teil 410):1997-01 wird das Deutsche Nationale Komitee diesen Sachverhalt mit in die Stellungnahme aufnehmen.
Auch wenn in der neuen Norm für das Symbol kein Bezug mehr zu einer DIN bzw. IEC gegeben ist, gilt hierfür nach wie vor, daß es sich um das Symbol mit der Reg.-Nr. 00145 nach DIN 30600 handelt (identisch mit 417 IEC 5172), das in DIN 40101-1 genormt ist.
Sehr wesentlich ist die Änderung bei der zweiten Variante, d. h. bei der Möglichkeit, während der Errichtung an basisisolierten elektrischen Betriebsmitteln eine zusätzliche oder verstärkte Isolierung aufzubringen. Auch wenn das Aufbringen einer zusätzlichen Isolierung nach den gleichen Vorgaben wie bei fabrikfertigen Betriebsmitteln zu erfolgen hat – d. h. zusammen mit dieser zusätzlichen Isolierung muß der gleiche Grad an Sicherheit wie bei Betriebsmitteln der Schutzklasse II erreicht werden –, dürfen solche Betriebsmittel nicht mit dem bekannten Symbol gekennzeichnet werden:

⧈

4) Totalisolierung ist der deutsche Begriff für das in IEC 439-1 verwendete Wort »total insulation«; in der deutschen Fassung von DIN EN 60439-1 (VDE 0660 Teil 500) wurde bisher mit Rücksicht auf die Wortwahl in der bisher gültigen DIN VDE 0100-410 (VDE 0100 Teil 410):1983-11 dieser englische Begriff mit »Schutz durch Schutzisolierung« übersetzt.

Diesbezüglich wird lediglich empfohlen, so ertüchtigte Betriebsmittel mit einem neuen, bisher nicht zur Anwendung gekommenen und auch nicht genormten Symbol zu kennzeichnen:

Diese Kennzeichnung **sollte** an sichtbarer Stelle an der Außen- und Innenseite der Umhüllung angebracht werden. Die Empfehlung »sollte« anstelle der Forderung »muß« ist für einen so wichtigen Sachverhalt im Sinne einer eindeutigen Unterscheidung unbefriedigend.
Durch die Verwendung des Begriffs »Umhüllung« (ohne die Alternative »Abdekkung« im Falle des Schutzes gegen direktes Berühren) kommt auch klar zum Ausdruck, daß bei der Errichtung einer zusätzlichen Isolierung an leitfähigen Teilen eines betriebsfertigen Betriebsmittels, die von aktiven Teilen nur durch Basisisolierung getrennt sind, eine Abdeckung – z. B. an der Bedienfront – allein nicht ausreicht. Diese zusätzliche Isolierung muß das Betriebsmittel vollständig umhüllen und mindestens der Schutzart IP2X oder IPXXB entsprechen.
Nach wie vor ist die zweite Variante – das Anbringen einer verstärkten Isolierung an nicht isolierten aktiven Teilen – nur in Ausnahmefällen erlaubt, d. h. nur in den Fällen, in denen das Anbringen einer doppelten Isolierung (Basisisolierung und zusätzliche Isolierung) aus konstruktiven Gründen nicht möglich ist.
In diesem Zusammenhang ist es von Nachteil, daß es für das Anbringen einer verstärkten Isolierung keine Aussagen zu einer Mindestschutzart gibt. Durch die Anforderung, daß der gleiche Grad an Sicherheit wie bei fabrikfertigen Betriebsmitteln erreicht werden muß, ist es für jedes Betriebsmittel erforderlich, die Anforderungen von vergleichbaren fabrikfertigen Betriebsmitteln der Schutzklasse II und deren Normen zu erfüllen.
Entfallen ist in der neuen DIN VDE 0100-410 (VDE 0100 Teil 410):1997-01 die bisherige Forderung, eine Isolierung mit einer Wechselspannung von 4000 V zu prüfen, wenn die Eigenschaften dieser zusätzlichen Isolierung nicht hinreichend bekannt sind. Durch den Verweis auf Teil 6, also national auf DIN VDE 0100-610 (VDE 0100 Teil 610), wäre eine Prüfung zwar erforderlich, da jedoch in der derzeit gültigen DIN VDE 0100-610 (VDE 0100 Teil 610):1994-04 bezüglich einer Spannungsprüfung keine Aussagen enthalten (Anforderungen in Vorbereitung) sind, läßt sich eine Spannungsprüfung nicht durchführen. Somit dürfte das Errichten einer Isolierung nur schwer möglich sein. Es sollten daher fabrikfertige typgeprüfte Betriebsmittel der Schutzklasse II oder fabrikfertige Gerätekombinationen mit Totalisolierung angewendet werden oder die Prüfung nach der inzwischen ungültigen Ausgabe von DIN VDE 0100-600 (VDE 0100 Teil 600):1987-11 mit 4000 V durchgeführt werden.
In diesem Zusammenhang sei darauf hingewiesen, daß der Verweis auf die Normen der Reihe DIN VDE 0660 auch nicht hilfreich ist. Für fabrikfertige Verteiler der Schutzklasse II oder für solche mit Totalisolierung sind in DIN EN 60439-1 (VDE

0660 Teil 500):1994-04 bisher auch noch keine Prüfspannungen festgelegt. Es liegt deshalb im Ermessen der Hersteller von Verteilern der Schutzklasse II festzulegen, wie solche Verteiler zu prüfen sind. Dem Errichter einer zusätzlichen Isolierung hilft diese Aussage wenig, es empfiehlt sich daher, weiterhin mit einer Prüfspannung von 4000 V zu prüfen.
Nach wie vor gilt allerdings, daß Überzüge aus Farbe, Anstrichen und dergleichen in der Regel diesen Anforderungen nicht entsprechen.
Hinzugefügt wurde nun auch eine Anforderung, die für Verteiler der Schutzklasse II oder solchen mit Totalisolierung bereits in DIN EN 60439-1 (VDE 0660 Teil 500) enthalten ist. Schrauben aus isolierendem Material an solchen Betriebsmitteln sind nur dann zulässig, wenn keine Gefahr besteht, daß sie durch Metallschrauben ersetzt werden und dabei die Eigenschaften der isolierenden Umhüllung beeinträchtigt werden könnten.
Nach wie vor darf an leitfähigen Teilen, die keine aktiven Teile sind, z. B. an Konstruktionsteilen oder an Körpern elektrischer Betriebsmittel innerhalb von isolierenden Umhüllungen, d. h. innerhalb von Betriebsmitteln der Schutzklasse II oder innerhalb von Betriebsmitteln mit gleichwertiger Isolierung, also solchen Betriebsmitteln deren Isolierung erst bei der Errichtung ertüchtigt wird, ein Schutzleiter nicht angeschlossen werden. Diese Anforderung soll ja besonders durch das neue, nicht genormte Symbol

zum Ausdruck gebracht werden. Nach wie vor ist aber das »isolierte« Durchschleifen von Schutzleitern – einschließlich PEN-Leitern und Potentialausgleichsleitern, die definitionsgemäß auch Schutzleiter sind – erlaubt (siehe **Bild 6.22** und den ausführlichen Hinweis im Nationalen Vorwort von DIN VDE 0100-410 (VDE 0100 Teil 410):1997-01).
Im Gegensatz zu den Forderungen für den Schutz gegen direktes Berühren nach Abschnitt 412 von DIN VDE 0100-410 (VDE 0100 Teil 410):1997-01 (siehe auch Abschnitt 5 dieses Buchs) müssen hinter Türen, die **ohne Werkzeug** geöffnet werden können, nicht nur die aktiven Teile, sondern alle leitfähigen Teile – also auch Körper – gegen direktes Berühren – mindestens mit Abdeckungen mit der Schutzart IP2X oder IPXXB – geschützt sein. Diese zusätzliche Abdeckung muß aus isolierendem Material bestehen.
Bezüglich »schutzisolierter Kabel/Leitungen« oder um den nun korrekten Begriff zu verwenden »Kabel/Leitungen der Schutzklasse II« sei darauf hingewiesen, daß nach den Betriebsmittelnormen für Kabel/Leitungen und auch nach Angaben der Hersteller Kabel/Leitungen nicht als Betriebsmittel der Schutzklasse II gelten. Nach Aussagen in DIN VDE 0298-3 (VDE 0298 Teil 3) sind aber einige Bauarten z. B. NYM, NYY, H07RN-F **»geeignet für Schutzklasse II«**. Damit dürfen sie zumindest in Betriebsmittel der Schutzklasse II oder in Betriebsmittel mit gleichwertiger Isolierung eingeführt werden, ohne deren Schutzklasse II aufzuheben.

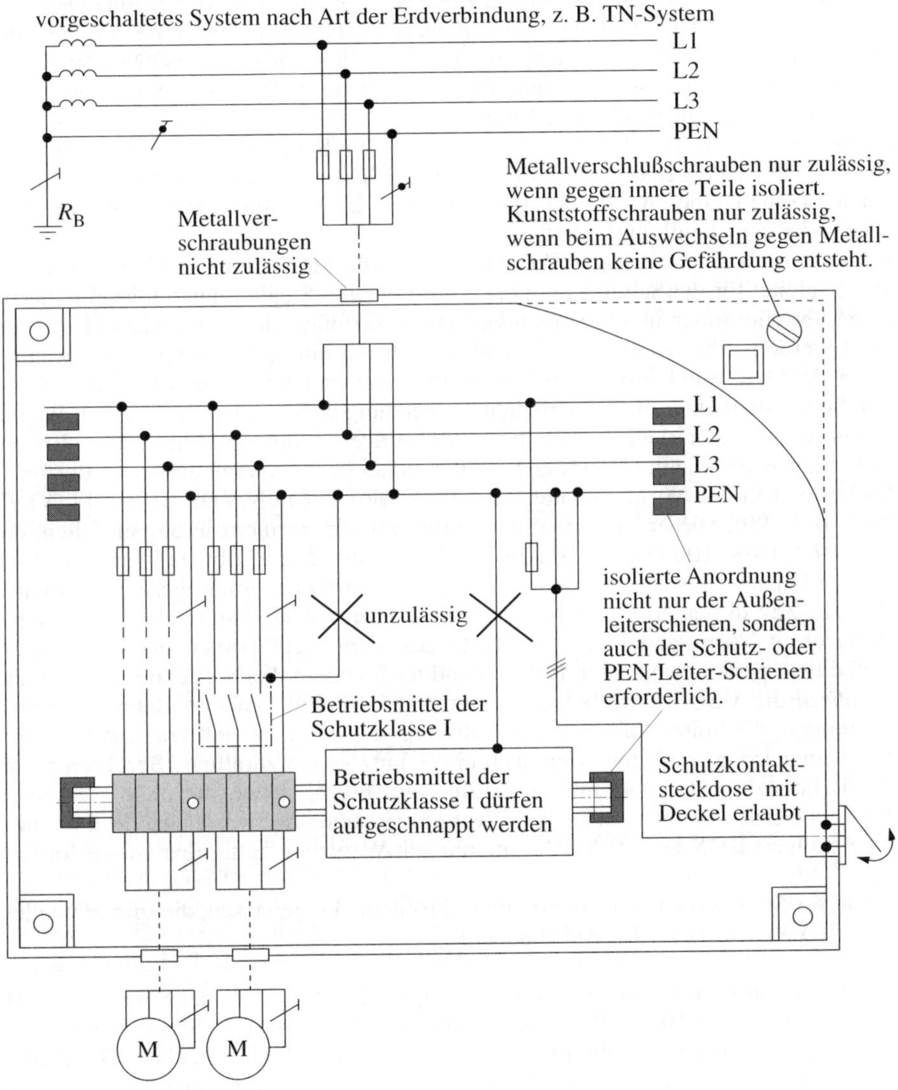

Bild 6.22 Verteiler der Schutzklasse II, PE/PEN-Leiter isoliert durchgeschleift für nachgeschaltete Verbrauchsmittel

Unklar ist allerdings, wie bei solchen Kabel/Leitungen die beiden Schutzebenen – Basisschutz und Fehlerschutz – erfüllt werden. Da es jedoch eine seit langem geübte Praxis ist, Kabel/Leitungen mit der o. g. »Eignung«, z. B. NYM oder NYY, in normalen Anwendungsbereichen ohne zusätzliche Maßnahmen zu verlegen, einschließlich – bei entsprechender Eignung – der Verlegung in Erde, darf davon ausgegangen werden, daß bei den als »geeignet für Schutzklasse II« bezeichneten Kabeln und Leitungen trotz der Differenzen zur Theorie (siehe Abschnitt 5.1 dieses Buchs) keine Gefahren auftreten können. Auch das Unfallgeschehen zeigt diesbezüglich keinen Handlungsbedarf.
Problematisch sind in diesem Zusammenhang die Stegleitungen. Sie gelten nicht als »geeignet für die Schutzklasse II«. Somit dürften Stegleitungen formal nicht in einen Verteiler (auch nicht in einen Unterputz-Verteiler) der Schutzklasse II eingeführt werden. Aber auch hier gilt, daß es sich um eine jahrzehntelange bewährte Praxis handelt, Stegleitungen in Unterputz-Verteiler der Schutzklasse II einzuführen. Somit steht einer diesbezüglichen Anwendung auch weiterhin nichts im Wege, wobei vorausgesetzt wird, daß die Einführungen ordnungsgemäß verschlossen werden, was bei einem Unterputz-Verteiler sicher kein Problem darstellen dürfte.
Nicht mehr in der Norm enthalten ist der Verweis auf DIN VDE 0106-100 (VDE 0106 Teil 100). Dieser Verweis mußte aufgrund der Harmonisierung entfallen, da DIN VDE 0106-100 (VDE 0106 Teil 100) z. Z. nur eine nationale Norm ist, d. h. sie wurde bisher noch nicht harmonisiert. Eine Harmonisierung dieser Norm wird aber zur Zeit durchgeführt, so daß auch zu diesem Sachverhalt bald mit einer harmonisierten Norm zu rechnen ist. Trotz des nicht mehr vorhandenen Verweises muß die vorgenannte Norm in Deutschland nach wie vor berücksichtigt werden, da sie durch die VBG 4 verpflichtend eingehalten werden muß. An Betätigungseinrichtungen, die hinter Abdeckungen – die nur mit Werkzeug entfernt werden können – angeordnet sind, muß demnach ein Schutz gegen zufälliges Berühren beim Wiederherstellen der Sollfunktion erfüllt sein. Für Verteiler, die ohne Werkzeug geöffnet werden können, ist nach wie vor eine isolierende Zwischenabdeckung mit der Schutzart IP2X oder IPXXB – die nur mit Werkzeug entfernbar ist – erforderlich.
An dieser Stelle sei auch noch auf einige Probleme hingewiesen, die immer wieder zu Anfragen bei der DKE geführt haben:

- Steckdosen in der äußeren Umhüllung von Betriebsmitteln der Schutzklasse II sind zugelassen (Bild 6.22), wenn sie mit einem Klappdeckel versehen sind.
- Zusätzliche äußere Metallumhüllungen an Verteilern der Schutzklasse II (schutzisolierten Verteilern) sind zugelassen, vorausgesetzt, daß sie gegen innere aktive Teile und auch gegen Körper entsprechend den Anforderungen der Schutzklasse II getrennt sind. In diesem Falle ist ein Schutzleiteranschluß – und auch ein zusätzlicher Potentialausgleich – an diesen zusätzlichen Metallumhüllungen nicht zulässig.

- Zusätzliche äußere Metallumhüllungen mit Betriebsmitteln der Schutzklasse II – einschließlich der Kabel und Leitungen – sind erlaubt. Solche Verteiler bleiben Verteiler der Schutzklasse II und damit ohne Schutzleiteranschluß.
- Zusätzliche äußere Metallumhüllungen mit Betriebsmitteln der Schutzklasse I sind ebenfalls erlaubt. Hierbei bleibt der eigentliche Verteiler ein Verteiler der Schutzklasse II, die zusätzliche Metallumhüllung gilt als Betriebsmittel der Schutzklasse I, in diesem Falle muß ein Schutzleiter an der Metallumhüllung angeschlossen werden.
- Leitfähige Teile – aktive Teile, Körper und Konstruktionsteile – dürfen nur dann die Isolierumhüllung durchdringen, wenn sie innerhalb oder außerhalb mit einer Isolierung versehen sind, die gleichwertig der Isolierung von Betriebsmitteln der Schutzklasse II ist.
- Metallverschraubungen an den Kabel-/Leitungseinführungen sind unzulässig.
- Das Einführen geschirmter Kabel/Leitungen in Betriebsmittel der Schutzklasse II ist dann erlaubt, wenn die Schirme mit einem isolierendem Mantel abgedeckt sind und eine Berührung der Schirme mit aktiven Teilen oder Körpern innerhalb des Gehäuses der Schutzklasse II ausgeschlossen werden kann. d. h. diese Schirme müssen ebenfalls an einer isoliert aufgebauten Schiene aufgelegt werden, dürfen aber mit dem Schutzleiter verbunden werden.
- Schirmwicklungen von Transformatoren oder sonstigen elektronischen Einrichtungen dürfen an Schutz- oder Erdungsleiter angeschlossen werden, eine Berührung mit aktiven Teilen und Körpern muß ausgeschlossen werden, z. B. durch eine doppelte oder verstärkte Isolierung.
- Beim Auswechseln von Netzanschlußleitungen dürfen zweiadrige Netzanschlußleitungen gegen dreiadrige mit Schutzleiter ausgewechselt werden. An diesem Kabel darf auch ein Stecker mit Schutzkontakt angeschlossen werden. Der im Kabel bzw. in der Leitung mitgeführte Schutzleiter muß im Stecker angeschlossen werden. Er darf jedoch nicht am/im Betriebsmittel der Schutzklasse II angeschlossen werden. Dieses Mitführen des Schutzleiters in Kabel/ Leitungen und das Anschließen im Stecker kann auch unter dem Gesichtspunkt des Brandschutzes von Vorteil sein.

6.3 Schutz durch nichtleitende Räume (DIN VDE 0100 Teil 410, Abschnitt 413.3)

An dieser, nur selten zur Anwendung kommende Schutzmaßnahme hat sich gegenüber der früheren Aussagen in DIN VDE 0100-410 (VDE 0100 Teil 410):1983-11 nur wenig geändert.
Nach wie vor wird der Schutz bei indirektem Berühren dadurch erreicht, daß neben der Notwendigkeit eines isolierenden Fußbodens und isolierender Wände – und selbstverständlich auch einer isolierenden Decke, sofern diese nicht höher als 2,5 m ist – keine gleichzeitig berührbaren leitfähigen Teile – wie aktive Teile, Körper und

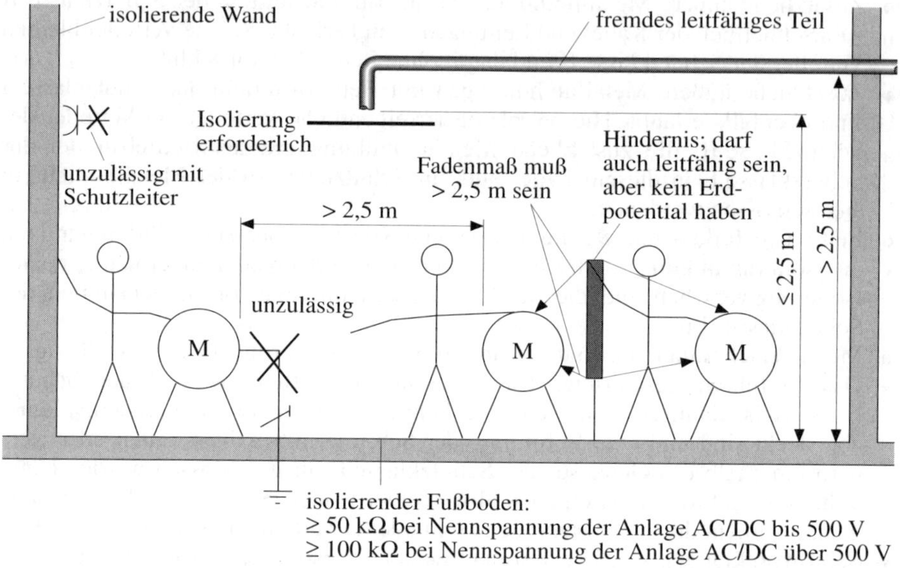

Bild 6.23 Schutz durch nichtleitende Räume

fremden leitfähigen Teile – unterschiedlichen Potentials vorhanden sein dürfen (**Bild 6.23**). Die Begrenzung auf 2,5 m Höhe ist nicht direkt in der Norm gefordert. Sie ergibt sich aus der Aussage, daß ein gleichzeitiges Berühren verhindert werden muß, was durch einen Abstand von mehr als 2,5 m nach oben eben erreicht werden kann (siehe Schutz durch Abstand im Abschnitt 5.4 dieses Buchs). Da es sich um einen Schutz bei indirektem Berühren handelt, muß an aktiven Teilen der Basisschutz, d. h. ein vollständiger Schutz gegen direktes Berühren vorhanden sein, wenn sie nicht außerhalb des Handbereichs angeordnet sind.

Neu ist, daß nun offiziell die Verwendung von Betriebsmitteln der Schutzklasse 0 erlaubt ist. Betriebsmittel der Schutzklasse 0 sind Betriebsmittel, die nur mit einen Basisschutz – d. h. nur mit einen Schutz gegen direktes Berühren –, aber nicht mit einem Fehlerschutz ausgestattet sind. Der Fehlerschutz wird erst durch den nichtleitenden Raum erreicht.

Nach DIN VDE 0106-1 (VDE 0106 Teil 1) sind Betriebsmittel der Schutzklasse 0 Betriebsmittel, bei denen der Schutz gegen elektrischen Schlag durch die Basisisolierung sichergestellt wird, ohne Möglichkeiten, berührbare leitfähige Teile (Körper) mit einem Schutzleiter der festen elektrischen Anlage zu verbinden. Beim Versagen der Basisisolierung muß der Schutz durch die Umgebung sichergestellt werden, z. B. durch Verwenden von solchen Betriebsmitteln in nichtleitenden Räumen.

Da in Deutschland die Verwendung von Betriebsmitteln der Schutzklasse 0 bisher nicht erlaubt war, wurden für »nichtleitende Räume« Betriebsmittel der Schutzklasse I ausgewählt und dort errichtet, ohne einen Schutzleiter anzuschließen. Dieses Vorgehen ist auch weiterhin erlaubt, auch wenn die Anmerkung im Abschnitt 413.3 von DIN VDE 0100-410 (VDE 0100 Teil 410):1997-01 so gedeutet werden kann, daß nur Betriebsmittel der Schutzklasse 0 ausgewählt werden dürfen und für diese dann die aufgeführten Anforderungen zu erfüllen sind. Es sei noch darauf hingewiesen, daß aufgrund des bisherigen Verbotes von Betriebsmitteln der Schutzklasse 0 solche Betriebsmittel in Deutschland z. Z. nicht genormt sind.
Neu ist nun die Forderung, daß in einem nichtleitenden Raum **kein Schutzleiter vorhanden sein darf.** Bisher war **nur der Anschluß** von Schutzleitern an Betriebsmitteln der Schutzklasse I und an Steckdosen unzulässig. Auch die Anwendung eines ungeerdeten Potentialausgleichs ist damit nicht zulässig, da auch ungeerdete Potentialausgleichsleiter als Schutzleiter gelten, die wiederum nicht zulässig sind. Durch Anwendung eines ungeerdeten Potentialausgleichs hätte man zwei gleichzeitig berührbare Körper auf das gleiche Potential bringen können, ohne daß hieraus eine Gefährdung resultieren könnte. Hier bleibt jedoch der Weg offen, die Schutzmaßnahme als Schutz durch erdfreien örtlichen Potentialausgleich einzuordnen; siehe Aussagen zu Abschnitt 413.4 von DIN VDE 0100-410 (VDE 0100 Teil 410):1997-01 im Abschnitt 6.2 diese Buchs. Es stellt sich daher die Frage, ob nicht auch hier ein »Übertragungsfehler« aufgetreten ist, was bei einer zukünftigen Neubearbeitung berücksichtigt werden sollte.
Geändert hat sich die Anforderung an den Widerstand isolierender Fußböden bei Versorgung von elektrischen Betriebsmitteln/Verbrauchsmitteln mit Gleichspannung (auch wenn Gleichspannungswerte nicht ausdrücklich angeführt sind, gelten die angegebenen Werte für Gleich- und Wechselspannung). Nach der neuen Norm muß nun bereits bei einer Gleichspannung von mehr als 500 V der Widerstand des isolierenden Fußboden 100 kΩ betragen. Bisher mußte erst bei einer Gleichspannung größer als 750 V der Widerstand des isolierenden Fußboden 100 kΩ betragen. Folgende Werte für den Widerstand des isolierenden Fußbodens gelten nun unabhängig davon ob es sich bei der elektrischen Anlage um Gleich- oder Wechselspannungsversorgung handelt:

- 50 kΩ wenn die Versorgungsspannung maximal 500 V beträgt,
- 100 kΩ wenn die Versorgungsspannung über 500 V beträgt.

Der Nachweis für den ausreichenden Widerstand des isolierenden Fußboden ist, wie in DIN VDE 0100-610 (VDE 0100 Teil 610) beschrieben, durchzuführen.
Es sei noch darauf hingewiesen, daß die Anforderungen unter b) des Abschnittes 413.3.3 von DIN VDE 0100-410 (VDE 0100 Teil 410):1997-01 von den Anforderungen des Schutzes durch Abstand des Abschnittes 412.4 von DIN VDE 0100-410 (VDE 0100 Teil 410):1997-01 abweichen (siehe auch Abschnitt 5.4 dieses Buchs). Nach Abschnitt 413.3.3 von DIN VDE 0100-410 (VDE 0100 Teil 410):1997-01 ist es ausreichend, daß Hindernisse die »überbrückbare« Entfernung auf über 2,5 m

vergrößern, d. h. das »Fadenmaß«[5] (**Bild 6.23**) ist ausreichend. Die Schutzart dieser Hindernisse spielt dabei keine Rolle, d.h. eine »Holzschutzleiste« als Hindernis wäre auch ausreichend. Im Abschnitt 5.4 dieses Buchs, der den Schutz gegen direktes Berühren durch Abstand behandelt, wird ausführlich darauf hingewiesen, daß die »überbrückbare« Entfernung (»Fadenmaß«) nur durch Hindernisse mit einer Schutzart von mindestens IP2X oder IPXXB positiv beeinflußt werden kann. Trotzdem sind diese Aussagen ungenau, da bei Schutz durch Hindernisse nach Abschnitt 412.3 von DIN VDE 0100-410 (VDE 0100 Teil 410) ein Hindernis nur einen Schutz gegen zufälliges Berühren darstellt (siehe auch Abschnitt 5.3 dieses Buchs). Somit beinhaltet die Forderung nach IP2X eigentlich einen Widerspruch, insbesondere wenn keine Aussagen über die Ausmaße des Hindernisses gemacht werden. Formal wäre auch ein schmaler Streifen mit hoher Schutzart ausreichend, dagegen wäre ein Hindernis in voller Breite, jedoch mit geringerer Schutzart nicht ausreichend.
Auch wenn die Errichtung von Steckdosen und ortsveränderlicher Betriebsmittel/Verbrauchsmittel nicht generell verboten ist, sollte jedoch auf die Errichtung solcher Betriebsmittel verzichtet werden, um die getroffenen Sicherheitsvorkehrungen nicht leichtfertig unwirksam zu machen.
In diesem Zusammenhang sei angemerkt, daß die unter 6.3 und 6.4 dieses Buchs beschriebenen Schutzmaßnahmen keine Bedeutung für elektrische Anlagen in Wohngebäuden haben.

6.4 Schutz durch erdfreien örtlichen Potentialausgleich (DIN VDE 0100 Teil 410, Abschnitt 413.4)

Bei dieser Schutzmaßnahme hat sich gegenüber der früheren Ausgabe DIN VDE 0100-410 (VDE 0100 Teil 410):1983-11 nichts geändert. Daher fehlen nach wie vor eindeutige Anforderungen, wie der im Abschnitt 413.4.3 von DIN VDE 0100-410 (VDE 0100 Teil 410):1997-01 geforderte »erdpotentialfreie Raum« auszusehen hat. Um diese »Erdpotentialfreiheit« zu erreichen, wird empfohlen, die entsprechenden Anforderungen bezüglich des Schutzes durch nichtleitende Räume von Abschnitt 413.3 von DIN VDE 0100-410 (VDE 0100 Teil 410):1997-01 (siehe Abschnitt 6.3 dieses Buchs) zu beachten.

---

[5] Der in Fachkreisen gebräuchliche Begriff »Fadenmaß« hat folgenden Ursprung: Bei der Feststellung von Bereichen, z. B. von Orten mit Badewanne oder Dusche, Schwimmbädern oder wie hier für den Handbereich, wird in der Praxis am einfachsten ein »Faden« benutzt, der an dem Teil befestigt wird, von dem ausgehend der Bereich bestimmt werden soll. Im gewünschten Abstand – hier 2,5 m – wird der Faden geknotet. Der Knoten beschreibt dann die Bereichsgrenzen. Bei ausgedehnten Teilen muß der Faden an den Stellen angebracht werden, die zur weitesten Auslenkung führen.

Nach wie vor ist auch noch der Widerspruch enthalten, daß einerseits fremde leitfähige Teile an den **erdfreien** örtlichen Potentialausgleich anzuschließen sind, andererseits aber über diese fremden leitfähigen Teile eine Erdung des Potentialausgleichsleiters ausgeschlossen werden muß. Fremde leitfähige Teile gelten aber nach DIN VDE 0100-200 (VDE 0100 Teil 200) als solche Teile, die ein Potential, **vorwiegend das Erdpotential,** einführen können. Es wird daher empfohlen, »fremde leitfähige Teile« soweit als möglich zu vermeiden oder zumindest mit Isoliermaterial – das mindestens die Anforderungen einer Isolierung (Basisisolierung) nach Abschnitt 412.1 erfüllt – abzudecken, da das Einführen von Erdpotential in den erdpotentialfreien Raum sehr gefährlich sein kann. Sofern es sich um ein fremdes leitfähiges Teil handelt, das **nicht mit Erde in Verbindung** steht (ggf. durch Messung überprüfen), muß es – sofern es sich im Handbereich zu Körpern befindet – mit dem ungeerdeten Potentialausgleich verbunden werden.

Nicht eindeutig ist die Aussage in der Anmerkung, die auch in der ungültigen Ausgabe von DIN VDE 0100-410 (VDE 0100 Teil 410):1983-11 schon vorhandenen war, nämlich daß in den Fällen, in denen eine »Erdung« nicht ausgeschlossen werden kann, der Schutz durch Abschaltung anwendbar ist. Formal würde das bedeuten, daß bei Schutz durch erdfreien örtlichen Potentialausgleich ohne allzu große Einschränkung Schutz durch Abschaltung angewendet werden kann, was sicher nicht im Sinne der Schutzmaßnahme Schutz durch erdfreien örtlichen Potentialausgleich und im Sinne eindeutiger Maßnahmen ist. Diese Aussage kann daher nur bedeuten, daß in solchen Fällen eben nicht der Schutz durch erdfreien örtlichen Potentialausgleich angewendet werden kann, sondern es muß der Schutz durch automatische Abschaltung der Stromversorgung mit all seinen Konsequenzen angewendet werden.

Es sei noch darauf hingewiesen, daß die Forderung

»alle gleichzeitig berührbaren Körper und fremden leitfähigen Teilen müssen durch Potentialausgleichsleiter miteinander verbunden werden«

so zu verstehen ist, daß nicht **alle** fremden leitfähigen Teile gemeint sind, sondern nur solche, die gleichzeitig mit Körpern oder anderen fremden leitfähigen Teilen berührt werden können. Zwei Teile sind gleichzeitig berührbar, wenn sie innerhalb des Handbereiches ($\leq 2{,}5$ m, siehe auch Abschnitt 5 dieses Buchs) zueinander angeordnet sind. Ein gleichzeitiges Berühren eines Körpers und eines fremden leitfähigen Teils muß daher entweder verhindert werden, oder es muß ein zusätzlicher erdfreier Potentialausgleich oder besser die vorgeschlagene isolierende Abdeckung an den fremden leitfähigen Teilen vorgesehen werden. Auch für die Körper gilt, daß nur solche Körper (**Bild 6.24**) mit dem Potentialausgleich zu verbinden sind, die gleichzeitig berührbar, also im Handbereich zueinander angeordnet sind.

Darüber hinaus fehlen nach wie vor Aussagen zu den Schutzmaßnahmen, die beim Auftreten von zwei Fehlern erforderlich sind. Sinnvoll wären Anforderungen vergleichbar denen bei der Schutzmaßnahme Schutz durch Schutztrennung mit mehreren Verbrauchsmitteln, siehe Abschnitt 6.5 dieses Buchs, ohne die Erfordernis der Versorgung aus einem Transformator mit sicherer Trennung.

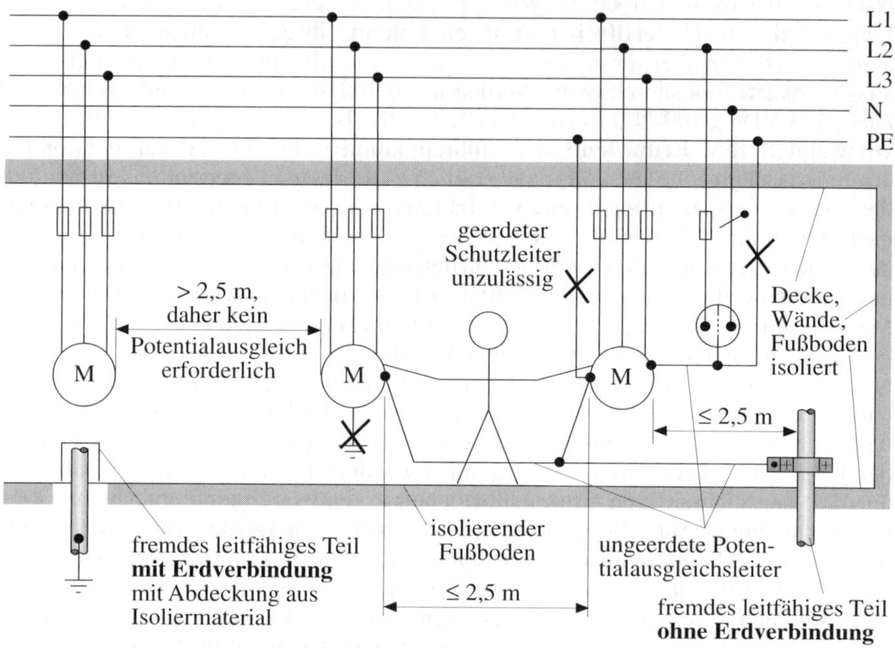

Anforderungen für „erdpotentialfreien" Raum nicht festgelegt; Empfehlung:
≥ 50 kΩ bei Nennspannung der Anlage AC/DC bis 500 V
≥ 100 kΩ bei Nennspannung der Anlage AC/DC über 500 V

Bild 6.24 Schutz durch erdfreien örtlichen Potentialausgleich

Im Gegensatz zum Schutz durch nichtleitende Räume ist es bei Schutz durch erdfreien örtlichen Potentialausgleich möglich, ortsveränderliche Betriebsmittel und Steckdosen zu errichten, wobei vorausgesetzt wird, daß in den erdfreien Potentialausgleich auch Schutzkontakte bzw. Körper der durch diese Steckdosen versorgten Betriebsmittel/Verbrauchsmittel einbezogen werden.
An dieser Stelle sei noch angemerkt, daß die unter 6.3 und 6.4 dieses Buchs beschriebenen Schutzmaßnahmen keine Bedeutung für elektrische Anlagen in Wohngebäuden haben.

6.5 Schutztrennung (DIN VDE 0100 Teil 410, Abschnitt 413.5)

Bei dieser Schutzmaßnahme hat sich bei genauer Betrachtung eine Vielzahl der Anforderungen geändert.
Die wichtigste Änderung hat sich beim Spannungsbereich ergeben. Anders als bei der früheren Ausgabe DIN VDE 0100-410 (VDE 0100 Teil 410):1983-11, bei der die Grenze bei AC 1000 V und bei DC 1500 V lag, ist die Spannung auf der »getrennten Seite« nach DIN VDE 0100-410 (VDE 0100 Teil 410):1997-01 auf 500 V begrenzt. Dieser Wert gilt unabhängig davon, ob Gleich- oder Wechselspannung zur Anwendung kommt. In diesem Zusammenhang sei noch darauf hingewiesen, daß in der Norm für Trenntransformatoren DIN EN 60742 (VDE 0551) diesbezüglich noch keine Begrenzung vorgegeben ist, d. h. solche Transformatoren werden nach wie vor noch für eine Ausgangswechselspannung von 1000 V und einer ungeglätteten Gleichspannung von $1000\ \text{V} \cdot \sqrt{2}$ hergestellt. Unklar ist allerdings, ob es sich bei der angegebene Begrenzung um U_0 oder um U, d. h. um die Spannung gegen Erde oder Leiter gegen Leiter handelt. Da die Erdung aktiver Teile unzulässig ist, kann davon ausgegangen werden, daß es sich um die Spannung Leiter gegen Leiter, also um U handelt. Für die Primärspannung gibt es keine Einschränkung, d h. hier gilt der volle Spannungsbereich von DIN VDE 0100-410 (VDE 0100 Teil 410).
Des weiteren gibt es nicht mehr die Aussage, daß die Schutzmaßnahme Schutztrennung, bei zwingender Forderung auf Grund erhöhter Gefährdung, nur in der Ausführung mit einem Verbrauchsmittel pro Trenntransformator oder Stromquelle mit gleichwertiger Sicherheit angewendet werden darf. Damit muß in allen Teilen der Gruppe 700 von DIN VDE 0100 (VDE 0100) diese Anforderung explizit gefordert werden, wenn nur **ein Verbrauchsmittel** pro Stromquelle angeschlossen werden darf.
Bedauerlicherweise wurde im Abschnitt 413.5.1 von DIN VDE 0100-410 (VDE 0100 Teil 410):1997-01 (und auch an wenigen anderen Stellen des neuen Teiles 410) das Wort Betriebsmittel anstelle von Verbrauchsmittel verwendet. Das Wort Betriebsmittel an dieser Stelle eingesetzt ist falsch, da unter »Betriebsmittel« mehr als unter »Verbrauchsmittel« zu verstehen ist. So ist beispielsweise auch ein Kabel oder eine Sicherung ein Betriebsmittel, aber kein Verbrauchsmittel im Sinne der Norm. In den Abschnitten 413.5.2 und 413.5.3 von DIN VDE 0100-410 (VDE 0100 Teil 410):1997-01 geht es jedoch um die Alternativen:

- ein Verbrauchsmittel pro Trenntransformator oder Stromquelle mit gleichwertiger Sicherheit, z. B. Motorgenerator (**Bild 6.25**),
- mehrere Verbrauchsmittel pro Trenntransformator oder Stromquelle mit gleichwertiger Sicherheit, z. B. Motorgenerator (**Bild 6.26**).

In diesem Zusammenhang sei darauf hingewiesen, daß zwar formal mehrere Verbrauchsmittel an einen Trenntransformator oder eine Stromquelle mit gleichwer-

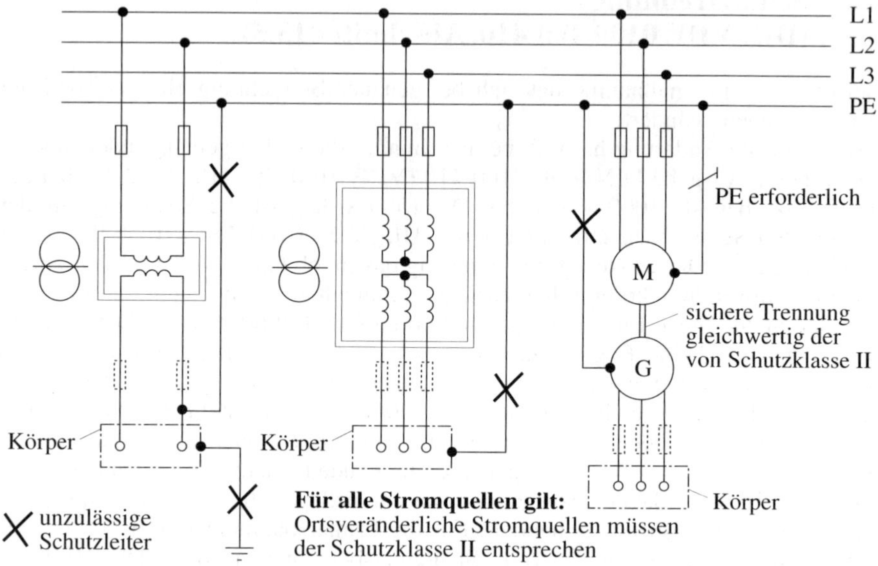

Bild 6.25 Schutz durch Schutztrennung mit einem Verbrauchsmittel an einer Stromquelle und Stromquellen für Schutz durch Schutztrennung

tiger Sicherheit angeschlossen werden dürfen, jedoch darf nur ein einziger Stromkreis dafür vorgesehen werden. Dieser Sachverhalt war auch schon in der nun ungültigen Ausgabe von DIN VDE 0100-410 (VDE 0100 Teil 410):1983-11 so enthalten, wurde aber häufig anders interpretiert. Die Ausführung mehrerer Stromkreise (siehe auch Definition für Stromkreis im Abschnitt 1 dieses Buchs) führt normalerweise nicht zu einem höheren Risiko, allenfalls wird dadurch die Übersichtlichkeit der elektrischen Anlage vermindert. In ungünstigen Fällen kann eine unübersichtliche elektrische Anlage aber auch zu einem höheren Risiko führen.

Die Forderung, daß bei einem metallenen leitfähigen Standort, auf dem der Benutzer eines elektrischen Verbrauchsmittels stehen muß, z. B. in Kesseln oder auf Gerüsten aus Metall, ein ggf. vorhandener Körper eines Verbrauchsmittels mit dem Standort über einen besonderen Leiter zu verbinden ist, ist in DIN VDE 0100-410 (VDE 0100 Teil 410):1997-01 nicht mehr enthalten (**Bild 6.27**). Diese Aussage müßte nun z. B. in DIN VDE 0100-706 (VDE 0100 Teil 706) aufgenommen werden, wenn sie für erforderlich gehalten wird. In der zur Zeit gültigen DIN VDE 0100-706 (VDE 0100 Teil 706):1992-06 gibt es aber keine diesbezügliche Forderung, so daß ein solcher Potentialausgleich nicht mehr gefordert ist.

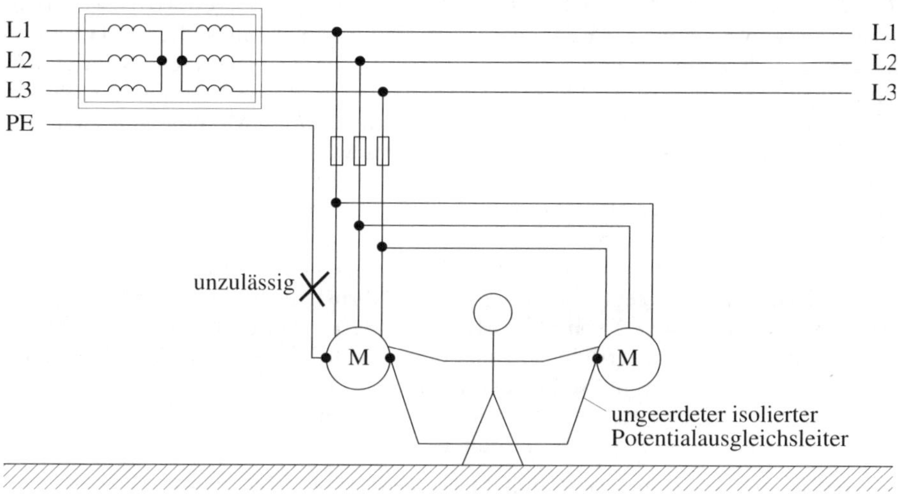

Bild 6.26 Schutz durch Schutztrennung mit ungeerdetem Potentialausgleich und mehreren Verbrauchsmitteln an einem Trenntransformator

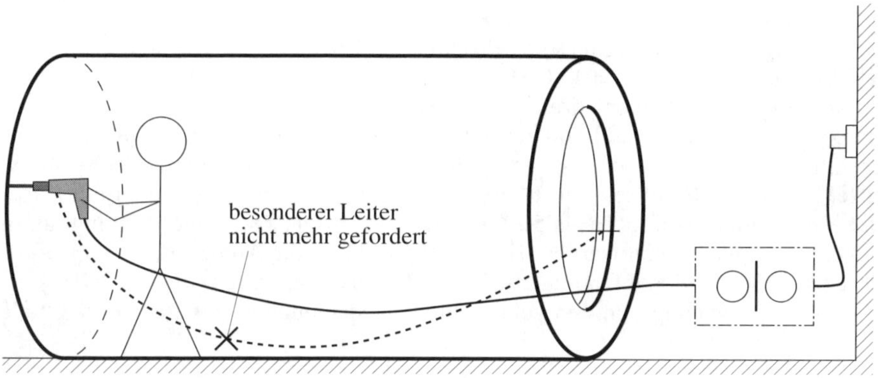

Bild 6.27 Schutztrennung – **Wegfall des besonderen Leiters** bei Arbeiten in leitfähiger Umgebung mit begrenzter Bewegungsfreiheit

Im Abschnitt 413.5.1.1 von DIN VDE 0100-410 (VDE 0100 Teil 410):1997-01 ist keine getrennte Stromquelle, sondern eine Stromquelle mit **sicherer Trennung** gemeint, auch wenn bei den Transformatoren der in der bisherigen Norm enthaltene Bezug auf DIN EN 60742 (VDE 0551) bzw. auf die inzwischen ungültige DIN VDE 0550-3 (VDE 0550 Teil 3) fehlt. Für die angeführten Motorgeneratoren fehlt der Bezug auf DIN VDE 0530 (VDE 0530). Es kann daher nur die Anforderung von DIN VDE 0100-510 (VDE 0100 Teil 510):1997-01 herangezogen werden, daß Betriebsmittel den einschlägigen Normen entsprechen müssen (Stromquellen und Ausführung siehe Bild 6.25).
Die bisherige Forderung nach »Schutzisolierung« hat nur für ortsveränderliche Trenntransformatoren gegolten, in der neuen Norm gilt die Forderung, daß diese Betriebsmittel nach 413.2 von DIN VDE 0100-410 (VDE 0100 Teil 410):1997-01 auszuwählen oder zu errichten sind (also nach bisherigem Sprachgebrauch »schutzisoliert« ausgeführt sein müssen), für alle netzgebundenen Stromquellen, also z. B. auch für elektrisch betriebene Motor-Generatoren.
Bei den ortsfesten Stromquellen darf alternativ:

- ein Trenntransformator der Schutzklasse II oder
- ein Trenntransformator, der so beschaffen ist, daß der Ausgang sowohl vom Eingang als auch von der Umhüllung durch eine Isolierung getrennt ist, die die Bedingungen von Abschnitt 413.2 von DIN VDE 0100-410 (VDE 0100 Teil 410): 1997-01 erfüllt,

verwendet werden.
Die bisherige Anmerkung, daß das Produkt aus Spannung in Volt und Länge der Kabel/Leitungen in Meter 100 000 und die Länge des Kabel oder eine Leitungssystems 500 m nicht überschreiten soll, ist nun, wahrscheinlich nur durch einen satztechnischen Fehler, auf Schutztrennung mit **mehreren Verbrauchsmitteln** eingeschränkt. Auch wenn in der Praxis diese Begrenzung bei **einem Verbrauchsmittel** kaum zutreffend sein wird – wo wird schon ein Verbraucher über ein Kabel oder eine Leitung von mehr als 500 m versorgt –, sollte doch eine Bereinigung in der Norm vorgenommen werden. In IEC 364-4-41 ist die Anmerkung so angeordnet, daß sie für beide Aufzählungsstriche gilt. Aus dem »Grenzwert 100 000« ergeben sich – abhängig von den gebräuchlichen Spannungen – folgende maximale Leitungslängen:

- für Spannungen zwischen den Außenleitern von 230 V: 434,8 m;
- für Spannungen zwischen den Außenleitern von 400 V: 250 m.

Die Anforderung, daß für die Körper in Stromkreisen mit Schutztrennung mit nur einem Verbrauchsmittel eine Verbindung mit Schutzleitern und anderen Körpern ausgeschlossen werden muß (Bild 6.25), gilt auch – soweit es sich um geerdete Schutzleiter handelt – für Körper in Stromkreisen mit Schutztrennung mit mehreren Verbrauchern (Bild 6.26). In Stromkreisen mit Schutztrennung mit mehreren Verbrauchsmitteln müssen aber die Körper untereinander mit ungeerdeten, isolier-

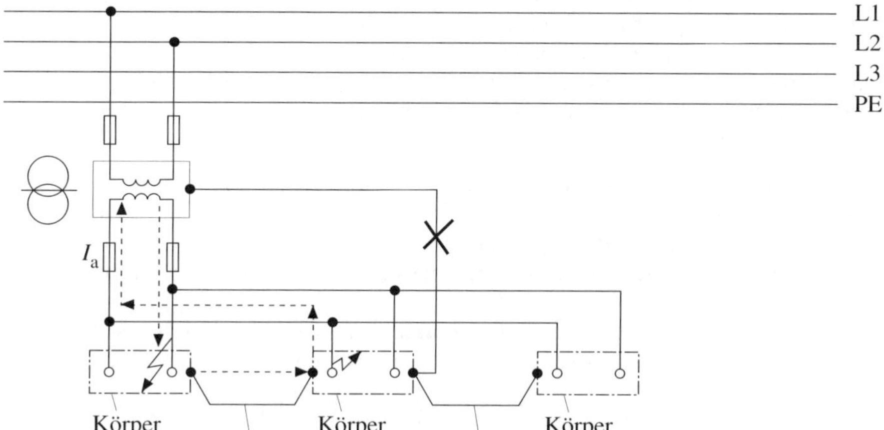

Bild 6.28 Schutz durch Schutztrennung mit mehreren Verbrauchsmitteln an einer Stromquelle, Fehler an unterschiedlichen Verbrauchsmitteln in unterschiedlichen Außenleitern

Für diesen Doppelfehler muß die Abschaltung durch Schutzeinrichtungen innerhalb der Zeit von Tabelle 41A (siehe auch Tabelle 6.1 dieses Buchs) erfüllt werden.

Es gilt die Bedingung: $Z_S \leq \frac{U}{I_a}$

ten Potentialausgleichsleitern (Bild 6.26 und **Bild 6.28**) verbunden werden. Die Anforderung, daß Körper nicht mit geerdeten Teilen in Verbindung kommen dürfen, dürfte – wie auch in der Anmerkung hervorgehoben – insbesondere bei Betriebsmitteln/ Verbrauchsmittel, die über Steckvorrichtungen angeschlossen werden, problematisch sein. Eine zufällige Berührung von Betriebsmitteln der Schutzklasse I mit geerdeten Teilen kann selbst von Elektrofachkräften nicht ausgeschlossen werden. Sinnvoll wäre es, nur Betriebsmittel/Verbrauchsmittel der Schutzklasse II zuzulassen, auch wenn formal bei Schutztrennung mit einem Betriebsmittel/Verbrauchsmittel basisisolierte Betriebsmittel ohne Körper ausreichend wären.
Entfallen ist die Forderung, daß flexible Kabel/Leitungen mindestens der Bauart H07RN-F oder A07RN-F entsprechen müssen. Da eine adäquate Bauart im HD erst festgelegt werden muß, empfiehlt es sich, weiterhin nur Kabel/Leitungen dieser Bauart oder gleichwertige Bauarten auszuwählen. Eine entsprechende Empfehlung gibt es im Nationalen Vorwort. Hier ist angeführt, daß Gummischlauchleitungen mindestens der Bauart 07RN-F als geeignete Bauart angesehen werden. Diese

Empfehlung ist insbesondere bei der Auswahl von Betriebsmitteln/Verbrauchsmitteln mit vorhandener Anschlußleitung zu berücksichtigen.
Bei der Schutzmaßnahme Schutztrennung mit mehreren Verbrauchsmitteln wird nun gefordert, daß Vorkehrungen getroffen werden müssen, um Schäden und Isolationsfehler zu vermeiden. Darüber hinaus müssen **alle** folgenden Anforderungen zusätzlich erfüllt werden:

- Alle Körper der Betriebsmittel hinter einem Trenntransformator oder einer Stromquelle mit gleichwertiger Sicherheit müssen untereinander durch **ungeerdete, isolierte Potentialausgleichsleiter** verbunden werden, wobei diese Leiter nicht mit Erde, Schutzleitern oder Körpern anderer Stromkreise verbunden werden dürfen.
- Alle Steckdosen sind mit Schutzkontakten auszustatten – d. h. es sind z. B. Schukosteckdosen zu verwenden –, die mit dem ungeerdeten, isolierten Potentialausgleichsleiter zu verbinden sind.
- Alle Anschlußleitungen müssen einen Schutzleiter enthalten, der als ungeerdeter, isolierter Potentialausgleichsleiter verwendet wird. Für Betriebsmittel der Schutzklasse II darf auf das Mitführen des Schutzleiters verzichtet werden.
- Beim Auftreten von zwei Fehlern in Leitern unterschiedlicher Polarität zu unterschiedlichen Körpern muß eine Schutzeinrichtung die automatische Abschaltung der Stromversorgung innerhalb der für das TN-System relevanten Zeiten (siehe Tabelle 41 A bzw. Tabelle 6.3 dieses Buchs) bewirken.

Die Abschaltzeit beim Auftreten von zwei Fehlern an Körpern unterschiedlicher Betriebsmittel durch Leiter unterschiedlicher Polarität (Bild 6.28) hat sich geändert. Bisher durfte die Abschaltzeit für festangeschlossene, festangebrachte Verbraucher 5 s und für Steckdosenstromkreise 0,2 s betragen. Nun gilt für alle Betriebsmittel/Verbrauchsmittel eine – wie auch für das TN-System festgelegte – nur von der Spannung abhängige Abschaltzeit zwischen 0,1 s und 0,4 s, jedoch ohne die für das TN-System zulässigen Ausnahmen – wonach die Abschaltzeit unter bestimmten Voraussetzungen auf max. 5 s vergrößert werden darf (siehe Abschnitt 6.1.3 dieses Buchs). Die dafür erforderlichen Schutzeinrichtungen sind in der Norm nicht festgelegt. Da es sich bei zwei Fehlern durch Leiter unterschiedlicher Polarität um einen Kurzschlußstrom handelt – der u. a. über die ungeerdeten, isolierten Potentialausgleichsleiter fließt –, sind hierfür Überstrom-Schutzeinrichtungen, z. B. Sicherungen, Leitungsschutzschalter oder Leistungschalter geeignet. RCDs können diese Anforderung nur erfüllen, wenn für jedes Verbrauchsmittel eine RCD vorgesehen wird und der Schutz bei Überstrom erfüllt wird, z. B. durch Sicherungen oder durch Verwendung von kurzschlußfesten Trenntransformatoren und entsprechende Auswahl der Betriebsmittel.
Im Gegensatz zum ebenfalls ungeerdeten IT-System – bei dem, wie bereits im Abschnitt 6.1.3 beschrieben, ebenfalls der Doppelfehler berücksichtigt werden muß – müssen hierbei die Stromkreise der beiden fehlerhaften Betriebsmittel/Verbrauchsmittel berücksichtigt werden.

Hier gilt ebenso wie im TN-System

$$Z_S \leq \frac{U_0}{I_a} ,$$

wobei für Z_S die Leitungslängen und deren Widerstände von den beiden Verbrauchsmitteln, die die ungünstigste Konfiguration ergeben, berücksichtigt werden müssen.
Eine entsprechende Forderung nach Schutzeinrichtungen gibt es formal auch für Schutztrennung mit einem Verbrauchsmittel. Auch wenn für den Schutz gegen elektrischen Schlag nicht gefordert und auch nicht erforderlich, so müssen jedoch auch die Anforderungen von DIN VDE 0100-430 (VDE 0100 Teil 430):1991-11 berücksichtigt werden. Danach sind auch in solchen Stromkreisen Schutzeinrichtungen erforderlich, es sei denn, die Stromquelle liefert nur einen Strom, der kleiner oder gleich der Strombelastbarkeit der angeschlossenen Leiter ist.
Abschließend sei noch darauf hingewiesen – auch wenn dies aus DIN VDE 0100-410 (VDE 0100 Teil 410) nicht ersichtlich ist –, daß für Schutztrennung Trenntransformatoren in Ein- oder Mehrphasenausführung (also auch Drehstromtrenntransformatoren oder Stromquellen mit gleichwertiger Sicherheit) anwendbar sind. Aus der Norm für die Trenntransformatoren ergibt sich jedoch eine Leistungsbegrenzung auf:

- 25 kVA bei Einphasenausführung und
- 40 kVA bei Mehrphasenausführung.

7 Kurzfassung der Änderungen gegenüber der früheren Ausgabe der DIN VDE 0100-410 (VDE 0100 Teil 410):1997-01

Durch die Harmonisierung der DIN VDE 0100-410 (VDE 0100 Teil 410):1997-01 haben sich einige formale, insbesondere aber sachbezogene Änderungen gegenüber der bisher gültigen Norm ergeben. Im folgenden sind sie – um eine schnelle Übersicht zu vermitteln – schlagwortartig zusammengestellt.

- Der Untertitel der Norm wurde von »Schutz gegen gefährliche Körperströme« in »Schutz gegen elektrischen Schlag« geändert. Hierdurch wurde der Untertitel der Norm der englischen und französischen Sprachfassung angepaßt.
- Die Abschnittsnumerierung wurde an die Numerierung der IEC und damit an das Harmonisierungsdokument angepaßt, wodurch eine eindeutige Bezugnahme in den Teilen der Gruppe 700 der Normen der Reihe DIN VDE 0100 (VDE 0100) und in den zahlreichen anderen Normen, die auf diese Norm mit Pilotfunktion Bezug nehmen, möglich wird.
- Einige Anforderungen, die die Anwendung der Schutzmaßnahmen betreffen, wurden aus DIN VDE 0100-410 (VDE 0100 Teil 410):1983-11 in DIN VDE 0100-470 (VDE 0100 Teil 470):1996-02 überführt, z. B. Aussagen zu FELV. Auch die Ausnahmen, in denen auf den Schutz gegen direktes Berühren und bei indirektem Berühren verzichtet werden darf, wurden nach DIN VDE 0100-470 (VDE 0100 Teil 470):1996-02 überführt.
- Die Kunstworte SELV, PELV, FELV und RCD wurden allgemein eingeführt.
- Bei PELV darf auf den Schutz gegen direktes Berühren unter bestimmten Voraussetzungen bis AC 25 V bzw. DC 60 V verzichtet werden.
- Für den Schutz gegen direktes Berühren (Basisschutz) wurden die in IEC 529 (in Deutschland als DIN VDE 0470-1 (VDE 0470 Teil 1):1992-11 veröffentlicht) enthaltenen zusätzlichen Buchstaben A, B, C und D eingeführt; sie kennzeichnen den Zugang von Handrücken, Fingern, Werkzeugen und Drähten zu aktiven Teilen (IP-Schutzarten).
- Für leicht zugängliche Oberflächen von Verteilern, die nach den Normen der Reihe DIN EN 60439 (VDE 0660) hergestellt werden, wird nun die Schutzart IP4X gefordert.
- Anstelle von U_L wurde in den Ungleichungen, die im TT- und IT-System zur Anwendung kommen, und in der Aussage für die Spannungswaage im TN-System, sowie beim zusätzlichen Potentialausgleich der Wert 50 V eingeführt, der in diesen Ungleichungen auch für Gleichspannungen eingesetzt werden muß.
- Die Anforderungen für den Schutz gegen elektrischen Schlag gelten nun auch für Gleichspannung, wenngleich an vielen Stellen konkrete Anforderungen fehlen.

- Die Abschaltzeiten im TN-System sind nun abhängig von der Spannung gegen Erde und liegen zwischen 0,1 s und 0,4 s, wobei die bisherige Abschaltzeit von 5 s nur noch unter bestimmten Voraussetzungen für Endstromkreise zulässig ist.
- Die sogenannte »Spannungswaage« ist nur noch im TN-System anzuwenden.
- Die Anwendung von Fehlerspannungs-Schutzeinrichtungen wurde auf das TT-System begrenzt, wobei die Anwendung wegen fehlender Betriebsmittelnormen zum Sonderfall wird.
- Im IT-System muß immer eine Isolationsüberwachungseinrichtung vorgesehen werden, obwohl die Schutzmaßnahme »Schutz durch Meldung« nicht mehr anwendbar ist. Außerdem muß bei einem zweiten Fehler eine Abschaltung – je nach Ausführung der Erdung – nach den Bedingungen des TT- oder des TN-Systems erfolgen.
- Die Wirksamkeit des zusätzlichen Potentialausgleichs ist nun grundsätzlich nachzuweisen, es sei denn, es werden zukünftig in der Gruppe 700 der Reihe der Normen DIN VDE 0100 (VDE 0100) Einschränkungen gemacht.
- Anstelle der Schutzisolierung werden nun die beiden Varianten »Betriebsmittel der Schutzklasse II« und »Betriebsmittel mit gleichwertiger Isolierung« unterschieden, wobei unter der zweiten Variante die Isolierung zu verstehen ist, die »vor Ort« errichtet wird. Die »vor Ort« errichtete »gleichwertige Isolierung« darf nicht mehr gekennzeichnet werden mit dem Symbol für Betriebsmittel der Schutzklasse II:

Sie sollte gekennzeichnet werden mit:

- Die Mindestwiderstände von isolierenden Fußböden und Wänden bei Wechselspannungsstromversorgung gelten nun auch für Anlagen, die mit Gleichspannung versorgt werden.
- Bei Schutztrennung wurde die Spannung auf der getrennten Seite auf 500 V begrenzt.

Abschließend sei angemerkt, daß es nun dringend erforderlich ist, die DIN VDE 0100-610 (VDE 0100 Teil 610):1994-04 zu überarbeiten, da einige dort angeführte Grenzwerte nach Veröffentlichung der DIN VDE 0100-410 (VDE 0100 Teil 410):1997-01 ihre Gültigkeit verloren haben.

8 Auszüge aus DIN VDE 0100-410 (VDE 0100 Teil 410):1997-01 und DIN VDE 0100-470 (VDE 0100 Teil 470):1996-02

Inhalt *von DIN VDE 0100-410 (VDE 0100 Teil 410) und DIN VDE 0100-470 (VDE 0100 Teil 470)* [6)]

Abschnitt		Seite
4	**Schutzmaßnahmen**	140
400.1	Einführung	140
41	**Schutz gegen elektrischen Schlag**	140
410.1	Allgemeines	140
411	**Schutz sowohl gegen direktes als auch bei indirektem Berühren**	141
411.1	Schutz durch Kleinspannung: SELV und PELV	141
411.1.1	*Der Schutz gegen elektrischen Schlag wird als erfüllt angesehen, wenn:*	141
411.1.2	*Stromquellen für SELV und PELV*	141
411.1.3	*Anordnung von Stromkreisen*	142
Anhang ZB (informativ)		146
	Überblick zu den Kleinspannungen SELV, PELV und FELV bezüglich der sicheren Trennung und der Beziehung zur Erde	146
411.2	Schutz durch Begrenzung von Beharrungsberührungsstrom und Ladung	147
412	**Schutz gegen elektrischen Schlag unter normalen Bedingungen (Schutz gegen direktes Berühren oder Basisschutz)**	147
412.1	Schutz durch Isolierung von aktiven Teilen	147
412.2	Schutz durch Abdeckungen oder Umhüllungen	147
412.3	Schutz durch Hindernisse	148
412.4	Schutz durch Abstand	148
412.5	Zusätzlicher Schutz durch RCDs	149
413	**Schutz gegen elektrischen Schlag unter Fehlerbedingungen (Schutz bei indirektem Berühren oder Fehlerschutz)**	150
413.1	Schutz durch automatische Abschaltung der Stromversorgung	150
413.1.1	*Allgemeines*	150
413.1.2	*Potentialausgleich*	151
413.1.3	*TN-Systeme*	152
413.1.4	*TT-Systeme*	155
413.1.5	*IT-Systeme*	156
413.1.6	*Zusätzlicher Potentialausgleich*	159

6) Modifizierungen sind kursiv und unterstrichen. Siehe auch die Vorbemerkungen in den schattiert unterlegten Kästen auf S. 139 und S. 169.

413.2	Schutz durch Verwendung von Betriebsmitteln der Schutzklasse II oder durch gleichwertige Isolierung	160
413.3	Schutz durch nichtleitende Räume	162
413.4	Schutz durch erdfreien örtlichen Potentialausgleich	163
413.5	Schutz durch Schutztrennung	164
Nationaler Anhang NB (normativ)		167
NB.1	Abschaltzeiten im TN-System bei öffentlichen Verteilungsnetzen	167
NB.2	Auswahl von Schutzmaßnahmen gegen elektrischen Schlag in Abhängigkeit von äußeren Einflüssen	167
47	**Anwendung von Schutzmaßnahmen**	170
470	Allgemeines	170
471	Anwendung der Maßnahmen zum Schutz gegen elektrischen Schlag	170
471.1	Schutz gegen direktes Berühren	170
471.2	Schutz bei indirektem Berühren	170
471.3	Schutz sowohl gegen direktes als auch bei indirektem Berühren: Anforderungen für FELV-Stromkreise	172
Nationaler Anhang NB (normativ)		174
NB.1	Entfallen des Schutzes bei indirektem Berühren in öffentlichen Verteilungsnetzen	174
NB.2	Anwendung von Schutzmaßnahmen gegen thermische Einflüsse	174
NB.3	Schutz bei Überstrom	174
NB.4	Abschalten des Neutralleiters	174

8.1 Auszug aus DIN VDE 0100-410 (VDE 0100 Teil 410):1997-01

DEUTSCHE NORM (modifizierter Auszug)

DIN VDE 0100-410 (VDE 0100 Teil 410):1997-01

Errichten von Starkstromanlagen mit Nennspannungen bis 1000 V

Teil 4: Schutzmaßnahmen

Kapitel 41: Schutz gegen elektrischen Schlag

(IEC 364-4-41:1992, modifiziert)

Deutsche Fassung HD 384.4.41 S2:1996

Ersatz für DIN VDE 0100-410 (VDE 0100 Teil 410):1983-11

Diese Norm enthält das Europäische Harmonisierungsdokument HD 384.4.41 S2:1996, das die Internationale Norm IEC 364-4-41:1992 mit gemeinsamen Abänderungen von CENELEC enthält. Sie hat Pilotfunktion bezüglich des Schutzes gegen elektrischen Schlag.

Beginn der Gültigkeit

Diese Norm gilt ab 1. Januar 1997.

Dieser Auszug enthält die Texte mit dem wesentlichen Sachinhalt aus DIN VDE 0100-410 (VDE 0100 Teil 410):1997-01. Die Zitierungen europäischer und internationaler Textstellen wurde so weit möglich durch Zitierung entsprechender Deutscher Normen ersetzt, damit soll dem Leser der Einstieg erleichtert werden. Diese geänderten Zitierungen und Ergänzungen sind unterstrichen und kursiv.

Maßgebend für das Anwenden dieser Norm ist deren vollständige Originalfassung mit dem neuesten Ausgabedatum.

4 Schutzmaßnahmen

400.1 Einführung

400.1.1 *DIN VDE 0100-410 bis -460 (VDE 0100 Teile 410 bis 460)* (siehe HD 384.4.42, 384.4.43, 384.4.45 und 384.4.46) enthalten grundlegende Anforderungen für den Schutz von Personen, Nutztieren und Sachen. *DIN VDE 0100-470 (VDE 0100 Teil 470) und DIN VDE 0100-430 (VDE 0100 Teil 430)* (siehe HD 384.4.47 *S2* und 384.4.473) behandeln die Anwendung und die Koordinierung dieser Anforderungen und *Entwurf DIN VDE 0100-481 (VDE 0100 Teil 481)* (zutreffendes HD in Vorbereitung) schränkt diese Anforderungen bezüglich besonderer Klassen von äußeren Einflüssen ein. Anforderungen zur Auswahl und Errichtung von Betriebsmitteln sind in den *Normen DIN VDE 0100-510, -520, -537 und -540 (VDE 0100 Teile 510, 520, 537, 540* (siehe HD 384.5.51, 384.5.52, 384.5.537 und 384.5.54), *DIN VDE 0298-4 (VDE 0298 Teil 4)* (siehe HD 384.5.523) und für Prüfungen in *DIN VDE 0100-610 (VDE 0100 Teil 610)* (siehe HD 384.6.61) festgelegt.

400.1.2 Schutzmaßnahmen dürfen für die gesamte Anlage, für einen Teil der Anlage oder für ein Teil eines Betriebsmittels angewendet werden.

Wenn bestimmte Bedingungen einer Schutzmaßnahme nicht erfüllt werden können, müssen ergänzende Maßnahmen ergriffen werden, um bei solcher Kombination von Schutzmaßnahmen den gleichen Grad der Sicherheit sicherzustellen, wie bei vollständiger Erfüllung dieser Bedingungen.

> ANMERKUNG: Ein Beispiel für die Anwendung dieser Regel ist in Abschnitt 471.3 *von DIN VDE 0100-470 (VDE 0100 Teil 470)* (siehe HD 384.4.47 S2) *für FELV-Stromkreise* enthalten.

400.1.3 Die Reihenfolge, in der die Schutzmaßnahmen festgelegt sind, sagt nichts bezüglich ihrer Wertigkeit aus.

41 Schutz gegen elektrischen Schlag

410.1 Allgemeines

Der Schutz gegen elektrischen Schlag ist durch Anwendung geeigneter Maßnahmen sicherzustellen, und zwar nach den Hauptabschnitten *von DIN VDE 0100-410 (VDE 0100 Teil 410):*

- *Hauptabschnitt* 411 für den Schutz sowohl im üblichen Betrieb als auch im Fehlerfall oder
- *Hauptabschnitt* 412 für den Schutz im normalen Betrieb und
- *Hauptabschnitt* 413 für den Schutz im Fehlerfall,

wie in den *Abschnitten* 471.*1 und 471.2* *von DIN VDE 0100-470 (VDE 0100*

Teil 470) und im Kapitel 48 von IEC 60364-4-48 (zutreffendes HD in Vorbereitung, siehe Entwurf DIN VDE 0100-481 (VDE 0100 Teil 481) und Abschnitt NB.2) gefordert.

411 Schutz sowohl gegen direktes als auch bei indirektem Berühren

411.1 Schutz durch Kleinspannung: SELV und PELV

ANMERKUNG: Eine Zusammenstellung der Kleinspannungen ist im informativen Anhang ZB dieses Hauptabschnittes angegeben.

411.1.1 Der Schutz gegen elektrischen Schlag wird als erfüllt angesehen, wenn:

- die Nennspannung den Spannungsbereich I (siehe IEC 449: Spannungsbereiche für elektrische Anlagen von Gebäuden) *(siehe HD 193 S2, noch nicht als VDE-Bestimmung veröffentlicht, aber inhaltlich im Nationalen Vorwort von DIN VDE 0100-410 (VDE 0100 Teil 410):1997-01 und Tabelle 4.1 dieses Buchs wiedergegeben)* nicht überschreitet und
- die Versorgung aus einer der Stromquellen nach Unterabschnitt 411.1.2 erfolgt und
- die Bedingungen des Unterabschnitts 411.1.3 und zusätzlich entweder
  - Unterabschnitt 411.1.4 für SELV-Stromkreise (ungeerdet) oder
  - Unterabschnitt 411.1.5 für PELV-Stromkreise (Stromkreise und Körper dürfen geerdet sein)

erfüllt sind.

ANMERKUNG 1: Wenn das System von einem System höherer Spannung durch andere Betriebsmittel, wie durch Spartransformatoren, Potentiometer, Halbleiterbauteile usw., versorgt wird, ist der Ausgangsstromkreis als Teil des Eingangsstromkreises zu betrachten. In diesem Fall muß der Ausgangsstromkreis durch die Schutzmaßnahme geschützt sein, die für den Eingangsstromkreis angewendet ist.

ANMERKUNG 2: Für bestimmte, in den *Teilen der Gruppe 700 von DIN VDE 0100 (VDE 0100)* berücksichtigte äußere Einflüsse dürfen niedrigere Spannungsgrenzen gefordert werden.

411.1.2 *Stromquellen für SELV und PELV*

411.1.2.1 Ein Transformator mit sicherer Trennung nach DIN EN 60742 (VDE 0551).

ANMERKUNG: In bestimmten Fällen (z. B. bei Schutzschirmung) hängt der Schutz durch PELV von der Schutzmaßnahme auf der Primärseite der Stromversorgung ab (z. B. automatische Abschaltung der Stromversorgung und Anwendung von PELV innerhalb des gleichen Gebäudes).

411.1.2.2 Eine Stromquelle, die den gleichen Sicherheitsgrad erfüllt wie ein Transformator mit sicherer Trennung nach Unterabschnitt 411.1.2.1 (z. B. Motorgeneratoren mit gleichwertig getrennten Wicklungen).

411.1.2.3 Eine elektrochemische Stromquelle (z. B. eine Batterie), die unabhängig oder sicher getrennt von FELV-Stromkreisen oder von Stromkreisen höherer Spannung ist.

411.1.2.4 Andere Stromquellen, die unabhängig von FELV-Stromkreisen oder von Stromkreisen höherer Spannung sind (z. B. ein Generator, der von einer Verbrennungsmaschine angetrieben wird).

411.1.2.5 Bestimmte elektronische Einrichtungen, die entsprechend den für sie geltenden Normen gebaut sind und bei denen sichergestellt ist, daß auch beim Auftreten eines Fehlers im Gerät die Spannung an den Ausgangsklemmen nicht höher ist als die in Unterabschnitt 411.1.1 festgelegten Werte. Höhere Spannungen an den Ausgangsklemmen sind jedoch bei PELV zulässig, wenn vorgesehen ist, daß im Falle des direkten oder indirekten Berührens die Spannung an den Ausgangsklemmen auf die Werte gleich den oberen Grenzwerten von Spannungsband I (siehe *Unterabschnitt* 411.1.1) oder auf niedrigere Werte innerhalb einer Zeit entsprechend Tabelle 41A zurückgeht.

> ANMERKUNG 1: Beispiele von solchen Einrichtungen schließen Isolationsüberwachungseinrichtungen ein, die den Anforderungen der betreffenden *Normen* (Publikationen) entsprechen.
> ANMERKUNG 2: Wenn an den Ausgangsklemmen höhere Spannungen auftreten, darf eine Übereinstimmung mit diesem Abschnitt angenommen werden, wenn die mit einem Voltmeter mit einem inneren Widerstand von mindestens 3000 Ω an den Ausgangsklemmen gemessene Spannung nicht größer ist als die in Unterabschnitt 411.1.1, erster Aufzählungsstrich, festgelegten Werte.

411.1.3 *Anordnung von Stromkreisen*

411.1.3.1 Aktive Teile von SELV- und PELV-Stromkreisen müssen voneinander, von FELV-Stromkreisen und von Stromkreisen höherer Spannung sicher getrennt sein (siehe Unterabschnitt 411.1.3.2).

> ANMERKUNG 1: Diese Festlegung schließt die Verbindung des PELV-Stromkreises mit Erde nicht aus (siehe Unterabschnitt 411.1.5).
> ANMERKUNG 2: Die sichere Trennung ist insbesondere zwischen aktiven Teilen von elektrischen Betriebsmitteln, wie Relais, Schützen, Hilfsschaltern und jedem Teil eines Stromkreises höherer Spannung, notwendig.
> ANMERKUNG 3: Die grundsätzlichen Anforderungen für eine sichere Trennung von aktiven Teilen der SELV-Stromkreise und PELV-Stromkreise voneinander und von Leitern jedes anderen Stromkreises, z. B. innerhalb der

elektrischen Betriebsmittel, werden im Abschnitt 5.3.2 des Entwurfes der DIN IEC 64/886/CDV (VDE 0140 Teil 1) (siehe IEC 61140[7]) angegeben.

411.1.3.2 Die sichere Trennung zwischen Leitern eines jeden Stromkreises eines SELV- und PELV-Systems und Leitern jedes anderen Stromkreises muß durch eine der folgenden Maßnahmen erfüllt werden:

– räumlich getrennte Anordnung der Leiter;
– Leiter von SELV- und PELV-Stromkreisen müssen mit einem Mantel aus Isolierstoff zusätzlich zu ihrer Basisisolierung umhüllt sein;
– Leiter von Stromkreisen verschiedener Spannung müssen durch einen geerdeten Metallschirm oder eine geerdete metallene Umhüllung getrennt sein;

– ANMERKUNG: In den oben erwähnten Fällen braucht die entsprechende Basisisolierung eines jeden Leiters nur für die Spannung des Stromkreises bemessen zu sein, zu dem der Leiter gehört.

– Mehradrige Kabel, Leitungen oder Leiterbündel dürfen Stromkreise verschiedener Spannungen enthalten, wenn die Leiter von SELV- und PELV-Stromkreisen einzeln oder gemeinsam mit einer Isolierung versehen sind, die für die höchste vorkommende Spannung bemessen ist.

411.1.3.3 Stecker und Steckdosen von SELV- und PELV-Stromkreisen müssen den folgenden Anforderungen genügen:

– Stecker dürfen nicht in Steckdosen anderer Spannungssysteme eingeführt werden können;

ANMERKUNG 1: Ein FELV-Stromkreis wird als anderes Spannungssystem betrachtet (siehe auch Unterabschnitt 471.3.4 von DIN VDE 0100-470 (VDE 0100 Teil 470):1996-02 (siehe HD 384.4.47 S2:1995).

– Steckdosen dürfen nicht für Stecker anderer Spannungssysteme geeignet sein;
– Stecker und Steckdosen von SELV-Stromkreisen dürfen keinen Schutzkontakt haben;
– SELV-Stecker dürfen nicht in PELV-Steckdosen eingeführt werden können;
– PELV-Stecker dürfen nicht in SELV-Steckdosen eingeführt werden können.

ANMERKUNG 2: PELV-Stecker und PELV-Steckdosen dürfen Schutzkontakte haben.

7) 2. Ausgabe in Vorbereitung: z. Z. siehe Abschnitt 5.3.2 von IEC 64/808/CDV

411.1.4 *Anforderungen an SELV-Stromkreise*

411.1.4.1 Aktive Teile von SELV-Stromkreisen dürfen nicht mit Erde oder mit aktiven Teilen oder mit Schutzleitern anderer Stromkreise verbunden sein.

411.1.4.2 Körper dürfen nicht absichtlich verbunden werden mit:

- Erde oder
- Schutzleitern oder Körpern eines anderen Stromkreises oder
- fremden leitfähigen Teilen, ausgenommen in Fällen, in denen es nicht vermeidbar ist, daß elektrische Betriebsmittel mit fremden leitfähigen Teilen verbunden sind, wenn sie so angeordnet sind, daß solche Teile keine Spannung annehmen können, die größer ist als die Spannung, die in Unterabschnitt 411.1.1, erster Aufzählungsstrich, genannt ist.

ANMERKUNG: Wenn Körper von SELV-Stromkreisen mit den Körpern anderer Stromkreise in Berührung kommen können, ist der Schutz gegen elektrischen Schlag nicht allein vom Schutz durch SELV abhängig, sondern auch von der Schutzmaßnahme, die in den anderen Stromkreisen angewendet wird.

411.1.4.3 Wenn die Nennspannung AC 25 V Effektivwert oder DC 60 V oberschwingungsfrei überschreitet, muß ein Schutz gegen direktes Berühren durch:

- Abdeckungen oder Umhüllungen mindestens in Schutzart IP2X oder IPXXB oder
- eine Isolierung, die einer Prüfspannung von AC 500 V Effektivwert für 1 Minute standhält,

vorgesehen werden.

Wenn die Nennspannung AC 25 V Effektivwert oder DC 60 V oberschwingungsfrei nicht überschreitet, ist im allgemeinen ein Schutz gegen direktes Berühren nicht erforderlich, jedoch darf bei bestimmten äußeren Einflüssen ein Schutz gegen direktes Berühren gefordert werden.

ANMERKUNG: „Oberschwingungsfrei" ist vereinbarungsgemäß definiert als Welligkeit von nicht mehr als 10 % effektiv bei überlagerter sinusförmiger Wechselspannung; der maximale Scheitelwert überschreitet nicht 140 V bei einem oberschwingungsfreien Gleichstromsystem mit der Nennspannung 120 V und nicht 70 V bei einem oberschwingungsfreien Gleichstromsystem mit der Nennspannung 60 V.

411.1.5 *Anforderungen an PELV-Stromkreise*

Wenn die Stromkreise geerdet sind und wenn der Schutz durch SELV entsprechend Unterabschnitt 411.1.4 nicht gefordert ist, müssen die Anforderungen der Unterabschnitte 411.1.5.1 und 411.1.5.2 erfüllt sein.

ANMERKUNG: Die Erdung der Stromkreise darf durch eine geeignete Verbindung mit dem Schutzleiter des Primärstromkreises der Anlage hergestellt werden.

411.1.5.1 Der Schutz gegen direktes Berühren muß vorgesehen werden entweder durch:

- Abdeckungen oder Umhüllungen mindestens in Schutzart IP2X oder IPXXB oder
- Isolierung, die einer Prüfspannung von AC 500 V Effektivwert für 1 Minute standhält.

411.1.5.2 Der Schutz gegen direktes Berühren nach Unterabschnitt 411.1.5.1 ist nicht gefordert, wenn sich die Betriebsmittel in einem Gebäude befinden, in dem gleichzeitig berührbare Körper und fremde leitfähige Teile mit dem selben Erdungssystem verbunden sind, und wenn die Nennspannung folgende Werte nicht überschreitet:

- AC 25 V Effektivwert oder DC 60 V oberschwingungsfrei bei Betriebsmitteln, die üblicherweise nur in trockenen Räumen oder an trockenen Orten benutzt werden und eine großflächige Berührung von aktiven Teilen durch menschliche Körper oder Nutztiere nicht zu erwarten ist;
- AC 6 V Effektivwert oder DC 15 V oberschwingungsfrei in allen anderen Fällen.

ANMERKUNG: „Trockener Raum" ist durch das Kurzzeichen AD 1 im informativen Anhang zu *DIN VDE 0100-300 (VDE 0100 Teil 300):1996-01* (siehe HD 384.3) beschrieben.

Anhang ZB (informativ)

Überblick zu den Kleinspannungen SELV, PELV, FELV bezüglich der sicheren Trennung und der Beziehung zur Erde

<table>
<tr><th colspan="2">Art der Trennung</th><th colspan="2">Beziehung zur Erde oder zu einem Schutzleiter</th><th rowspan="2">Bezeichnung (und entsprechende Abschnitte)</th></tr>
<tr><th>Stromquellen</th><th>Stromkreise</th><th>Stromkreise</th><th>Körper</th></tr>
<tr><td rowspan="2">Stromquellen und mit sicherer Trennung, z. B. ein Sicherheitstransformator nach DIN EN 60742 (VDE 0551) oder gleichwertige Stromquellen</td><td rowspan="2">Stromkreise mit sicherer Trennung</td><td>ungeerdete Stromkreise</td><td>Körper dürfen nicht absichtlich mit Erde oer einem Schutzleiter verbunden sein*)</td><td>SELV (411.1.1 bis 411.1.4)</td></tr>
<tr><td>geerdete und ungeerdete Stromkreise erlaubt</td><td>Körper dürfen geerdet oder mit einem Schutzleiter verbunden sein</td><td>PELV (411.1.1 bis 411.1.3 und 411.1.5)</td></tr>
<tr><td>Stromquellen oder ohne sichere Trennung, d. h. eine Stromquelle nur mit Basistrennung, z. B. ein Transformator nach IEC 989, entspricht in etwa DIN VDE 0550-1 und 0550-3 (VDE 0550 Teile 1 und 3)</td><td>Stromkreise ohne sichere Trennung</td><td>geerdete Stromkreise erlaubt</td><td>Körper müssen mit dem Schutzleiter auf der Primärseite der Stormversorgung verbunden sein</td><td>FELV (471.3)</td></tr>
<tr><td colspan="5">*) Bezüglich einer zufälligen Berührung von Körpern eines SELV-Stromkreises mit Körpern anderer Stromkreise siehe Anmerkung zu Unterabschnitt 411.1.4.2.

ANMERKUNG: Anforderungen für FELV-Stromkreise sind in DIN VDE 0100-470 (VDE 0100 Teil 470) (siehe HD 384.4.47 S2:1995) enthalten.</td></tr>
</table>

411.2 Schutz durch Begrenzung von Beharrungsberührungsstrom und Ladung

In Beratung.

412 Schutz gegen elektrischen Schlag unter normalen Bedingungen (Schutz gegen direktes Berühren oder Basisschutz)

NATIONALE ANMERKUNG: Zur Anwendung der Schutzmaßnahmen nach 412.1 bis 412.4 siehe Abschnitt NB.2 im Anhang NB.

412.1 Schutz durch Isolierung von aktiven Teilen

ANMERKUNG: Die Isolierung ist vorgesehen, um jedes Berühren aktiver Teile zu verhindern.

Aktive Teile müssen vollständig mit einer Isolierung umgeben sein, die nur durch Zerstörung entfernt werden kann.
Bei fabrikfertigen Betriebsmitteln muß die Isolierung den einschlägigen Normen der elektrischen Betriebsmittel genügen.
Bei anderen Betriebsmitteln muß der Schutz durch eine Isolierung verwirklicht sein, die den mechanischen, chemischen, elektrischen und thermischen Beanspruchungen, denen sie ggf. im Betrieb ausgesetzt wird, dauerhaft standhält. Farbe, Anstriche, Lacke und dergleichen sind für sich allein kein ausreichender Schutz gegen elektrischen Schlag unter normalen Bedingungen.

ANMERKUNG: Wenn die Isolierung während der Errichtung der elektrischen Anlage angebracht wird, sollte die Eignung der Isolierung durch Prüfungen nachgewiesen werden, die jenen vergleichbar sind, mit denen die Isolationseigenschaften ähnlicher fabrikfertiger Betriebsmittel nachgewiesen werden.

412.2 Schutz durch Abdeckungen oder Umhüllungen

ANMERKUNG: Abdeckungen und Umhüllungen sind vorgesehen, um jedes Berühren aktiver Teile zu verhindern.

412.2.1 Aktive Teile müssen von Umhüllungen umgeben oder hinter Abdeckungen angeordnet sein, die mindestens der Schutzart IP2X oder IPXXB entsprechen, ausgenommen, wenn größere Öffnungen während des Auswechselns von Teilen entstehen, z. B. bei Lampenfassungen oder Sicherungen, oder wenn größere Öffnungen für den ordnungsgemäßen Betrieb der Betriebsmittel nach den entsprechenden Betriebsmittelnormen notwendig sind:

- Geeignete Vorkehrungen müssen vorgesehen werden, um Personen oder Nutztiere vor unbeabsichtigter Berührung aktiver Teile zu schützen, und
- es muß, soweit möglich, sichergestellt werden, daß Personen sich bewußt sind, daß aktive Teile beim Öffnen berührt werden können und nicht absichtlich berührt werden sollten.

412.2.2 Horizontale obere Flächen von Abdeckungen oder Umhüllungen, die leicht zugänglich sind, müssen mindestens der Schutzart IP4X oder IPXXD entsprechen.

412.2.3 Abdeckungen und Umhüllungen müssen sicher befestigt sein. Sie müssen eine ausreichende Festigkeit und Haltbarkeit haben, um die geforderte Schutzart und einen ausreichenden Abstand zu aktiven Teilen unter den zu erwartenden Bedingungen des normalen Betriebes und bei Berücksichtigung der zutreffenden äußeren Einflüsse aufrechtzuerhalten.

412.2.4 In Fällen, in denen Abdeckungen entfernt, Umhüllungen geöffnet oder Teile von Umhüllungen abgenommen werden müssen, darf dieses nur möglich sein

- mit Hilfe eines Schlüssels oder Werkzeugs oder
- nach Abschalten der Stromversorgung aktiver Teile, für die die Abdekkungen oder Umhüllungen als Schutz gegen direktes Berühren vorgesehen sind; eine Wiedereinschaltung der Versorgung darf erst möglich sein, wenn die Abdeckungen oder Umhüllungen sich wieder an ihrer ursprünglichen Stelle befinden bzw. geschlossen sind, oder
- wenn eine Zwischenabdeckung mindestens in Schutzart IP2X oder IPXXB ein Berühren aktiver Teile verhindert und diese Zwischenabdeckung sich nur mittels eines Schlüssels oder Werkzeugs entfernen läßt.

412.3 Schutz durch Hindernisse

ANMERKUNG: Hindernisse sind vorgesehen, um das unbeabsichtigte Berühren aktiver Teile, nicht aber das absichtliche Berühren durch bewußtes Umgehen des Hindernisses, zu verhindern.

412.3.1 Hindernisse müssen verhindern entweder:

- unbeabsichtigte Annäherung an aktive Teile oder
- unbeabsichtigtes Berühren aktiver Teile während der Bedienung von Betriebsmitteln im normalen Betrieb.

412.3.2 Hindernisse dürfen ohne Schlüssel oder Werkzeug abnehmbar sein, müssen jedoch so befestigt sein, daß ein unbeabsichtigtes Entfernen verhindert ist.

412.4 Schutz durch Abstand

ANMERKUNG: Schutz durch Abstand ist vorgesehen, um nur das unbeabsichtigte Berühren aktiver Teile zu verhindern.

412.4.1 Im Handbereich dürfen sich keine gleichzeitig berührbaren Teile unterschiedlichen Potentials befinden.

ANMERKUNG: Zwei Teile gelten als gleichzeitig berührbar, wenn sie nicht mehr als 2,50 m voneinander entfernt sind (siehe Bild 41C).

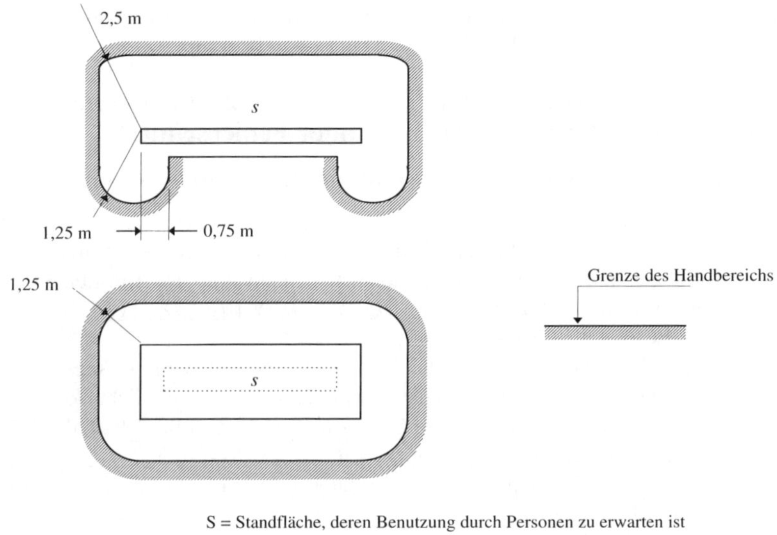

Bild 41C: Handbereich

412.4.2 Ist eine übliche Standfläche in horizontaler Richtung durch ein Hindernis begrenzt (z. B. Geländer, Maschengitter), dessen Schutzart geringer ist als IP2X oder IPXXB, so rechnet der Handbereich ab diesem Hindernis. In 2,50 m Höhe über der Standfläche S endet der Handbereich, ohne Berücksichtigung eines Hindernisses mit einer Schutzart geringer als IP2X oder IPXXB.

ANMERKUNG: Die Grenzen des Handbereichs gelten bezüglich des Berührens mit der bloßen Hand ohne Hilfsmittel (z. B. Werkzeuge oder Leiter).

412.4.3 An Stellen, an denen üblicherweise sperrige oder lange leitfähige Gegenstände gehandhabt werden, müssen die durch Unterabschnitt 412.4.1 und Unterabschnitt 412.4.2 festgelegten Abstände entsprechend vergrößert werden.

412.5 Zusätzlicher Schutz durch RCDs

ANMERKUNG: Die Anwendung von RCDs ist nur als Zusatz zu anderen Maßnahmen zum Schutz gegen elektrischen Schlag im normalen Betrieb vorgesehen.

412.5.1 Die Anwendung von RCDs mit einem Bemessungsdifferenzstrom ≤ 30 mA ist als zusätzlicher Schutz gegen elektrischen Schlag im normalen Betrieb bei Fehlern der anderen Schutzmaßnahmen oder Sorglosigkeit des Benutzers anerkannt.

412.5.2 Die Anwendung solcher Schutzeinrichtungen ist nicht als alleiniges Mittel des Schutzes anerkannt und schließt nicht die Notwendigkeit zur Anwendung einer der Schutzmaßnahmen nach Abschnitten 412.1 bis 412.4 aus.

413 Schutz gegen elektrischen Schlag unter Fehlerbedingungen (Schutz bei indirektem Berühren oder Fehlerschutz)

413.1 Schutz durch automatische Abschaltung der Stromversorgung

ANMERKUNG 1: Die automatische Abschaltung der Stromversorgung ist gefordert, wenn bei einem Fehler infolge der Größe und Dauer der auftretenden Berührungsspannung das Risiko eines gefährlichen physiologischen Effektes bei einer Person auftreten könnte (siehe *DIN V VDE V 0140-479 (VDE V 0140 Teil 479)* (IEC 60479, 2. Ausgabe)).
ANMERKUNG 2: Diese Schutzmaßnahme erfordert eine Koordinierung der Art der Erdverbindung und der Eigenschaften von Schutzleitern und Schutzeinrichtungen. Die Anforderungen für diese Schutzmaßnahme und die Abschaltzeiten werden unter Berücksichtigung von *DIN V VDE V 0140-479 (VDE V 0140 Teil 479)* (IEC 60479) festgelegt. Eine Erläuterung wird in einem zukünftigen IEC-Fachbericht enthalten sein.
ANMERKUNG 3: Weitere Festlegungen für Gleichstromsysteme sind in Vorbereitung.

413.1.1 *Allgemeines*

ANMERKUNG: Vereinbarte Mittel zur Erfüllung der Anforderungen in den Unterabschnitten 413.1.1.1 und 413.1.1.2 sind in Abhängigkeit von der Art der Erdverbindung in den Unterabschnitten 413.1.3 bis 413.1.5 gegeben.

413.1.1.1 *Abschaltung der Stromversorgung*

Eine Schutzeinrichtung, die für den Schutz bei indirektem Berühren vorgesehen ist, muß automatisch die Stromversorgung des zu schützenden Stromkreises oder Betriebsmittels abschalten, damit im Fehlerfall zwischen einem aktiven Teil und einem Körper oder einem Schutzleiter des Stromkreises oder des Betriebsmittels eine zu erwartende Berührungsspannung die vereinbarte Berührungsspannung U_L (siehe Anmerkungen 1 und 3) nicht über eine Zeitdauer überschreitet, die ausreicht, um das Risiko gefährlicher physiologischer Einwirkungen auf eine Person, die sich in Berührung mit gleichzeitig berührbaren leitfähigen Teilen befindet, zu verursachen.
Unter bestimmten Umständen ist abhängig von der Art der Erdverbindung jedoch eine Abschaltzeit von nicht länger als 5 s erlaubt (siehe Unterabschnitte 413.1.3.5 und 413.1.4.2).

ANMERKUNG 1: Die Werte für die vereinbarte Grenze der Berührungsspannung U_L sind AC 50 V effektiv und DC 120 V oberschwingungsfrei.

ANMERKUNG 2: Der Begriff „oberschwingungsfrei“ ist vereinbarungsgemäß definiert in der Anmerkung von Unterabschnitt 411.1.4.3.

ANMERKUNG 3: Kleinere Werte für Abschaltzeit und Spannung (einschließlich U_L) dürfen für elektrische Anlagen oder für Räumlichkeiten besonderer Art in den entsprechenden Hauptabschnitten *der Teile der Gruppe 700* und im Abschnitt 481.3 *von IEC 60364-4-48* *(zutreffendes HD in Vorbereitung, siehe Entwurf DIN VDE 0100-481 (VDE 0100 Teil 481))* gefordert werden.

ANMERKUNG 4: Die Anforderungen dieses Abschnittes sind anzuwenden auf Stromversorgungen mit Wechselspannung, einer Frequenz zwischen 15 und 1000 Hz, und mit oberschwingungsfreier Gleichspannung.

ANMERKUNG 5: Im IT-System ist die automatische Abschaltung bei Auftreten des ersten Fehlers üblicherweise nicht erforderlich (siehe Unterabschnitt 413.1.5).

ANMERKUNG 6: Größere Werte für Abschaltzeit und Spannung, als in diesem Unterabschnitt gefordert, dürfen in elektrischen Stromerzeugungs- und Verteilungsanlagen bis zum Speisepunkt (Anfang) der Verbraucheranlage zugelassen werden.

413.1.1.2 *Erdung und Schutzleiter*

Die Körper müssen unter den für jedes Erdungssystem festgelegten Bedingungen an einen Schutzleiter angeschlossen werden.
Gleichzeitig berührbare Körper müssen an demselben Erdungssystem angeschlossen werden.

ANMERKUNG: Für die Ausführung von Erdung und Schutzleiter siehe *DIN VDE 0100-540 (VDE 0100 Teil 540)* (HD 384.5.54).

413.1.2 *Potentialausgleich*

413.1.2.1 *Hauptpotentialausgleich*

In jedem Gebäude müssen der Hauptschutzleiter, der Haupterdungsleiter, die Haupterdungsklemme oder -schiene und die folgenden fremden leitfähigen Teile zu einem Hauptpotentialausgleich verbunden werden:

- metallene Rohrleitungen von Versorgungssystemen innerhalb des Gebäudes, z. B. für Gas, für Wasser;
- Metallteile der Gebäudekonstruktion, Zentralheizungs- und Klimaanlagen;
- wesentliche metallene Verstärkungen von Gebäudekonstruktionen aus bewehrtem Beton, soweit möglich.

Solche Konstruktionsteile, von außerhalb des Gebäudes kommend, müssen so nahe wie möglich an ihrem Eintrittspunkt in das Gebäude miteinander verbunden werden.
Die Hauptpotentialausgleichsleiter müssen *DIN VDE 0100-540 (VDE 0100 Teil 540)* (siehe HD 384.5.54) entsprechen.

Alle metallischen Umhüllungen von Fernmeldekabeln und -leitungen müssen in den Hauptpotentialausgleich einbezogen werden. Dafür ist jedoch die Zustimmung des Eigners oder Betreibers derartiger Kabel und Leitungen einzuholen.

ANMERKUNG: Wenn die Zustimmung nicht erreicht werden kann, liegt die Verantwortung zur Vermeidung jeder Gefahr infolge des Ausschlusses dieser Kabel und Leitungen von der Verbindung mit dem Hauptpotentialausgleich beim Besitzer oder Betreiber.

413.1.2.2 *Zusätzlicher Potentialausgleich*

Wenn die im Unterabschnitt 413.1.1.1 festgelegten Bedingungen für das automatische Abschalten in der Anlage oder in einem Teil der Anlage nicht erfüllt werden können, muß ein örtlicher Potentialausgleich, als zusätzlicher Potentialausgleich bekannt, angewendet werden (siehe Unterabschnitt 413.1.6).

ANMERKUNG 1: Die Anwendung eines zusätzlichen Potentialausgleichs hebt nicht die Notwendigkeit auf, die Stromversorgung aus anderen Gründen abzuschalten, z. B. Brandschutz, thermische Überbeanspruchung eines Betriebsmittels usw.
ANMERKUNG 2: Ein zusätzlicher Potentialausgleich darf die gesamte Anlage, einen Teil der Anlage, ein Gerät oder einen Bereich einschließen.
ANMERKUNG 3: Ein zusätzlicher Potentialausgleich darf auch für Anlagen besonderer Art *(siehe Teile der Gruppe 700 von DIN VDE 0100 (VDE 0100))* oder aus anderen Gründen gefordert werden.

413.1.3 *TN-Systeme*

413.1.3.1 Alle Körper der Anlage müssen mit dem geerdeten Punkt des speisenden Netzes, der am oder in der Nähe des zugehörigen Transformators oder Generators geerdet sein muß, durch Schutzleiter verbunden sein.
Üblicherweise ist der geerdete Punkt des Stromversorgungssystems der Sternpunkt. Wenn ein Sternpunkt nicht vorhanden oder nicht zugänglich ist, so muß ein Außenleiter geerdet werden. In keinem Fall darf der Außenleiter als ein PEN-Leiter benutzt werden (siehe Unterabschnitt 413.1.3.2).

ANMERKUNG 1: Wenn andere wirksame Verbindungen mit Erde bestehen, so wird empfohlen, daß die Schutzleiter ebenfalls mit diesen – wo immer möglich – verbunden sind. Eine Erdung an zusätzlichen, möglichst gleichmäßig verteilten Punkten darf gefordert werden, um sicherzustellen, daß das Potential der Schutzleiter im Fehlerfall möglichst wenig vom Erdpotential abweicht.
In großen Gebäuden, z. B. Hochhäusern, ist eine zusätzliche Erdung der Schutzleiter aus praktischen Gründen nicht möglich. In diesem Fall hat ein Potentialausgleich zwischen den Schutzleitern und den fremden leitfähigen Teilen jedoch eine ähnliche Wirkung.

ANMERKUNG 2: Aus den gleichen Gründen wird empfohlen, Schutzleiter an der Eintrittsstelle in Gebäude oder Anwesen zu erden.

413.1.3.2 In festangebrachten Kabel- und Leitungssystemen(-anlagen) darf ein einzelner Leiter die Funktion sowohl des Schutz- als auch des Neutralleiters (PEN-Leiter) übernehmen, wenn die Anforderungen des Abschnittes 8.2 [546.2] von *DIN VDE 0100-540 (VDE 0100 Teil 540)* (siehe HD 384.5.54) erfüllt sind.

413.1.3.3 Die Kennwerte der Schutzeinrichtungen (siehe Unterabschnitt 413.1.3.8) und die Schleifenimpedanz müssen so sein, daß bei Auftreten eines Fehlers mit vernachlässigbarer Impedanz zwischen einem Außen- und einem Schutzleiter oder einem Körper irgendwo in der Anlage die automatische Abschaltung der Stromversorgung innerhalb der festgelegten Zeit erfolgt. Die folgende Bedingung erfüllt diese Anforderung:

$$Z_s \cdot I_a \leq U_0$$

Dabei sind:

Z_s Impedanz der Fehlerschleife, die aus der Stromquelle, dem aktiven Leiter bis zum Fehlerort und dem Schutzleiter zwischen dem Fehlerort und der Stromquelle besteht.

I_a Strom, der das automatische Abschalten der Schutzeinrichtung innerhalb der in Tabelle 41A unter den Bedingungen, die im Unterabschnitt 413.1.3.4 festgelegt sind, oder innerhalb einer vereinbarten Zeit nicht über 5 s unter den in Unterabschnitt 413.1.3.5 festgelegten Bedingungen bewirkt. Wenn eine RCD verwendet wird, entspricht I_a dem Bemessungs-Differenzstrom $I_{\Delta N}$.

U_0 Nennwechselspannung (effektiv) gegen Erde.

Tabelle 41 A: Nennspannungen und maximal zulässige Abschaltzeiten für TN-Systeme

U_0 *) **V**	**Abschaltzeit** **s**
230	0,4
400	0,2
> 400	0,1

*) Werte basieren auf *DIN* IEC 38*:1987-05* (siehe IEC 38:1983: „Normspannungen“ *und HD 472 S1:1989)*
Anmerkung 1: Für Spannungen, die innerhalb des Toleranzbandes nach *DIN* IEC 38 liegen, gilt die Abschaltzeit der zugehörigen Nennspannung.
Anmerkung 2: Für Zwischenwerte von Spannungen ist der nächsthöhere Spannungswert aus der Tabelle zu verwenden.

413.1.3.4 Die in Tabelle 41A festgelegten maximalen Abschaltzeiten erfüllen die Festlegungen im Unterabschnitt 413.1.1.1 für Endstromkreise, die über Steckdosen oder festen Anschluß Handgeräte der Schutzklasse I oder ortsveränderliche Betriebsmittel der Schutzklasse I versorgen.

413.1.3.5 Eine vereinbarte Abschaltzeit ≤ 5 s ist für Verteilungsstromkreise (von Gebäuden) erlaubt.

Eine Abschaltzeit ≤ 5 s, aber länger als die in Tabelle 41A geforderte Zeit, ist für Endstromkreise, die nur ortsfeste Betriebsmittel versorgen, unter der Voraussetzung erlaubt, daß – sofern andere Endstromkreise, für die eine Abschaltzeit entsprechend Tabelle 41A gefordert ist, aus derselben Verteilung oder demselben Verteilungsstromkreis versorgt werden – für diese Endstromkreise eine der folgenden Bedingungen erfüllt ist:

a) Die Impedanz des Schutzleiters zwischen der Verteilung und dem Punkt, an dem der Schutzleiter mit dem Hauptpotentialausgleich verbunden ist, überschreitet nicht

$$\frac{50\ \mathrm{V}}{U_0} \cdot Z_\mathrm{S} \quad \text{oder}$$

b) es ist ein Potentialausgleich an der Verteilung durchzuführen, in den die gleichen Arten von fremden leitfähigen Teilen wie beim Hauptpotentialausgleich örtlich einbezogen sind und der die Anforderungen nach Unterabschnitt 413.1.2.1 für den Hauptpotentialausgleich erfüllt.

ANMERKUNG: Siehe auch Anmerkung 1 zu *Unterabschnitt* 413.1.3.9.

413.1.3.6 Wenn die Bedingungen der Unterabschnitte 413.1.3.3, 413.1.3.4 und 413.1.3.5 bei Verwendung von Überstrom-Schutzeinrichtungen nicht erfüllt werden können, ist ein zusätzlicher Potentialausgleich entsprechend *Unterabschnitt* 413.1.2.2 erforderlich. Alternativ ist für die Abschaltung der Stromversorgung eine RCD vorzusehen.

413.1.3.7 Wenn in außergewöhnlichen Fällen ein Fehler zwischen einem Außenleiter und Erde entstehen kann, z. B. im Falle von Freileitungen, muß die folgende Bedingung erfüllt sein, die sicherstellt, daß der Schutzleiter und die mit ihm verbundenen Körper keine Spannung gegen Erde erreichen, die 50 V überschreitet:

$$\frac{R_\mathrm{B}}{R_\mathrm{E}} \le \frac{50\ \mathrm{V}}{U_0 - 50\ \mathrm{V}}$$

Darin bedeuten:

R_B Gesamterdungswiderstand aller parallel geschalteten Erder (einschließlich derjenigen des Versorgungsnetzes);

R_E kleinster Erdübergangswiderstand der nicht mit einem Schutzleiter verbundenen fremden leitfähigen Teile, über die ein Fehler zwischen Außenleiter und Erde entstehen kann;

U_0 Nennwechselspannung (effektiv) gegen Erde in Volt.

413.1.3.8 In TN-Systemen ist die Verwendung folgender Schutzeinrichtungen anerkannt:

- Überstrom-Schutzeinrichtungen;
- RCDs.

Es gelten folgende Ausnahmen:

- Eine RCD darf in TN-C-Systemen nicht angewendet werden;
- Wenn eine RCD in TN-C-S-Systemen angewendet wird, darf auf der Lastseite der RCD ein PEN-Leiter nicht verwendet werden. Die Verbindung des Schutzleiters mit dem PEN-Leiter muß auf der Versorgungsseite der RCD hergestellt werden.

Um Selektivität zu erreichen, dürfen zeitverzögerte RCDs, z. B. der Bauart S *(siehe Anhang B von DIN EN 60947-1 (VDE 0660 Teil 100), EN 61008-1 (IEC 61008-1), Deutsche Norm in Vorbereitung, EN 61009-1 (IEC 61009-1), Deutsche Norm in Vorbereitung)* in Reihe mit RCDs der allgemeinen Bauart verwendet werden.

413.1.3.9 Bei Verwendung einer RCD für die automatische Abschaltung in einem Stromkreis, der außerhalb des Einflußbereichs des Hauptpotentialausgleichs ist, dürfen die Körper nicht mit den Schutzleitern des TN-Systems verbunden sein, aber sie müssen mit einem getrennten Erder außerhalb des Einflußbereichs des Hauptpotentialausgleichs verbunden werden, dessen Widerstand vom Bemessungs-Differenzstrom der RCD bestimmt wird. Der so geschützte Stromkreis ist dann als TT-System zu betrachten, und es gelten die Bedingungen nach *Unterabschnitt* 413.1.4.

> ANMERKUNG 1: Außerhalb des Einflußbereichs des Hauptpotentialausgleichs dürfen die folgenden anderen Schutzmaßnahmen angewendet werden:
> - Schutztrennung nach *Abschnitt* 413.5;
> - Schutzisolierung nach *Abschnitt* 413.2.
>
> ANMERKUNG 2: Der Einflußbereich des Hauptpotentialausgleichs ist z. Z. bei IEC in Beratung, so daß derzeit keine vollständige Begriffserklärung existiert.

413.1.4 *TT-Systeme*

413.1.4.1 Alle Körper, die durch die ~~gleiche~~ *selbe* Schutzeinrichtung geschützt sind, müssen durch Schutzleiter an einen gemeinsamen Erder angeschlossen werden.
Der Sternpunkt oder, falls dieser nicht vorhanden ist, ein Außenleiter jedes Generators oder Transformators muß geerdet werden.

413.1.4.2 Die folgende Bedingung muß erfüllt sein:

$$R_A \cdot I_a \leq 50\ \text{V}$$

Dabei sind:

R_A Summe der Widerstände des Erders und des Schutzleiters der Körper;
I_a Strom, der das automatische Abschalten der Schutzeinrichtung bewirkt. Wenn die Schutzeinrichtung eine RCD ist, entspricht I_a dem Bemessungs-Differenzstrom $I_{\Delta N}$.

Um Selektivität zu erreichen, dürfen zeitverzögerte RCDs, z. B. Bauart S *(siehe Anhang B von DIN EN 60947-1 (VDE 0660 Teil 100), EN 61008-1 (IEC 61008-1), Deutsche Norm in Vorbereitung, EN 61009-1 (IEC 61009-1), Deutsche Norm in Vorbereitung)* in Reihe mit RCDs der allgemeinen Bauart verwendet werden. In Verteilungsstromkreisen ist zum Erreichen der Selektivität mit RCDs eine Abschaltzeit ≤ 1 s erlaubt.

Wenn die Schutzeinrichtung eine Überstrom-Schutzeinrichtung ist, muß entweder:

- bei einer Einrichtung mit einer Charakteristik „kürzere Auslösezeit mit steigendem Strom“ I_a der Strom sein, der die automatische Abschaltung innerhalb einer Zeit von maximal 5 s bewirkt oder
- mit einer unverzögerten Ausschalt-Charakteristik I_a der Strom sein, der eine unverzögerte Abschaltung bewirkt.

413.1.4.3 Wenn die Bedingung des Unterabschnittes 413.1.4.2 nicht erfüllt werden kann, ist ein zusätzlicher Potentialausgleich nach Unterabschnitt 413.1.2.2 erforderlich.

413.1.4.4 In TT-Systemen ist die Verwendung folgender Schutzeinrichtungen anerkannt:

- RCDs;
- Überstrom-Schutzeinrichtungen.

  ANMERKUNG 1: Überstrom-Schutzeinrichtungen sind für den Schutz bei indirektem Berühren im TT-System nur anwendbar, wenn der Wert von R_A sehr klein ist.

  ANMERKUNG 2: Die Verwendung von Fehlerspannungs-Schutzeinrichtungen ist für besondere Anwendungen nicht ausgeschlossen, wenn die vorgenannten Schutzeinrichtungen nicht verwendet werden können.

413.1.5 *IT-Systeme*

413.1.5.1 In IT-Systemen müssen die aktiven Teile entweder gegen Erde isoliert sein oder über eine ausreichend hohe Impedanz geerdet werden. Diese Impedanz darf zwischen Erde und dem Sternpunkt des Systems oder einem künstlichen

Sternpunkt liegen. Der künstliche Sternpunkt darf unmittelbar mit Erde verbunden werden, wenn die resultierende Nullimpedanz des Systems ausreichend groß ist. Wenn kein Sternpunkt ausgeführt ist, darf ein Außenleiter über eine Impedanz mit Erde verbunden werden.
Der Fehlerstrom bei Auftreten nur eines Körper- oder Erdschlusses ist niedrig und eine Abschaltung ist nicht gefordert, wenn die Bedingung nach *Unterabschnitt* 413.1.5.3 erfüllt ist. Es müssen jedoch Maßnahmen getroffen werden, um bei Auftreten eines zweiten Fehlers das Risiko gefährlicher physiologischer Einwirkungen auf Personen, die in Verbindung mit gleichzeitig berührbaren leitfähigen Teilen stehen, zu vermeiden.

413.1.5.2

ANMERKUNG: Zur Herabsetzung von Überspannungen oder zur Dämpfung von Spannungsschwingungen in der Anlage darf eine Erdung über Impedanzen oder dürfen künstliche Sternpunkte gefordert werden, und deren Charakteristiken sollten mit den Anforderungen der Anlage übereinstimmen.

413.1.5.3 Körper müssen einzeln, gruppenweise oder in ihrer Gesamtheit geerdet werden.

ANMERKUNG: In großen Gebäuden, z. B. Hochhäusern, kann die unmittelbare Verbindung der Körper mit einem Erder aus praktischen Gründen nicht möglich sein. Die Erdung der Körper darf in diesen Fällen durch eine Verbindung zwischen Schutzleitern, Körpern und fremden leitfähigen Teilen erfolgen.

Die folgende Bedingung muß erfüllt sein:

$$R_A \cdot I_d \leq 50 \text{ V}$$

Dabei sind:

R_A Summe der Widerstände des Erders und des Schutzleiters der Körper;
I_d Fehlerstrom im Falle des ersten Fehlers mit vernachlässigbarer Impedanz zwischen einem Außenleiter und einem Körper. Der Wert von I_d berücksichtigt die Ableitströme und die Gesamtimpedanz der elektrischen Anlage gegen Erde.

413.1.5.4 Eine Isolationsüberwachungseinrichtung muß vorgesehen werden, mit der der erste Fehler zwischen einem aktiven Teil und einem Körper oder gegen Erde durch ein hörbares und/oder ein optisches Signal angezeigt wird.

ANMERKUNG 1: Es wird empfohlen, den ersten Fehler so schnell wie möglich zu beseitigen.
ANMERKUNG 2: Eine Isolationsüberwachungseinrichtung darf auch aus Gründen, die nicht den Schutz bei indirektem Berühren betreffen, notwendig sein.

413.1.5.5 Nach dem Auftreten eines ersten Fehlers müssen folgende Bedingungen für die Abschaltung der Stromversorgung im Falle eines zweiten Fehlers erfüllt werden:

a) Wenn die Körper in Gruppen oder einzeln geerdet sind, gelten für den Schutz die Bedingungen wie in Unterabschnitt 413.1.4 für das TT-System angegeben, ausgenommen den zweiten Absatz des Unterabschnittes 413.1.4.1.
b) Wenn Körper untereinander über einen Schutzleiter gemeinsam geerdet sind, gelten die Bedingungen für das TN-System entsprechend den *Unterabschnitten* 413.1.5.6 und 413.1.5.7.

413.1.5.6 Die folgende Bedingung muß erfüllt werden, wenn der Neutralleiter nicht mit verteilt wird:

$$Z_S \leq \frac{U}{2 \cdot I_a}$$

oder wo der Neutralleiter mit verteilt wird:

$$Z'_S \leq \frac{U_0}{2 \cdot I_a}$$

Dabei sind:

U_0 Nennwechselspannung (effektiv) zwischen Außenleiter und Neutralleiter;
U Nennwechselspannung (effektiv) zwischen Außenleitern;
Z_S Impedanz der Fehlerschleife, bestehend aus dem Außenleiter und dem Schutzleiter des Stromkreises;
Z'_S Impedanz der Fehlerschleife, bestehend aus dem Neutralleiter und dem Schutzleiter des Stromkreises;
I_a Strom, der die Abschaltung des Stromkreises innerhalb der in Tabelle 41B angegebenen Zeit *t*, soweit anwendbar, oder für alle anderen Stromkreise innerhalb von 5 s bewirkt, sofern diese Abschaltzeit zugelassen ist (siehe *Unterabschnitt* 413.1.3.5).

Tabelle 41 B: Nennwechselspannungen und maximale Abschaltzeiten für IT-Systeme (zweiter Fehler)

Nennspannung der elektrischen Anlage U_0/U V	Abschaltzeit in s	
	Neutralleiter nicht verteilt	Neutralleiter verteilt
230/400	0,4	0,8
400/690	0,2	0,4
580/1000	0,1	0,2

ANMERKUNG 1: Für Spannungen, die innerhalb des Toleranzbandes nach DIN IEC 38 *(siehe HD 472 S1)* liegen, gilt die Abschaltzeit für die zugehörige Nennspannung.
ANMERKUNG 2: Für Zwischenwerte von Spannungen ist der nächsthöhere Spannungswert aus der Tabelle zu verwenden.

413.1.5.7 Wenn die Bedingungen des Unterabschnittes 413.1.5.6 bei Verwendung von Überstrom-Schutzeinrichtungen nicht erfüllt werden können, muß ein zusätzlicher Potentialausgleich entsprechend Unterabschnitt 413.1.2.2 angewendet werden. Alternativ ist der Schutz durch eine RCD für jedes Verbrauchsmittel vorzusehen.

413.1.5.8 In IT-Systemen ist die Verwendung folgender Überwachungs- und Schutzeinrichtungen anerkannt:

- Isolationsüberwachungseinrichtungen;
- Überstrom-Schutzeinrichtungen;
- RCDs.

413.1.6 Zusätzlicher Potentialausgleich

413.1.6.1 In den zusätzlichen Potentialausgleich müssen alle gleichzeitig berührbaren Körper festangebrachter Betriebsmittel und alle gleichzeitig berührbaren fremden leitfähige Teile einbezogen werden, wenn möglich auch wesentliche metallene Verstärkungen von Gebäudekonstruktionen von bewehrtem Beton. Das Potentialausgleichssystem muß mit den Schutzleitern aller Betriebsmittel, einschließlich derjenigen von Steckdosen, verbunden werden.

ANMERKUNG: Dieser Potentialausgleich ist nicht anwendbar, wenn der Fußboden aus nichtisolierendem Material besteht und nicht in den zusätzlichen Potentialausgleich einbezogen werden kann.

413.1.6.2 Die Wirksamkeit des zusätzlichen Potentialausgleichs muß dadurch nachgewiesen werden, daß der Widerstand R zwischen gleichzeitig berührbaren Körpern und fremden leitfähigen Teilen die folgende Bedingung erfüllt:

$$R \leq \frac{50\ \mathrm{V}}{I_a}$$

Dabei ist:

I_a Strom, der das Abschalten der Schutzeinrichtung bewirkt:
– für RCDs der Bemessungsdifferenzstrom ($I_{\Delta N}$);
– für Überstrom-Schutzeinrichtungen der Strom, der eine Abschaltung innerhalb von 5 s bewirkt.

413.2 Schutz durch Verwendung von Betriebsmitteln der Schutzklasse II oder durch gleichwertige Isolierung

ANMERKUNG: Diese Maßnahme ist vorgesehen, um das Auftreten gefährlicher Spannungen an den berührbaren Teilen elektrischer Betriebsmittel infolge eines Fehlers der Basisisolierung zu verhindern.

413.2.1 Der Schutz muß vorgesehen werden durch:

413.2.1.1 Verwendung elektrischer Betriebsmittel in folgender Ausführung, die typgeprüft und nach den einschlägigen Normen gekennzeichnet sind:

– elektrische Betriebsmittel mit doppelter oder verstärkter Isolierung (Betriebsmittel der Schutzklasse II);
– fabrikfertige Gerätekombinationen mit Totalisolierung *(siehe Abschnitt 7.4.3.2.2 von DIN EN 60439-1 (VDE 0660 Teil 500):1994-04)* (siehe EN 60439-1).

ANMERKUNG: Dieses Betriebsmittel ist durch das Symbol ⧈ gekennzeichnet.

413.2.1.2 Anbringen einer zusätzlichen Isolierung an elektrischen Betriebsmitteln, die nur eine Basisisolierung haben, beim Errichten einer elektrischen Anlage. Hierdurch muß ein Grad an Sicherheit erreicht werden, der dem elektrischer Betriebsmittel nach *Unterabschnitt* 413.2.1.1 gleichwertig ist und der den Anforderungen nach *Unterabschnitt* 413.2.2 bis *Unterabschnitt* 413.2.6 genügt.

ANMERKUNG: Das Symbol  sollte an sichtbarer Stelle an der Außen- und Innenseite der Umhüllung angebracht werden.

413.2.1.3 Anbringen einer verstärkten Isolierung an nichtisolierten, aktiven Teilen beim Errichten einer elektrischen Anlage. Hierdurch muß ein Grad an Sicherheit erreicht werden, der dem elektrischen Betriebsmittel nach *Unterabschnitt* 413.2.1.1 gleichwertig ist und der den Anforderungen nach *Unterabschnitt* 413.2.3 bis *Unterabschnitt* 413.2.6 genügt. Diese Form der Isolierung ist nur zulässig, wenn die Konstruktionsmerkmale die Anbringung einer doppelten Isolierung ausschließen.

ANMERKUNG: Das Symbol  sollte an sichtbarer Stelle an der Außen- und Innenseite der Umhüllung angebracht werden.

413.2.2 Alle leitfähigen Teile eines betriebsfertigen elektrischen Betriebsmittels, die von aktiven Teilen nur durch Basisisolierung getrennt sind, müssen von einer isolierenden Umhüllung mindestens in Schutzart IP2X oder IPXXB umschlossen sein.

413.2.3 Die isolierende Umhüllung muß den mechanischen, elektrischen und thermischen Beanspruchungen standhalten, die üblicherweise auftreten können. Überzüge aus Farbe, Anstrich und dergleichen genügen in der Regel diesen Anforderungen nicht. Diese Anforderung schließt jedoch nicht die Verwendung von typgeprüften Überzügen aus, wenn die entsprechenden Normen ihren Gebrauch zulassen und wenn die isolierenden Überzüge nach den entsprechenden Prüfbestimmungen geprüft sind.

ANMERKUNG: Bestimmungen für Kriech- und Luftstrecken siehe *DIN VDE 0110-1 (VDE 0110 Teil 1)* (siehe Publikation IEC 60664).

413.2.4 Wenn die isolierende Umhüllung nicht vorher geprüft wurde und Zweifel an ihrer Wirksamkeit bestehen, ist eine geeignete elektrische Festigkeitsprüfung *(nach DIN VDE 0100-610 VDE 0100 Teil 610)* durchzuführen.

413.2.5 Durch die isolierende Umhüllung dürfen keine leitfähigen Teile geführt werden, durch die Spannungen verschleppt werden können. Sie darf keine Schrauben aus isolierendem Material enthalten, wenn die Gefahr besteht, daß beim Ersetzen dieser Schrauben durch Metallschrauben die durch die Umhüllung geschaffene Isolierung beeinträchtigt wird.

ANMERKUNG: Wenn mechanische Verbindungen oder Anschlüsse (z. B. für die Bedienungsgriffe eingebauter Geräte) durch die isolierende Umhüllung geführt werden müssen, sind sie so anzuordnen, daß der Schutz gegen elektrischen Schlag im Falle eines Fehlers nicht beeinträchtigt wird.

413.2.6 Wenn Deckel oder Türen in der isolierenden Umhüllung ohne Werkzeug oder Schlüssel geöffnet werden können, müssen alle leitfähigen Teile, die bei geöffnetem Deckel oder geöffneter Tür berührbar sind, hinter einer isolierenden Abdeckung mindestens in Schutzart IP2X oder IPXXB angeordnet sein, die verhindert, daß Personen mit diesen Teilen unbeabsichtigt in Berührung kommen. Diese isolierende Abdeckung darf nur mit Hilfe eines Schlüssels oder Werkzeuges abnehmbar sein.

413.2.7 Leitfähige Teile innerhalb der isolierenden Umhüllung dürfen nicht mit Schutzleitern verbunden sein. Dies schließt jedoch nicht aus, daß Anschlußmöglichkeiten für Schutzleiter vorgesehen sind, die notwendigerweise durch die Umhüllung geführt werden, weil sie für andere elektrische Betriebsmittel benötigt werden, deren Versorgungsstromkreis ebenfalls durch die Umhüllung führt. Inner-

halb der Umhüllungen müssen alle solche Leiter und ihre Anschlußklemmen wie aktive Teile isoliert werden, und ihre Anschlußklemmen sind entsprechend zu kennzeichnen.
Körper und dazwischenliegende Teile eines elektrischen Betriebsmittels dürfen nicht an einen Schutzleiter angeschlossen werden, wenn dies nicht in den Normen für die betreffenden Betriebsmittel ausdrücklich vorgesehen ist.

413.2.8 Die Umhüllung darf den Betrieb der durch sie geschützten Betriebsmittel nicht nachteilig beeinträchtigen.

413.2.9 Das Errichten der in *Unterabschnitt* 413.2.1.1 erwähnten Betriebsmittel (Befestigung, Anschluß von Leitern usw.) muß so erfolgen, daß der nach der Betriebsmittelnorm erzielte Schutz nicht beeinträchtigt wird.

413.3 Schutz durch nichtleitende Räume

ANMERKUNG: Diese Schutzmaßnahme ist vorgesehen, um ein gleichzeitiges Berühren von Teilen, die aufgrund des Versagens der Basisisolierung aktiver Teile unterschiedliches Potential haben können, zu vermeiden. Die Verwendung von Betriebsmitteln der Schutzklasse 0 ist zulässig, wenn alle folgenden Bedingungen erfüllt sind.

413.3.1 Die Körper müssen so angeordnet sein, daß es unter üblichen Umständen ausgeschlossen ist, daß Personen gleichzeitig in Berührung kommen mit

- zwei Körpern oder
- einem Körper und einem fremden leitfähigen Teil, wenn diese aufgrund des Versagens der Basisisolierung aktiver Teile unterschiedliches Potential haben.

413.3.2 In einem nichtleitenden Raum darf kein Schutzleiter vorhanden sein.

413.3.3 *Unterabschnitt* 413.3.1 gilt als erfüllt, wenn der Raum einen isolierenden Fußboden und isolierende Wände hat und wenn eine oder mehrere der folgenden Anforderungen erfüllt sind:

a) ausreichender Abstand sowohl zwischen den Körpern und fremden leitfähigen Teilen als auch zwischen Körpern. Der Abstand gilt als ausreichend, wenn die Entfernung zwischen zwei Teilen mindestens 2,5 m beträgt; sie darf außerhalb des Handbereichs auf 1,25 m herabgesetzt werden.
b) Anbringen wirksamer Hindernisse zwischen den Körpern und fremden leitfähigen Teilen. Solche Hindernisse gelten als ausreichend wirksam, wenn sie die überbrückbare Entfernung auf die in Aufzählung a) genannten Werte vergrößern. Sie dürfen nicht mit geerdeten Teilen oder mit Körpern verbunden werden; soweit möglich, müssen sie aus isolierendem Material bestehen.

c) Isolierung oder isolierte Anordnung fremder leitfähiger Teile. Die Isolierung muß ausreichende mechanische Festigkeit haben und einer Prüfspannung von mindestens 2000 V standhalten können. Ein Ableitstrom darf unter üblichen Betriebsbedingungen 1 mA nicht überschreiten.

413.3.4 Der Widerstand von isolierenden Fußböden und Wänden darf unter den in DIN VDE 0100-610 (VDE 0100 *Teil 610)* (siehe HD 384.6.61) festgelegten Bedingungen an keiner Stelle, an der gemessen wird, die folgenden Werte unterschreiten:

- 50 kΩ, wenn die Nennspannung der Anlage 500 V nicht überschreitet,
- 100 kΩ, wenn die Nennspannung der Anlage 500 V überschreitet.

ANMERKUNG: Wenn der Widerstand an einer Stelle unter dem festgelegten Wert liegt, gelten die Fußböden und Wände im Sinne des Schutzes gegen elektrischen Schlag als fremde leitfähige Teile.

413.3.5 Die getroffenen Vorkehrungen müssen dauerhaft sein und dürfen nicht unwirksam gemacht werden können. Der Schutz durch diese Vorkehrungen muß auch für den Fall sichergestellt sein, daß die Verwendung beweglicher und ortsveränderlicher Betriebsmittel beabsichtigt ist.

ANMERKUNG 1: Es wird auf das Risiko hingewiesen, daß in Fällen, in denen die elektrischen Anlagen nicht unter wirksamer Kontrolle (Überwachung) stehen, zu einem späteren Zeitpunkt leitfähige Teile in die Anlage eingeführt werden können (z. B. bewegliche oder ortsveränderliche Betriebsmittel der Schutzklasse I oder fremde leitfähige Teile, z. B. Wasserrohre aus Metall), und daß dadurch die Vorkehrungen nach Unterabschnitt 413.3.5 aufgehoben werden können.

ANMERKUNG 2: Es ist wichtig, sicherzustellen, daß die Isolierung von Fußböden und Wänden nicht durch Feuchtigkeit beeinträchtigt werden kann.

413.3.6 Es müssen Vorkehrungen getroffen werden, die sicherstellen, daß durch fremde leitfähige Teile keine Spannungen aus dem betreffenden Raum nach außen verschleppt werden können.

413.4 Schutz durch erdfreien örtlichen Potentialausgleich

ANMERKUNG: Der erdfreie örtliche Potentialausgleich ist dafür vorgesehen, das Auftreten einer gefährlichen Berührungsspannung zu verhindern.

413.4.1 Alle gleichzeitig berührbaren Körper und fremden leitfähigen Teile müssen durch Potentialausgleichsleiter miteinander verbunden werden.

413.4.2 Das örtliche Potentialausgleichssystem darf weder direkt noch über Körper oder fremde leitfähige Teile mit geerdeten Teilen in Berührung sein.

ANMERKUNG: Wenn diese Anforderung nicht erfüllt werden kann, ist ein Schutz durch automatische Abschaltung der Stromversorgung anwendbar (siehe *Abschnitt* 413.1).

413.4.3 Es müssen Vorkehrungen getroffen werden, die sicherstellen, daß Personen, die einen erdpotentialfreien Raum betreten, nicht einem gefährlichen Potentialunterschied ausgesetzt werden, insbesondere in Fällen, in denen ein gegen geerdete Teile isolierter, leitfähiger Boden mit dem erdfreien Potentialausgleichssystem verbunden ist.

413.5 Schutz durch Schutztrennung

ANMERKUNG: Die Schutztrennung eines einzelnen Stromkreises ist vorgesehen, um Gefahren beim Berühren von Körpern zu verhindern, die durch einen Fehler in der Basisisolierung des Stromkreises unter Spannung gesetzt werden können.

413.5.1 Der Schutz durch Schutztrennung muß sichergestellt werden durch Beachtung aller Anforderungen *der Unterabschnitte* 413.5.1.1 bis 413.5.1.5 sowie von

- *Unterabschnitt* 413.5.2 bei Speisung **eines** Betriebsmittels oder
- *Unterabschnitt* 413.5.3 bei Speisung **mehrerer** Betriebsmittel.

ANMERKUNG: Es wird empfohlen, daß das Produkt aus Spannung in Volt und Länge des Kabel- und Leitungssystems (der Kabel- und Leitungsanlage) in Meter 100 000 und die Länge des Kabel- und Leitungssystems (der Kabel- und Leitungsanlage) 500 m nicht überschreiten.

413.5.1.1 Der Stromkreis ist durch eine getrennte Stromquelle zu versorgen, z. B.:

- einen Trenntransformator oder
- eine Stromquelle, die eine gleichwertige Sicherheit bietet wie der obengenannte Trenntransformator, z. B. ein Motorgenerator mit gleichwertig isolierten Wicklungen.

Bewegliche Stromquellen, die aus einem Stromversorgungsnetz gespeist werden, sind nach *Abschnitt* 413.2 auszuwählen oder zu errichten.
Ortsfeste Stromquellen müssen entweder

- nach *Abschnitt* 413.2 ausgewählt und errichtet werden oder
- so beschaffen sein, daß der Ausgang sowohl vom Eingang als auch von der Umhüllung durch eine Isolierung getrennt ist, die den Bedingungen des *Abschnitts* 413.2 genügt; wenn eine solche Stromquelle mehrere Betriebsmittel speist, so dürfen die Körper dieser Betriebsmittel nicht mit der Metallumhüllung der Stromquelle verbunden werden.

413.5.1.2 Die Spannung eines Stromkreises mit Schutztrennung darf 500 V nicht überschreiten.

413.5.1.3 Die aktiven Teile des Stromkreises mit Schutztrennung dürfen weder mit einem anderen Stromkreis noch mit Erde verbunden werden.
Um die Gefahr eines Erdschlusses zu vermeiden, muß besonders auf die Isolierung dieser Teile gegen Erde geachtet werden, vor allem bei flexiblen Kabeln und Leitungen.
Die Anordnung muß eine sichere Trennung sicherstellen, die derjenigen zwischen Eingang und Ausgang eines Trenntransformators mindestens gleichwertig ist.

> ANMERKUNG: Diese sichere Trennung ist insbesondere notwendig zwischen den aktiven Teilen von elektrischen Betriebsmitteln wie Relais, Schützen, Hilfsschaltern und Teilen eines anderen Stromkreises.

413.5.1.4 Flexible Kabel und Leitungen müssen an allen Stellen, die mechanischen Beanspruchungen ausgesetzt sind, sichtbar sein und müssen *mindestens* der Bauart (in Bearbeitung) *07RN-F nach DIN VDE 0282-810 (VDE 0282 Teil 810)* entsprechen.

413.5.1.5 Für Stromkreise der Schutztrennung wird die Anwendung von getrennten Kabel- und Leitungssystemen (-anlagen) empfohlen. Falls die Anwendung von Leitern desselben Kabel- und Leitungssystems (derselben Kabel- und Leitungsanlage) für getrennte Stromkreise und andere Stromkreise unabwendbar ist, müssen mehradrige Kabel und/oder Leitungen ohne Metallmantel oder isolierte Leiter in isolierten Elektroinstallationsrohren oder in geschlossenen oder zu öffnenden isolierten Elektroinstallationskanälen verwendet werden, vorausgesetzt, daß ihre Bemessungsspannung mindestens so groß ist, wie die höchste wahrscheinlich auftretende (Betriebs-)Spannung, und jeder Stromkreis muß bei Überströmen geschützt sein.

413.5.2 Wenn nur ein einzelnes Betriebsmittel versorgt wird, dürfen die Körper der Betriebsmittel des Stromkreises der Schutztrennung weder mit dem Schutzleiter noch mit den Körpern anderer Stromkreise verbunden werden.

> ANMERKUNG: Wenn in Stromkreisen mit Schutztrennung Körper entweder zufällig oder absichtlich mit Körpern anderer Stromkreise in Berührung kommen können, hängt der Schutz gegen elektrischen Schlag nicht mehr allein von der Schutzmaßnahme Schutztrennung ab, sondern auch von der Schutzmaßnahme, in die die letztgenannten Körper einbezogen sind.

413.5.3 Wenn Vorkehrungen getroffen sind, um den Stromkreis mit Schutztrennung vor Schäden und Isolationsfehlern zu schützen und alle Anforderungen der *Unterabschnitte* 413.5.3.1 bis 413.5.3.4 erfüllt sind, darf eine einzelne Stromquelle nach *Unterabschnitt* 413.5.1.1 mehr als ein Betriebsmittel versorgen.

413.5.3.1 Die Körper der Betriebsmittel eines Stromkreises mit Schutztrennung sind untereinander durch ungeerdete isolierte Potentialausgleichsleiter zu verbinden. Solche Leiter dürfen nicht mit den Schutzleitern oder Körpern von Betriebsmitteln anderer Stromkreise oder mit fremden leitfähigen Teilen verbunden werden.

ANMERKUNG: Siehe die Anmerkung zu *Unterabschnitt* 413.5.2.

413.5.3.2 Alle Steckdosen sind mit Schutzkontakten auszustatten, die mit dem Potentialausgleichssystem nach *Unterabschnitt* 413.5.3.1 zu verbinden sind.

413.5.3.3 Alle flexiblen Anschlußleitungen, ausgenommen für Betriebsmittel der Schutzklasse II, müssen einen Schutzleiter enthalten, der als Potentialausgleichsleiter anzuwenden ist.

413.5.3.4 Es muß sichergestellt werden, daß beim Auftreten von zwei Fehlern, die zwei Körper von Betriebsmitteln betreffen, die von Leitern unterschiedlicher Polarität versorgt werden, eine Schutzeinrichtung die Abschaltung der Stromversorgung innerhalb der in Tabelle 41A angegebenen Zeit bewirkt.

Nationaler Anhang NB (normativ)

NB.1 Abschaltzeiten im TN-System bei öffentlichen Verteilungsnetzen

Abweichend von den Abschaltzeiten in *Unterabschnitt* 413.1.3.5 ist es in öffentlichen Verteilungsnetzen, die als Freileitungen oder als im Erdreich verlegte Kabel ausgeführt sind, sowie schutzisolierten Hauptstromversorgungssystemen nach DIN 18015-1 ausreichend, wenn am Anfang des zu schützenden Leitungsabschnittes eine Überstrom-Schutzeinrichtung vorhanden ist, und wenn im Fehlerfall mindestens der Strom zum Fließen kommt, der eine Auslösung der Schutzeinrichtung unter den in der Gerätebestimmung für den Überlastbereich festgelegten Bedingungen (großer Prüfstrom) bewirkt.

NB.2 Auswahl von Schutzmaßnahmen gegen elektrischen Schlag in Abhängigkeit von äußeren Einflüssen

Die Maßnahmen „Schutz durch Isolierung von aktiven Teilen" nach *Abschnitt* 412.1 und „Schutz durch Abdeckungen oder Umhüllungen" nach *Abschnitt* 412.2 dürfen bei allen Bedingungen äußerer Einflüsse angewendet werden.
Die Maßnahmen „Schutz durch Hindernisse" nach *Abschnitt* 412.3 und „Schutz durch Abstand" nach *Abschnitt* 412.4 sind nur in elektrischen Betriebsstätten und abgeschlossenen elektrischen Betriebsstätten nach DIN VDE 0100-731 (VDE 0100 Teil 731) erlaubt.

ANMERKUNG: Das Deutsche Nationale Komitee macht mit dieser nationalen Festlegung von der Erlaubnis in DIN VDE 0100-470 (VDE 0100 Teil 470): 1996-02, Abschnitt 470.2, Gebrauch, die Auswahl und die Anwendung der Schutzmaßnahmen nach den Umgebungsbedingungen festzulegen, bis hierzu ein CENELEC-Harmonisierungsdokument vorliegt. Für die Auswahl von Schutzmaßnahmen gegen elektrischen Schlag in Abhängigkeit von äußeren Einflüssen ist CENELEC-HD 384.4.481 in Vorbereitung, z. Z. Vorläufer-Schriftstücke veröffentlicht als Entwürfe:

- DIN VDE 0100-481 (VDE 0100 Teil 481):1987-10 und
- DIN VDE 0100-481/A1 (VDE 0100 Teil 481/A1):1989-11.

Bis zum Inkrafttreten einer Norm über die Auswahl von Schutzmaßnahmen gegen elektrischen Schlag in Abhängigkeit von äußeren Einflüssen gilt dieser Abschnitt.

8.2 Auszug aus DIN VDE 0100-470 (VDE 0100 Teil 470):1996-02

DEUTSCHE NORM (modifizierter Auszug)

DIN VDE 0100-470 (VDE 0100 Teil 470):1996-02

Errichten von Starkstromanlagen mit Nennspannungen bis 1000 V

Teil 4: Schutzmaßnahmen
Kapitel 47: Anwendung der Schutzmaßnahmen
(IEC 364-4-47:1981 + A1:1993, modifiziert)
Deutsche Fassung HD 384.4.47 S2:1995

Ersatz für DIN VDE 0100-470 (VDE 0100 Teil 470):1992-10 und teilweiser Ersatz für DIN VDE 0100-410 (VDE 0100 Teil 410):1983-11 und teilweiser Ersatz für DIN VDE 0100-737 (VDE 0100 Teil 737):1990-11

Diese Norm enthält die Deutsche Fassung des Europäischen Harmonisierungsdokumentes HD 384.4.47 S2:1995-08 „Elektrische Anlagen von Gebäuden – Teil 4: Schutzmaßnahmen – Kapitel 47: Anwendung der Schutzmaßnahmen – Hauptabschnitt 470: Allgemeines – Hauptabschnitt 471: Anwendung der Maßnahmen zum Schutz gegen elektrischen Schlag“, das die Internationale Norm IEC 364-4-47:1981, „Electrical installations of buildings – Part 4: Protection for safety – Chapter 47: Application of protective measures for safety – Section 470: General – Section 471: Measures of protection against electric shock“, mit Änderung A1:1993 mit gemeinsamen Abänderungen von CENELEC enthält.

Beginn der Gültigkeit

Diese Norm gilt ab 1. Februar 1996.

Dieser Auszug enthält die Texte mit dem wesentlichen Sachinhalt aus DIN VDE 0100-470 (VDE 0100 Teil 470):1996-02. Die Zitierungen europäischer und internationaler Textstellen wurde so weit möglich durch Zitierung entsprechender Deutscher Normen ersetzt, damit soll dem Leser der Einstieg erleichtert werden. Diese geänderten Zitierungen und Ergänzungen sind unterstrichen und kursiv.

Maßgebend für das Anwenden dieser Norm ist deren vollständige Originalfassung mit dem neuesten Ausgabedatum.

47 Anwendung von Schutzmaßnahmen

470 Allgemeines

470.1 In jeder elektrischen Anlage, in jedem Teil einer elektrischen Anlage und bei jedem elektrischen Betriebsmittel sind Schutzmaßnahmen nach den Bestimmungen der folgenden Abschnitte dieses Kapitels anzuwenden.

470.2 Die Auswahl und die Anwendung der Schutzmaßnahmen nach den Umgebungsbedingungen bleibt solange in der Zuständigkeit der nationalen Komitees, bis hierzu ein CENELEC-Harmonisierungsdokument vorliegt.

470.3 Der Schutz muß sichergestellt werden durch:

a) das Betriebsmittel selbst, oder
b) die Anwendung einer Schutzmaßnahme als Teil der Errichtung, oder
c) einer Kombination aus a) und b)

entsprechend den Bestimmungen der folgenden Abschnitte dieses Kapitels.

470.4 Es muß Vorsorge getroffen werden, daß jede gegenseitige schädliche Beeinflussung zwischen verschiedenen Schutzmaßnahmen vermieden wird, die in derselben Anlage oder demselben Teil einer Anlage angewendet werden.

471 Anwendung der Maßnahmen zum Schutz gegen elektrischen Schlag

471.1 Schutz gegen direktes Berühren

Alle elektrischen Betriebsmittel müssen mit einer Maßnahme zum Schutz gegen direktes Berühren ausgestattet sein, wie sie in den Hauptabschnitten 411 und 412 *von DIN VDE 0100-410 (VDE 0100 Teil 410)* beschrieben sind.

471.2 Schutz bei indirektem Berühren

471.2.1 Ausgenommen in den Fällen nach *Abschnitt* 471.2.2 müssen alle elektrischen Betriebsmittel mit einer Maßnahme zum Schutz bei indirektem Berühren ausgestattet bzw. in eine solchen Maßnahme einbezogen sein, wie sie in den *Hauptabschnitten* 411 und 413 *von DIN VDE 0100-410 (VDE 0100 Teil 410)* beschrieben sind; ferner müssen diese Maßnahmen den Bedingungen nach den *Abschnitten* 471.2.1.1 bis 471.2.1.3 entsprechen.

471.2.1.1 Schutz durch automatische Abschaltung der Stromversorgung (*Abschnitt* 413.1 *von DIN VDE 0100-410 (VDE 0100 Teil 410)*) muß für alle Anlagen angewendet werden, ausgenommen die Teile der Anlage, für die eine andere Schutzmaßnahme angewendet wird.

471.2.1.2 Wenn die Anwendung der Festlegungen nach *Abschnitt* 413.1 *von DIN VDE 0100-410 (VDE 0100 Teil 410)* für automatische Abschaltung der Stromversorgung nicht praktikabel oder unerwünscht ist, darf für bestimmte Teile einer Anlage der Schutz auch durch die Errichtung eines nichtleitenden Raumes nach *Abschnitt* 413.3 *von DIN VDE 0100-410 (VDE 0100 Teil 410)* oder durch die Anwendung des Schutzes durch erdfreien örtlichen Potentialausgleich nach *Abschnitt* 413.4 *von DIN VDE 0100-410 (VDE 0100 Teil 410)* erreicht werden.

471.2.1.3 Die Maßnahmen Schutz durch ~~Schutzkleinspannung~~ *SELV* (*Abschnitt* 411.1 *von DIN VDE 0100-410 (VDE 0100 Teil 410))*, Anwendung von Betriebsmitteln der Schutzklasse II oder einer gleichwertigen Isolierung (*Abschnitt* 413.2 *von DIN VDE 0100-410 (VDE 0100 Teil 410))* und Schutztrennung (*Abschnitt* 413.5 *von DIN VDE 0100-410 (VDE 0100 Teil 410))* dürfen in jeder Anlage, üblicherweise für bestimmte Betriebsmittel oder für bestimmte Teile der Anlage, angewendet werden.

471.2.2 Schutz bei indirektem Berühren darf für folgende Betriebsmittel entfallen:

- Unterteile von Freileitungsisolatoren und mit diesen verbundene Metallteile (Freileitungszubehör), wenn sie nicht im Handbereich angebracht sind;
- Stahlbetonmaste, bei denen die Stahlarmierung nicht zugänglich ist;
- Körper von Betriebsmitteln, die wegen ihrer kleinen Abmessung (etwa 50 mm × 50 mm) oder wegen ihrer Anordnung nicht umgriffen werden können oder nicht in bedeutenden Kontakt mit einem Teil des menschlichen Körpers kommen können. Ferner muß vorausgesetzt sein, daß der Anschluß eines Schutzleiters nur mit Schwierigkeit möglich ist oder unzuverlässig wäre;

  ANMERKUNG: Diese Festlegung wird z. B. angewendet für Schrauben, Bolzen, Nieten, Namenschilder und Kabelschellen.

- Metallrohre oder andere Metallumhüllungen zum Schutz von Betriebsmitteln nach *Abschnitt* 413.2 *von DIN VDE 0100-410 (VDE 0100 Teil 410)*.

  NATIONALE ANMERKUNG: Für öffentliche Verteilungsnetze siehe auch Nationaler Anhang NB, Abschnitt NB. 1.

471.2.3 Wenn Schutz durch automatische Abschaltung der Versorgung vorgesehen ist, müssen RDCs mit einem Bemessungsdifferenzstrom nicht größer als 30 mA angewendet werden, um Steckdosen im Freien mit Bemessungsstrom nicht größer als 20 A und Steckdosen, deren gelegentliche Versorgung von tragbaren Betriebsmitteln für den Gebrauch im Freien sinnvollerweise erwartet werden darf, zu schützen.

ANMERKUNG 1: Wenn eine Anlage für die Anwendung von tragbaren Betriebsmitteln für den Gebrauch im Freien vorzusehen ist, wird empfohlen, daß eine oder mehrere Steckdosen den Erfordenissen entsprechend im Freien angeordnet werden.

ANMERKUNG 2: Andere Fälle, in denen RCDs mit Bemessungsdifferenzstrom nicht größer als 30 mA gefordert sind, sind in *den Teilen der Gruppe 700 von DIN VDE 0100 (VDE 0100)* enthalten.

ANMERKUNG 3: Wenn Schutz durch automatische Abschaltung der Versorgung vorgesehen ist, wird die Anwendung von RCDs mit Bemessungsdifferenzstrom nicht größer als 30 mA besonders empfohlen, um zusätzlichen Schutz nach *Abschnitt* 412.5 *von DIN VDE 0100-410 (VDE 0100 Teil 410)* für Steckdosen mit Bemessungsstrom nicht größer als 20 A, die zur Benutzung durch andere als Elektrofachkräfte oder elektrotechnisch unterwiesene Personen vorgesehen sind, zu haben.

471.3 Schutz sowohl gegen direktes als auch bei indirektem Berühren; Anforderungen für FELV-Stromkreise

471.3.1 *Allgemeines*

In Fällen, in denen aus Funktionsgründen eine Spannung im Spannungsbereich I (siehe *Abschnitt* 411.1.1 *von DIN VDE 0100-410 (VDE 0100 Teil 410)*) angewendet wird, aber **nicht** alle Anforderungen des *Abschnittes* 411.1 *von DIN VDE 0100-410 (VDE 0100 Teil 410)* bezüglich der Schutzmaßnahmen SELV oder PELV erfüllt sind und in denen die Schutzmaßnahme SELV oder PELV nicht erforderlich ist, müssen die in den *Abschnitten* 471.3.2 und 471.3.3 *von DIN VDE 0100-410 (VDE 0100 Teil 410)* beschriebenen ergänzenden Schutzmaßnahmen angewendet werden, um den Schutz gegen direktes und bei indirektem Berühren zu erreichen.
Die Kombination dieser Maßnahmen wird FELV genannt.

ANMERKUNG: Solche Bedingungen dürfen z. B. erwartet werden, wenn der Stromkreis Betriebsmittel (wie Transformatoren, Relais, Fernschalter, Schütze) enthält, deren Isolierung den Anforderungen für die sichere Trennung nicht entspricht.

FELV-Stromkreise einschließlich ihrer Stromquellen müssen von Stromkreisen höherer Spannung durch Basistrennung getrennt werden.

471.3.2 *Schutz gegen direktes Berühren*

Der Schutz gegen direktes Berühren muß vorgesehen werden entweder durch:

- Abdeckungen oder Umhüllungen, die die Anforderungen nach *Abschnitt* 412.2 *von DIN VDE 0100-410 (VDE 0100 Teil 410)* erfüllen, oder
- Isolierung, entsprechend der Prüfspannung, die für den Primärstromkreis gefordert ist.

Wenn jedoch die Isolierung von Betriebsmitteln, die Teile eines FELV-Stromkreises sind, der Prüfspannung, die für den Primärstromkreis festgelegt ist, nicht standhält, muß die Isolierung während der Errichtung verstärkt werden, so daß sie einer Prüfspannung von AC 1500 V (Effektivwert) während einer Minute standhalten kann.

ANMERKUNG: Der Wert dieser Prüfspannung kann zu einem späteren Zeitpunkt, abhängig von den Ergebnissen der internationalen Normung der Niederspannungs-Isolationskoordination, nochmals überprüft werden. Die Arbeiten zur internationalen Normung der Niederspannungs-Isolationskoordination sind zur Zeit im Gange.

471.3.3 Schutz bei indirektem Berühren

Der Schutz bei indirektem Berühren muß vorgesehen werden:

- in einem System, in dem die Schutzmaßnahme Schutz durch automatische Abschaltung der Stromversorgung (entsprechend *Abschnitt* 413.1 von *DIN VDE 0100-410 (VDE 0100 Teil 410))* angewendet wird, durch eine Verbindung der Körper des FELV-Systems (Stromkreises) mit dem Schutzleiter des ersten Systems (Primärstromkreis);
- in einem System, in dem die Schutzmaßnahme Schutztrennung (entsprechend *Abschnitt* 413.5 von *DIN VDE 0100-410 (VDE 0100 Teil 410))* angewendet wird, die den FELV-Stromkreis versorgt, durch eine Verbindung der Körper des FELV-Stromkreises mit dem isolierten, nicht geerdeten Potentialausgleichsleiter (entsprechend *Abschnitt* 413.5.3.1 von *DIN VDE 0100-410 (VDE 0100 Teil 410))*.

471.3.4 Stecker und Steckdosen

Stecker und Steckdosen für FELV-Stromkreise müssen folgende Anforderungen erfüllen:

- Stecker dürfen nicht in Steckdosen anderer Spannungen oder Spannungssysteme (z. B. SELV und PELV) eingeführt werden können;
- Steckdosen dürfen Stecker anderer Spannungen oder Spannungssysteme (z. B. SELV und PELV) nicht zulassen.

Nationaler Anhang NB (normativ)

NB. 1 Entfallen des Schutzes bei indirektem Berühren in öffentlichen Verteilungsnetzen

In öffentlichen Verteilungsnetzen darf der Schutz bei indirektem Berühren auch für Stahlmaste, Stahlbetonmaste mit zugänglicher Armierung, Dachständer und mit diesen leitend verbundene Metallteile entfallen.

NB. 2 Anwendung von Schutzmaßnahmen gegen thermische Einflüsse

ANMERKUNG: Dieses Thema ist als Abschnitt 472 des CENELEC-HD 384 und der IEC 60364 vorgesehen *und soll als DIN VDE 0100-472 (VDE 0100) veröffentlicht werden.* Festlegungen sind in Beratung.

Transformatoren und Drosselspulen sind so einzubauen, daß der freie Verkehr in Ausgängen und Treppen durch Brände und Verqualmung nicht behindert wird. Weitere Anforderungen sind in Vorbereitung: Siehe ~~E DIN IEC 64(CO)112 DIN VDE 0100-482~~ (VDE 0100 Teil 482):~~1982-04~~ *1997-08.*

NB. 3 Schutz bei Überstrom

ANMERKUNG: Abschnitt 473 des CENELEC-HD 384 zur Anwendung des Schutzes bei Überstrom ist sachlich in DIN VDE 0100-430 (VDE 0100 Teil 430) enthalten.

NB. 4 Abschalten des Neutralleiters

Wenn die Abschaltung des Neutralleiters gefordert wird, muß die verwendete Schutzeinrichtung so beschaffen sein, daß der Neutralleiter in keinem Fall vor dem Außenleiter abgeschaltet und nach diesem wieder eingeschaltet werden kann.

ANMERKUNG: Es handelt sich hierbei um Abschnitt 473.3.3 von HD 384.4.473 S1:1980.

9 Literatur

9.1 Normen, Entwürfe, Beiblätter

Das nachfolgende Verzeichnis enthält alle Normen und Beiblätter der Reihe DIN VDE 0100 *((Stand 1997-08))* sowie in diesem Buch zitierte weitere Normen, Entwürfe und Beiblätter*).

VDE 0100:1973-05	Bestimmungen für das Errichten von Starkstromanlagen mit Nennspannungen bis 1000 V
VDE 0100g:1976-07	Bestimmungen für das Errichten von Starkstromanlagen mit Nennspannungen bis 1000 V – Änderung zu VDE 0100/05.73
Beiblatt 1 zu DIN VDE 0100 (**Beiblatt 1 zu VDE 0100**):1982-11	Errichten von Starkstromanlagen mit Nennspannungen bis 1000 V – Entwicklungsgang der Errichtungsbestimmungen
Beiblatt 2 zu DIN VDE 0100 (**Beiblatt 2 zu VDE 0100**):1992-10	Errichten von Starkstromanlagen mit Nennspannungen bis 1000 V – Verzeichnis der einschlägigen Normen
Beiblatt 3 zu DIN VDE 0100 (**Beiblatt 3 zu DIN VDE 0100**):1983-03	Errichten von Starkstromanlagen mit Nennspannungen bis 1000 V – Struktur der Normenreihe
Beiblatt 5 zu DIN VDE 0100 (**Beiblatt 5 zu VDE 0100**):1995-11	Errichten von Starkstromanlagen mit Nennspannungen bis 1000 V – Maximal zulässige Längen von Kabeln und Leitungen unter Berücksichtigung des Schutzes bei indirektem Berühren, des Schutzes bei Kurzschluß und des Spannungsfalls
DIN VDE 0100-100 (**VDE 0100 Teil 100**):1982-05	Errichten von Starkstromanlagen mit Nennspannungen bis 1000 V – Anwendungsbereich, Allgemeine Anforderungen
DIN VDE 0100-200 (**VDE 0100 Teil 200**):1993-11	Errichten von Starkstromanlagen mit Nennspannungen bis 1000 V – Begriffe

*) Bezugsquellen für
- Normen, Beiblätter und Entwürfe mit VDE-Klassifikation: VDE-VERLAG GMBH, 10625 Berlin
- DIN-Normen: Beuth-Verlag, 10772 Berlin

DIN VDE 0100-300 (**VDE 0100 Teil 300**):1996-01 Errichten von Starkstromanlagen mit Nennspannungen bis 1000 V – Teil 3: Bestimmungen allgemeiner Merkmale; (IEC 364-3:1993, modifiziert); Deutsche Fassung HD 384.3 S2:1995

DIN VDE 0100-410 (**VDE 0100 Teil 410**):1997-01 Errichten von Starkstromanlagen mit Nennspannungen bis 1000 V – Teil 4: Schutzmaßnahmen – Kapitel 41: Schutz gegen elektrischen Schlag; (IEC 364-4-41:1992, modifiziert); Deutsche Fassung HD 384.4.41 S2:1996

DIN VDE 0100-410/A1 (**VDE 0100 Teil 410/A1**):1986-03 (Entwurf) Errichten von Starkstromanlagen mit Nennspannungen bis 1000 V – Schutzmaßnahmen – Schutz gegen gefährliche Körperströme; Änderung 1

DIN IEC 64(Sec)725 (**VDE 0100 Teil 410/A4**):1995-01 (Entwurf) Errichten von Starkstromanlagen mit Nennspannungen bis 1000 V – Schutzmaßnahmen – Schutz gegen elektrischen Schlag; Änderung A4; (IEC 64(Sec)725:1994)

DIN IEC 64(Sec)726 (**VDE 0100 Teil 410/A5**):1995-03 (Entwurf) Errichten von Starkstromanlagen mit Nennspannungen bis 1000 V – Schutzmaßnahmen – Schutz gegen elektrischen Schlag; Änderung A5; (IEC 64(Sec)726:1994)

DIN IEC 64/910/CD (**VDE 0100 Teil 410/A6**):1997-04 (Entwurf) Elektrische Anlagen von Gebäuden – Schutzmaßnahmen – Schutz gegen elektrischen Schlag; Änderung A6; (IEC 64/910/CD:1996)

DIN IEC 64/909/CD (**VDE 0100 Teil 410/A7**):1997-04 (Entwurf) Elektrische Anlagen von Gebäuden – Schutzmaßnahmen – Schutz gegen elektrischen Schlag; Änderung A7; (IEC 64/909/CD:1996)

DIN VDE 0100-420 (**VDE 0100 Teil 420**):1991-11 Errichten von Starkstromanlagen mit Nennspannungen bis 1000 V – Schutzmaßnahmen – Schutz gegen thermische Einflüsse

DIN VDE 0100-430 (**VDE 0100 Teil 430**):1991-11 Errichten von Starkstromanlagen mit Nennspannungen bis 1000 V – Schutzmaßnahmen – Schutz von Kabeln und Leitungen bei Überstrom

Beiblatt 1 zu DIN VDE 0100-430 (**Beiblatt 1 zu VDE 0100 Teil 430**):1991-11 Errichten von Starkstromanlagen mit Nennspannungen bis 1000 V – Schutzmaßnahmen – Schutz von Kabeln und Leitungen bei Überstrom – Empfohlene Werte für die Strombelastbarkeit I_Z und die Zuordnung von Überstrom-Schutzeinrichtungen zum Schutz bei Überlast

DIN VDE 0100-450 (**VDE 0100 Teil 450**):1990-03	Errichten von Starkstromanlagen mit Nennspannungen bis 1000 V – Schutzmaßnahmen – Schutz gegen Unterspannung
DIN VDE 0100-460 (**VDE 0100 Teil 460**):1994-02	Errichten von Starkstromanlagen mit Nennspannungen bis 1000 V – Schutzmaßnahmen – Trennen und Schalten
DIN VDE 0100-470 (**VDE 0100 Teil 470**):1996-02	Errichten von Starkstromanlagen mit Nennspannungen bis 1000 V – Teil 4: Schutzmaßnahmen – Kapitel 47: Anwendung der Schutzmaßnahmen; (IEC 364-4-47:1981 + A1:1993, modifiziert); Deutsche Fassung HD 384.4.47 S2:1995
DIN VDE 0100-481 (**VDE 0100 Teil 481**):1987-10 (Entwurf)	Errichten von Starkstromanlagen mit Nennspannungen bis 1000 V – Schutzmaßnahmen – Auswahl von Schutzmaßnahmen gegen gefährliche Körperströme in Abhängigkeit von äußeren Einflüssen; Identisch mit IEC 64(CO)169
DIN VDE 0100-481/A1 (**VDE 0100 Teil 481/A1**):1989-11 (Entwurf)	Errichten von Starkstromanlagen mit Nennspannungen bis 1000 V – Schutzmaßnahmen – Auswahl von Schutzmaßnahmen gegen gefährliche Körperströme in Abhängigkeit von äußeren Einflüssen; Änderung zum Entwurf DIN VDE 0100 Teil 481; Identisch mit IEC 64(CO)201
DIN VDE 0100-482 (**VDE 0100 Teil 482**):1997-08	Elektrische Anlagen von Gebäuden – Teil 4: Schutzmaßnahmen – Kapitel 48: Auswahl von Schutzmaßnahmen als Funtion äußerer Einflüsse – Hauptabschnitt 482: Brandschutz bei besonderen Risiken oder Gefahren; Deutsche Fassung HD 384.4.482 S1:1997
DIN VDE 0100-510 (**VDE 0100 Teil 510**):1997-01	Errichten von Starkstromanlagen mit Nennspannungen bis 1000 V – Teil 5: Auswahl und Errichtung elektrischer Betriebsmittel – Kapitel 51: Allgemeine Bestimmungen; (IEC 364-5-51:1994, modifiziert); Deutsche Fassung HD 384.5.51 S2:1996
DIN VDE 0100-520 (**VDE 0100 Teil 520**):1996-01	Errichten von Starkstromanlagen mit Nennspannungen bis 1000 V – Teil 5: Auswahl und Errichtung elektrischer Betriebsmittel – Kapiel 52: Kabel- und Leitungssysteme (-anlagen); (IEC 364-5-52:1993, modifiziert); Deutsche Fassung HD 384.5.52 S1:1995

Beiblatt 1 zu DIN VDE 0100-520 (**Beiblatt 1 zu VDE 0100 Teil 520**):1994-11	Errichten von Starkstromanlagen mit Nennspannungen bis 1000 V – Leitfaden für elektrische Anlagen – Auswahl und Errichtung von elektrischen Betriebsmitteln – Kabel- und Leitungssysteme (-anlagen) – Begrenzung des Temperaturanstiegs bei Schnittstellenanschlüssen; Deutsche Fassung R 064-002
DIN VDE 0100-520/A4 (**VDE 0100 Teil 520/A4**):1996-01 (Entwurf)	Elektrische Anlagen von Gebäuden – Teil 5: Auswahl und Errichtung elektrischer Betriebsmittel – Kapitel 52: Kabel- und Leitungssysteme (-anlagen); Änderung 4; Deutsche Fassung HD 384.5.52 S1:1995/prAA:1996
DIN IEC 64/758/CD (**VDE 0100 Teil 530/A6**):1995-04 (Entwurf)	Errichten von Starkstromanlagen mit Nennspannungen bis 1000 V – Auswahl und Errichtung elektrischer Betriebsmittel – Schaltgeräte und Steuergeräte – Änderung 6 zum Entwurf DIN VDE 0100-530 (VDE 0100 Teil 530); (IEC 64/758/CD:1994)
DIN VDE 0100-537 (**VDE 0100 Teil 537**):1988-10	Errichten von Starkstromanlagen mit Nennspannungen bis 1000 V – Auswahl und Errichtung elektrischer Betriebsmittel – Geräte zum Trennen und Schalten
DIN VDE 0100-540 (**VDE 0100 Teil 540**):1991-11	Errichten von Starkstromanlagen mit Nennspannungen bis 1000 V – Auswahl und Errichtung elektrischer Betriebsmittel – Erdung, Schutzleiter, Potentialausgleichsleiter
DIN VDE 0100-550 (**VDE 0100 Teil 550**):1988-04	Errichten von Starkstromanlagen mit Nennspannungen bis 1000 V – Auswahl und Errichtung elektrischer Betriebsmittel – Steckvorrichtungen, Schalter und Installationsgeräte
DIN VDE 0100-551 (**VDE 0100 Teil 551**):1997-08	Elektrische Anlage von Gebäuden – Teil 5: Auswahl und Errichtung elektrischer Betriebsmittel – Hauptabschnitt 551: Niederspannungs-Stromerzeugungsanlagen (IEC 364-5-551:1994); Deutsche Fassung HD 384.5.551 S1:1997
DIN VDE 0100-559 (**VDE 0100 Teil 559**):1983-03	Errichten von Starkstromanlagen mit Nennspannungen bis 1000 V – Leuchten und Beleuchtungsanlagen

DIN VDE 0100-560 (**VDE 0100 Teil 560**):1995-07 Errichten von Starkstromanlagen mit Nennspannungen bis 1000 V – Teil 5: Auswahl und Errichtung elektrischer Betriebsmittel – Kapitel 56: Elektrische Anlagen für Sicherheitszwecke; (IEC 364-5-56:1980, modifiziert); Deutsche Fassung HD 384.5.56 S1:1985)

DIN VDE 0100-610 (**VDE 0100 Teil 610**):1994-04 Errichten von Starkstromanlagen mit Nennspannungen bis 1000 V – Prüfungen – Erstprüfungen

DIN VDE 0100-701 (**VDE 0100 Teil 701**):1984-05 Errichten von Starkstromanlagen mit Nennspannungen bis 1000 V – Räume mit Badewanne oder Dusche

DIN VDE 0100-702 (**VDE 0100 Teil 702**):1992-06 Errichten von Starkstromanlagen mit Nennspannungen bis 1000 V – Überdachte Schwimmbäder (Schwimmhallen) und Schwimmbäder im Freien

DIN VDE 0100-703 (**VDE 0100 Teil 703**):1992-06 Errichten von Starkstromanlagen mit Nennspannungen bis 1000 V – Räume mit elektrischen Sauna-Heizgeräten

DIN VDE 0100-704 (**VDE 0100 Teil 704**):1987-11 Errichten von Starkstromanlagen mit Nennspannungen bis 1000 V – Baustellen

DIN VDE 0100-705 (**VDE 0100 Teil 705**):1992-10 Errichten von Starkstromanlagen mit Nennspannungen bis 1000 V – Landwirtschaftliche und gartenbauliche Anwesen

DIN VDE 0100-706 (**VDE 0100 Teil 706**):1992-06 Errichten von Starkstromanlagen mit Nennspannungen bis 1000 V – Leitfähige Bereiche mit begrenzter Bewegungsfreiheit

DIN VDE 0100-708 (**VDE 0100 Teil 708**):1993-10 Errichten von Starkstromanlagen mit Nennspannungen bis 1000 V – Elektrische Anlagen auf Campingplätzen und in Caravans; Deutsche Fassung HD 384.7.708 S1:1992

DIN VDE 0100-721 (**VDE 0100 Teil 721**):1984-04 Errichten von Starkstromanlagen mit Nennspannungen bis 1000 V – Caravans, Boote und Jachten sowie ihre Stromversorgung auf Camping- bzw. an Liegeplätzen
Hinweis: Die Norm gilt nur noch für Boote und Jachten sowie ihre Stromversorgung an Liegeplätzen.

DIN VDE 0100-722 (**VDE 0100 Teil 722**):1984-05 Errichten von Starkstromanlagen mit Nennspannungen bis 1000 V – Fliegende Bauten, Wagen und Wohnwagen nach Schaustellerart

DIN VDE 0100-723 (**VDE 0100 Teil 723**):1990-11 Errichten von Starkstromanlagen mit Nennspannungen bis 1000 V – Unterrichtsräume mit Experimentierständen

DIN VDE 0100-724 (**VDE 0100 Teil 724**):1980-06	Errichten von Starkstromanlagen mit Nennspannungen bis 1000 V – Elektrische Anlagen in Möbeln und ähnlichen Einrichtungsgegenständen, z. B. Gardinenleisten, Dekorationsverkleidung
DIN VDE 0100-725 (**VDE 0100 Teil 725**):1991-11	Errichten von Starkstromanlagen mit Nennspannungen bis 1000 V – Hilfsstromkreise
DIN VDE 0100-726 (**VDE 0100 Teil 726**):1990-03	Errichten von Starkstromanlagen mit Nennspannungen bis 1000 V – Hebezeuge
DIN VDE 0100-726/A1 (**VDE 0100 Teil 726/A1**):1995-04	Errichten von Starkstromanlagen mit Nennspannungen bis 1000 V – Teil 726: Hebezeuge; Änderung 1
DIN VDE 0100-729 (**VDE 0100 Teil 729**):1986-11	Errichten von Starkstromanlagen mit Nennspannungen bis 1000 V – Aufstellen und Anschließen von Schaltanlagen und Verteilern
DIN VDE 0100-731 (**VDE 0100 Teil 731**):1986-02	Errichten von Starkstromanlagen mit Nennspannungen bis 1000 V – Elektrische Betriebsstätten und abgeschlossene elektrische Betriebsstätten
DIN VDE 0100-732 (**VDE 0100 Teil 732**):1995-07	Errichten von Starkstromanlagen mit Nennspannungen bis 1000 V – Teil 732: Hausanschlüsse in öffentlichen Kabelnetzen
DIN VDE 0100-736 (**VDE 0100 Teil 736**):1983-11	Errichten von Starkstromanlagen mit Nennspannungen bis 1000 V – Niederspannungsstromkreise in Hochspannungsschaltfeldern
DIN VDE 0100-737 (**VDE 0100 Teil 737**):1990-11	Errichten von Starkstromanlagen mit Nennspannungen bis 1000 V – Feuchte und nasse Bereiche und Räume, Anlagen im Freien
DIN VDE 0100-738 (**VDE 0100 Teil 738**):1988-04	Errichten von Starkstromanlagen mit Nennspannungen bis 1000 V – Springbrunnen
DIN VDE 0100-739 (**VDE 0100 Teil 739**):1989-06	Errichten von Starkstromanlagen mit Nennspannungen bis 1000 V – Zusätzlicher Schutz bei direktem Berühren in Wohnungen durch Schutzeinrichtungen mit $I_{\Delta n} \leq 30$ mA in TN- und TT-Netzen
DIN VDE 0106-1 (**VDE 0106 Teil 1**):1982-05	Schutz gegen elektrischen Schlag – Klassifizierung von elektrischen und elektronischen Betriebsmitteln
DIN VDE 0106-100 (**VDE 0106 Teil 100**):1983-03	Schutz gegen elektrischen Schlag – Anordnung von Betätigungselementen in der Nähe berührungsgefährlicher Teile
DIN VDE 0107 (**VDE 0107**):1994-10	Starkstromanlagen in Krankenhäusern und medizinisch genutzten Räumen außerhalb von Krankenhäusern

DIN VDE 0115-1 (**VDE 0115 Teil 1**):1982-06	Bahnen – Allgemeine Bau- und Schutzbestimmungen
DIN IEC 64/886/CDV (**VDE 0140 Teil 1**):1996-09 (Entwurf)	Schutz gegen elektrischen Schlag – Gemeinsame Anforderungen für Anlagen und Betriebsmittel; (IEC 64/886/CDV:1996)
DIN IEC 64(Sec)742CD (**VDE 0140/A1**):1994-12 (Entwurf)	Schutz gegen elektrischen Schlag – Gemeinsame Anforderungen für Anlagen und Betriebsmittel; Änderung A1; (IEC 64(Sec)742:1994)
DIN IEC 64/874/CD (**VDE 0140 Teil 1/A1**):1996-09 (Entwurf)	Schutz gegen elektrischen Schlag – Gemeinsame Anforderungen für Anlagen und Betriebsmittel; Änderung A1; (IEC 64/874/CD:1996)
DIN V VDE V 0140-479 (**VDE V 0140 Teil 479**):1996-02	Wirkungen des elektrischen Stromes auf Menschen und Nutztiere – Teil 1: Allgemeine Aspekte
DIN VDE 0413-2 (**VDE 0413 Teil 2**):1973-01	Messen, Steuern, Regeln – Isolationsüberwachungsgeräte zum Überwachen von Wechselspannungsnetzen mittels überlagerter Gleichspannung
DIN VDE 0470-1 (**VDE 0470 Teil 1**):1992-11	Schutzarten durch Gehäuse (IP-Code); (IEC 529:1989, 2. Ausgabe); Deutsche Fassung EN 60529
DIN VDE 0550-1 (**VDE 0550 Teil 1**):1969-12	Bestimmungen für Kleintransformatoren – Allgemeine Bestimmungen
DIN VDE 0550-3 (**VDE 0550 Teil 3**):1969-12	Bestimmungen für Kleintransformatoren – Besondere Bestimmungen für Trenn- und Steuertransformatoren sowie Netzanschluß- und Isoliertransformatoren über 1000 V
DIN EN 60742 (**VDE 0551**):1995-09	Trenntransformatoren und Sicherheitstransformatoren – Anforderungen; (IEC 742:1983 + A1:1992, modifiziert); Deutsche Fassung EN 60742:1995
DIN VDE 0636 (**VDE 0636**) (Normenreihe, zum Teil DIN EN 60269)	Niederspannungssicherungen
DIN VDE 0641 (**VDE 0641**) (Normenreihe, zum Teil DIN EN 60898)	Leitungsschutzschalter
DIN VDE 0641-11 (**VDE 0641 Teil 11**)1992-08	Leitungsschutzschalter für den Haushalt und ähnliche Anwendungen; (IEC 898:1987:1991, modifiziert); Deutsche Fassung EN 60898:1991

DIN EN 60898/A13 (**VDE 0641 Teil 11/A1**):1994-07	Leitungsschutzschalter für den Haushalt und ähnliche Anwendungen – Änderung 1; (IEC 23E(CO)141:1994); Deutsche Fassung EN 60898:1991/A13:1995
DIN EN 60898/A11 (**VDE 0641 Teil 11/A3**):1995-10	Leitungsschutzschalter für den Haushalt und ähnliche Anwendungen – Änderung 3; Deutsche Fassung EN 60898:1991/A11:1994
DIN EN 60898/A14 (**VDE 0641 Teil 11/A4**):1996-06	Leitungsschutzschalter für den Haushalt und ähnliche Anwendungen – Änderung 4; (IEC 23E(CO)140:1994); Deutsche Fassung EN 60898:1991/A14:1995
DIN EN 60898/A12 (**VDE 0641 Teil 11/A6**):1996-05	Leitungsschutzschalter für den Haushalt und ähnliche Anwendungen – Änderung 6; Deutsche Fassung EN 60898:1991/A12:1995
DIN EN 60898/A15 (**VDE 0641 Teil 11/A7**):1996-06	Leitungsschutzschalter für den Haushalt und ähnliche Anwendungen – Änderung 7; (IEC 23E(CO)124:1991); Deutsche Fassung EN 60898:1991/A15:1995
DIN EN 60898/A16 (**VDE 0641 Teil 11/A9**):1996-12	Leitungsschutzschalter für den Haushalt und ähnliche Anwendungen – Änderung 9; Deutsche Fassung EN 60898:1991/A16:1996
DIN EN 60947-2 (**VDE 0660 Teil 101**):1997-02	Niederspannung-Schaltgerätekombinationen – Leistungsschalter; (IEC 947-2:1995); Deutsche Fassung EN 60947-2:1996
DIN EN 60439-1 (**VDE 0660 Teil 500**):1994-04	Niederspannung-Schaltgerätekombinationen – Typgeprüfte und partiell typgeprüfte Kombinationen; (IEC 439-1:1992 + Corrigendum 1993); Deutsche Fassung EN 60439-1:1994
DIN VDE 0661-101 (**VDE 0661 Teil 101**):1991-12 (Entwurf)	Ortsveränderliche Differenz-/Fehlerstrom-Schutzeinrichtungen (RCD) für den Hausgebrauch und ähnliche Zwecke; Identisch mit IEC 23E(Sec)134
DIN VDE 0662 (**VDE 0662**):1993-08 (Entwurf)	Ortsfeste Schutzeinrichtungen in Steckdosenausführung zur Schutzpegelerhöhung
DIN IEC 23E/214/CD (**VDE 0662 Teil 10**):1995-11 (Entwurf)	Fehlerstrom-Schutzeinrichtung ohne Überstromschutz, ein- oder angebaut an ortsfeste Steckdosen (SRCDs) – IEC 23E/214/CD
Entwurf DIN IEC 23E/247/CDV (**VDE 0663**):1996-10 (Entwurf)	Differenzstromüberwachungsgeräte für Hausinstallationen und ähnliche Verwendung (RCMs)

DIN VDE 0664-1 (**VDE 0664 Teil 1**):1985-10	Fehlerstrom-Schutzeinrichtungen – Fehlerstrom-Schutzschalter für Wechselspannung bis 500 V und bis 63 A
DIN VDE 0664-2 (**VDE 0664 Teil 2**):1988-08	Fehlerstrom-Schutzeinrichtungen – Fehlerstrom-Schutzschalter mit Überstromauslöser (FI/LS-Schalter) für Wechselspannung bis 415 V und bis 63 A
DIN VDE 0664-3 (**VDE 0664 Teil 3**):1988-10	Fehlerstrom-Schutzeinrichtungen – Fehlerstrom-Schutzschalter für Wechselspannung über 500 V oder Nennstrom über 63 A
DIN VDE 0664-100 (**VDE 0664 Teil 100**):1994-10 (Entwurf)	Fehlerstrom-/Differenzstrom-Schutzschalter ohne eingebauten Überstromschutz (RCCBs) für Hausinstallationen und für ähnliche Anwendungen – Allgemeine Anforderungen; Änderung zu IEC 1008-1; (IEC 23E(Sec)164:1993, IEC 23E(Sec)168:1993)
DIN VDE 0664-101 (**VDE 0664 Teil 101**):1989-11 (Entwurf)	Fehlerstrom-Schutzschalter für Hausinstallationen und für ähnliche Anwendungen; Identisch mit IEC 23E(CO)62, 63, 64 und 68
DIN VDE 0664-104 (**VDE 0664 Teil 104**):1990-02 (Entwurf)	Fehlerstrom-Schutzschalter für Hausinstallationen und für ähnliche Anwendungen; Änderung IEC 23E(CO)68; Identisch mit IEC 23E(CO)89
DIN IEC 23E(Sec)192 (**VDE 0664 Teil 105**):1995-02 (Entwurf)	Fehlerstrom-/Differenzstrom-Schutzschalter ohne eingebauten Überstromschutz für Hausinstallationen und für ähnliche Anwendungen – Allgemeine Anforderungen; Änderung zu IEC 1008-1; (IEC23E(Sec)192:1994)
DIN EN 61008-1/A12 (**VDE 0664 Teil 107**):1996-11 (Entwurf)	Fehlerstrom-/Differenzstrom-Schutzschalter ohne eingebauten Überstromschutz (RCCDs) für Hausinstallationen und für ähnliche Anwendungen – Allgemeine Anforderungen; Deutsche Fassung EN 61008-1/A12:1996
DIN EN 61008-1 (**VDE 0664 Teil 108**):1996-12 (Entwurf)	Fehlerstrom-/Differenzstrom-Schutzschalter ohne eingebauten Überstromschutz (RCCDs) für Hausinstallationen und für ähnliche Anwendungen – Allgemeine Anforderungen; Änderung zu IEC 1008-1 (2. Ausgabe); IEC 23E/245/FDIS:1996; Deutsche Fassung prEN 61008-1:1996

DIN VDE 0664-200 (**VDE 0664 Teil 200**):1994-10 (Entwurf)
Fehlerstrom-Schutzschalter mit Überstromauslöser (RCBOs) für Hausinstallationen und für ähnliche Anwendungen – Allgemeine Anforderungen; Änderung zu IEC 1009-1; (IEC 23E(Sec)165:1993, IEC 23E(Sec)169:1993

DIN IEC 23E(Sec)193 (**VDE 0664 Teil 201**):1995-02 (Entwurf)
Fehlerstrom-Schutzschalter mit Überstromauslöser (RCBOs) für Hausinstallationen und für ähnliche Anwendungen – Allgemeine Anforderungen; Änderung zu IEC 1009-1; (IEC 23E(Sec)193:1994)

DIN IEC 23E/252/FDIS (**VDE 0664 Teil 202**):1996-09 (Entwurf)
Fehlerstrom-Schutzschalter mit Überstromauslöser (RCBOs) für Hausinstallationen und für ähnliche Anwendungen – Allgemeine Anforderungen; Änderung zu IEC 1009-1 (2. Ausgabe); (IEC 23E/252/FDIS:1996)

DIN EN 61009-1/A2 (**VDE 0664 Teil 203**):1996-12 (Entwurf)
Fehlerstrom-Schutzschalter mit Überstromauslöser (RCBOs) für Hausinstallationen und für ähnliche Anwendungen – Allgemeine Anforderungen; Deutsche Fassung EN 61009-1/A13:1996

DIN EN 61009-1/A2 (**VDE 0664 Teil 204**):1996-12 (Entwurf)
Fehlerstrom-Schutzschalter mit Überstromauslöser (RCBOs) für Hausinstallationen und für ähnliche Anwendungen – Allgemeine Anforderungen; Änderung zu IEC 1009-1 (1. Ausgabe); (IEC 23E/246/FDIS:1996, Deutsche Fassung EN 61009-1:1994/prA2:1996

DIN EN 60924 (**VDE 0712 Teil 20**):1994-10
Gleichstromversorgte elektronische Vorschaltgeräte für röhrenförmige Leuchtstofflampen – Allgemeine und Sicherheitsanforderungen (IEC 924:1990 + Änderung 1:1993); Deutsche Fassung EN 60924:1991 + A1:1994

DIN EN 60925 (**VDE 0712 Teil 21**):1994-10
Gleichstromversorgte elektronische Vorschaltgeräte für röhrenförmige Leuchtstofflampen – Anforderungen an die Arbeitsweise (IEC 925:1989); Deutsche Fassung EN 60925:1991

DIN EN 60928 (**VDE 0712 Teil 22**):1996-03
Wechselstromversorgte elektronische Vorschaltgeräte für röhrenförmige Leuchtstofflampen – Allgemeine und Sicherheitsanforderungen (IEC 928:1995); Deutsche Fassung EN 60928:1995

DIN EN 60929 (**VDE 0712 Teil 23**):1995-04
Wechselstromversorgte elektronische Vorschaltgeräte für röhrenförmige Leuchtstofflampen – Anforderungen an die Arbeitsweise (IEC 929:1990 + Corrigendum:1991); Deutsche Fassung EN 60929:1992

DIN EN 61046 (**VDE 0712 Teil 24**):1994-10	Gleich- oder wechselstromversorgte elektronische Konverter für Glühlampen – Allgemeine und Sicherheitsanforderungen (IEC 1046:1993); Deutsche Fassung EN 61046:1993
DIN EN 61047 (**VDE 0712 Teil 25**):1994-10	Gleich- oder wechselstromversorgte elektronische Konverter für Glühlampen – Anforderungen an die Arbeitsweise (IEC 1047:1991); Deutsche Fassung EN 61047:1992
DIN VDE 31000-2 (**VDE 1000 Teil 2**):1987-12	Allgemeine Leitsätze für das sicherheitsgerechte Gestalten technischer Erzeugnisse – Begriffe der Sicherheitstechnik – Grundbegriffe
DIN IEC 38:1987-05	IEC-Normspannungen; Identisch mit IEC 38, Ausgabe 1983
DIN IEC 1(Sec)1471-195:1995-02 (Entwurf)	Internationales elektrotechnisches Wörterbuch – Teil 195: Erdung und Schutz gegen elektrischen Schlag (IEC 1(IEV 195)(Sec)1471:1994

9.2 Weitere Literatur

Biegelmeier, G.: Wirkungen des elektrischen Stromes auf Menschen und Nutztiere, Lehrbuch der Elektropathologie, Berlin u. Offenbach: VDE-VERLAG, 1986

Biegelmeier, G.; Kiefer, G; Krefter, K.-H.: Schutz in elektrischen Anlagen – Band 1: Gefahren durch den elektrischen Strom. VDE-Schriftenreihe Band 80. Berlin u. Offenbach, VDE-VERLAG, 1996

Biegelmeier, G.; Kiefer, G; Krefter, K.-H.: Schutz in elektrischen Anlagen – Band 2: Erdungen, Berechnung, Ausführung und Messung. VDE-Schriftenreihe Band 81. Berlin u. Offenbach: VDE-VERLAG, 1996

Biegelmeier, G.; Groiss, J.; Mörx, A.; Wiborny, S.: Normen für die Anwendung der Neutralleiter-Schutzerdung (Nullung) als Fehlerschutz in Niederspannungsanlagen; Österreichs Zeitschrift für Elektrizitätswirtschaft VEÖ-Journal, H. 11 – Nov. 1996

Biegelmeier, G.; Mörx, A.: Risikominderung für Elektrounfälle 50; elektrie (1996) H. 9–11

Edwin, K. W.; Jákli, G.; Thielen, H.: Wertigkeit von Schutzmaßnahmen in elektrischen Hausinstallationen; etz Elektrotech. Z. (1980) Heft 24

Egyptien; Schliephacke; Siller: VBG 4 – Elektrische Anlagen und Betriebsmittel. 8. Aufl., Köln: Greven-Verlag GmbH, 1991

Haufe, H.; Nienhaus, H.; Vogt, D.: Schutz von Kabeln und Leitungen bei Überstrom. VDE-Schriftenreihe Band 32. Berlin u. Offenbach: VDE-VERLAG, 1992

Heim, G.: Korrosionsverhalten von Erderwerkstoffen. Elektrizitätswirtschaft (1982) H. 25

Hörmann, W.; Nienhaus, H.; Schröder, B.: Elektrische Anlagen für Baderäume, Schwimmbäder und alle weiteren feuchten Bereiche und Räume. VDE-Schriftenreihe Band 67. Berlin u. Offenbach: VDE-VERLAG, 1996

Hörmann, W.; Nienhaus, H.; Schröder, B.: Schutz gegen elektrischen Schlag. de / der elektromeister + deutsches elektrohandwerk (1997), H. 6/7/8/9

Kiefer, G.: VDE 0100 und die Praxis. 7. Aufl., Berlin u. Offenbach: VDE-VERLAG, 1996

Nienhaus, H.: Schutz gegen gefährliche Körperströme nach DIN VDE 0100. de / der elektromeister + deutsches elektrohandwerk (1992) H. 19, S. 1571 ff.; H. 20, S. 1688 ff.

Nienhaus, H.: Prüfungen vor Inbetriebnahme von Starkstromanlagen. de / der elektromeister + deutsches elektrohandwerk (1994) H. 8, S. 537–544; H. 9, S. 649–653

Nienhaus, H.; Vogt, D.: Prüfungen vor Inbetriebnahme von Starkstromanlagen. VDE-Schriftenreihe Band 63. Berlin u. Offenbach: VDE-VERLAG, 1995

Nienhaus, H.; Thaele, R.: Niedervolt-Halogenbeleuchtung – Planung – Auswahl – Errichtung. de / der elektromeister + deutsches elektrohandwerk (1996) H. 8, S. 632–637; H. 9, S. 763–772; H. 10, S. 917–924

Rudolph, W.; Winter, O.: EMV nach VDE 0100 – Erdung, Potentialausgleich, TN-, TT- und IT-System, Vermeiden von Induktionsschleifen, Schirmung, Lokale Netze. VDE-Schriftenreihe Band 66. Berlin u. Offenbach: VDE-VERLAG, 1995

Schröder, B.: Stichwörter zu DIN VDE 0100, Errichten von Starkstromanlagen mit Nennspannungen bis 1000 V. VDE-Schriftenreihe Band 100. Berlin u. Offenbach: VDE-VERLAG, 1994

Umlauft, D.; Zankel, F.: TT- oder TN-System – ist ein Ende des Richtungsstreites in Sicht? Österreichs Zeitschrift für Elektrizitätswirtschaft VEÖ-Journal, H. 11 – Nov. 1996

Vogt, D.: Überführung der »Fundamenterder-Richtlinien« der VDEW in die Norm DIN 18014. EVU-Betriebspraxis (1994) H. 4, S. 131–138; (1994) H. 5, S. 161–166; (1994) H. 6 S. 209–214

Vogt, D.: Elektro-Installation in Wohngebäuden. VDE-Schriftenreihe Band 45. Berlin u. Offenbach: VDE-VERLAG, 1995

AVBEltV: Verordnung über Allgemeine Bedingungen für die Elektrizitätsversorgung von Tarifkunden; EVU

TAB: Technische Anschlußbedingungen für den Anschluß an das Niederspannungsnetz; VWEW-Verlag; Frankfurt a.M.; EVU

Lange-Hüsken, M.; Roth, H.: Die neuen »Technischen Anschlußbedingungen für den Anschluß an das Niederspannungsnetz – TAB 1991« der VDEW. Der Elektriker/Der Energieelektroniker (1992) H. 3–4

IEC Directives Part 1 – Procedures for the technical work, Third edition, 1995, and Amendment No. 1: 1997*)

CEN/CENELEC-Geschäftsordnung, Teil 2: Gemeinsame Regeln für die Normungsarbeit, Ausgabe 1996-06:*)

Grundlagen für die Normungsarbeit der DKE, Sammlung DKE-GN-1995:*)

IEC Guide 104:1984 + Amendment No. 1:1989

Guide to the drafting of safety standards, and the role of Committees with pilot functions and safety group functions.*)

Hinweis: IEC Guide 104:1984+A1:1989 befindet sich in Überarbeitung, z. Z. Entwurf IEC 02/1013/DV:1992-02

*) *Bezugsquelle:*
Deutsche Elektrotechnische Kommission im DIN und VDE (DKE)
Stresemannallee 15
60596 Frankfurt a. M.
Telefon: 0 69/63 08-0
Telefax: 0 69/6 31 29 25

DIN-Normenheft 10, Grundlagen der Normungsarbeit des DIN, 6. geänderte Auflage 1995, Herausgeber: DIN Deutsches Institut für Normung e.V.:
Bezugsquelle:
Beuth-Verlag GmbH
Burggrafenstraße 6
10787 Berlin
Telefon: 0 30/26 01-1
Telefax: 0 30/26 01-12 31

VDE-Schriftenreihe, Band 1: Wo steht was im VDE-Vorschriftenwerk? Berlin u. Offenbach: VDE-VERLAG

VDE-Schriftenreihe, Band 2: VDE-Vorschriftenwerk-Katalog der Normen. Berlin u. Offenbach: VDE-VERLAG

DIN-Normen für das Handwerk: Band 2: Elektroinstallateur-Handwerk. Berlin: Beuth-Verlag

10 Stichwörter

10.1 Hinweise zur Benutzung des Stichwortverzeichnisses

Das Stichwortverzeichnis in Abschnitt 10.2 dieses Buchs enthält Stichwörter mit Abschnittsnummern und Seitenangaben zum Auffinden der gesuchten Textstellen in diesem Buch. Darüber hinaus enthält es aber auch Verweise auf Textstellen in denjenigen besprochenen Normen, die in **Tabelle 10.1** aufgeführt sind. Es sind zur besseren Übersichtlichkeit nicht alle Stellen aufgeführt, an denen der gesuchte Begriff vorkommt, sondern diejenige Stelle, an der man zum Erlesen der Problematik sinnvollerweise beginnen sollte.

Das Stichwortverzeichnis enthält von links nach rechts folgende Spalten:

- Stichwörter (**fett**),
- spezifizierende Angaben/Stichwörter (eingerückt darunter),
- Status des Schriftstücks (**B** = Verweis auf Textstellen in diesem **B**uch, *N* = *N*orm),
- Kurzzeichen für Nummer der Norm (siehe Tabelle 10.1),
- Abschnitt, Bild, Seite, Tabelle usw.

Hinweise auf Stichwörter in Normen sind kursiv, Hinweise auf Fundstellen in diesem Buch sind nicht kursiv (also steil) angegeben. Damit ist eine schnelle Unterscheidungsmöglichkeit gegeben, ob oder wo etwas zu dem gesuchten Stichwort in diesem Buch oder in der aufgeführten Norm angegeben ist.

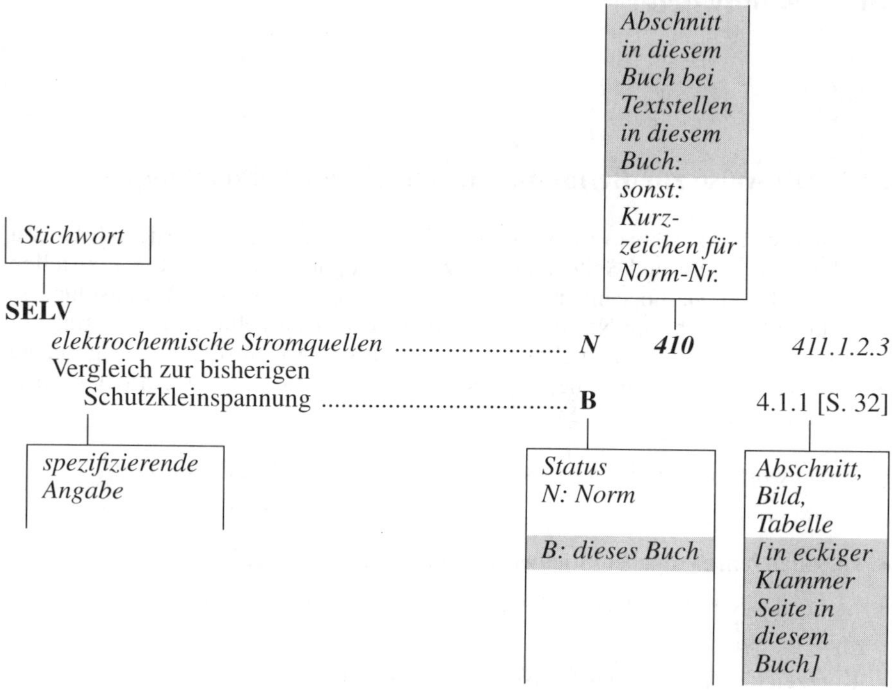

Die korrekten Bezeichnungen der verwiesenen Normen, Entwürfe und Beiblätter und deren Ausgabedaten sowie die in diesem Buch verwendeten Kurzzeichen können Tabelle 10.1 (sortiert nach Kurzzeichen für Status und Norm-Nummer) entnommen werden.

Beispiel 1:

Schutz gegen direktes Berühren
Schutz durch Isolierung von aktiven Teilen .... **B** 5.1 [S. 43]

Angaben zum Schutz durch Isolierung von aktiven Teilen als Maßnahme des Schutzes gegen direktes Berühren **sind in diesem Buch** (wegen **B** für **B**uch) in **Abschnitt 5.1** auf **Seite 32** [die Seitenzahl ist in eckiger Klammer] zu finden.

Beispiel 2:

TT-Systeme
Erder .... ***N*** ***410*** *413.1.4.1*

Angaben zum Erder in TT-Systemen sind in *N*orm DIN VDE 0100-**410** (VDE 0100 **Teil 410**), dort **Abschnitt 413.1.4.1**, zu finden.

Tabelle 10.1 Normen, auf die im Stichwortverzeichnis verwiesen wird

Kurzzeichen für Status und Norm-Nummer in diesem Buch	**Norm-Nummer** (VDE-Klassifikation fett)	**Titel**
N 200	DIN VDE 0100-200 (**VDE 0100 Teil 200**):1993-11 (teilweise)	Errichten von Starkstromanlagen mit Nennspannungen bis 1000 V – Begriffe (Hinweis: Nur Begriffe bezüglich des Schutzes gegen elektrischen Schlag)
N 300	DIN VDE 0100-300 (**VDE 0100 Teil 300**):1996-01 (teilweise)	Errichten von Starkstromanlagen mit Nennspannungen bis 1000 V – Teil 3: Bestimmungen allgemeiner Merkmale; (IEC 364-3:1993, modifiziert); Deutsche Fassung HD 384.3 S2:1995 (Hinweis: Nur Systeme nach Art der Erdverbindung)
N 410	DIN VDE 0100-410 (**VDE 0100 Teil 410**):1997-01	Errichten von Starkstromanlagen mit Nennspannungen bis 1000 V – Teil 4: Schutzmaßnahmen – Kapitel 41: Schutz gegen elektrischen Schlag; (IEC 364-4-41:1992, modifiziert); Deutsche Fassung HD 384.4.41 S2:1996
N 470	DIN VDE 0100-470 (**VDE 0100 Teil 470**):1996-02	Errichten von Starkstromanlagen mit Nennspannungen bis 1000 V – Teil 4: Schutzmaßnahmen – Kapitel 47: Anwendung der Schutzmaßnahmen; (IEC 364-4-47:1981 + A1:1993, modifiziert); Deutsche Fassung HD 384.4.47 S2:1995
N 540	DIN VDE 0100-540 (**VDE 0100 Teil 540**):1991-11	Errichten von Starkstromanlagen mit Nennspannungen bis 1000 V – Auswahl und Errichtung elektrischer Betriebsmittel – Erdung, Schutzleiter, Potentialausgleichsleiter

10.2 Stichwortverzeichnis

1. Schutzebene
→ siehe Schutz gegen direktes Berühren .... **B** 5 [S. 43]

2. Schutzebene
→ siehe Schutz bei indirektem Berühren .... **B** 6 [S. 59]

3. Schutzebene
→ siehe zusätzlicher Schutz .... **B** 5.5 [S. 53]

A

Abdeckungen
Begriff .... **B** 1 [S. 7],
N ***200*** *2.3.13*
die entfernt werden müssen, Basisschutz .... **B** 8.1<412.2.4> [S. 148],
N ***410*** *412.2.4*
Festigkeit .... **B** 8.1<412.2.3> [S. 148],
N ***410*** *412.2.3*
Haltbarkeit .... **B** 8.1<412.2.3> [S. 148],
N ***410*** *412.2.3*

abgeschlossene elektrische Betriebsstätten
Begriff .... ***N*** ***200*** *A.6.2*
Schutz durch Abstand .... **B** 8.1<NB.2> [S. 167],
N ***410*** *NB.2*
Schutz durch Hindernisse .... **B** 8.1<NB.2> [S. 167],
N ***410*** *NB.2*
Schutz gegen direktes Berühren .... **B** 5.3 [S. 45], 5.4 [S. 46]

Ableitstrom (in einer Anlage)
Begriff .... **B** 1 [S. 7],
N ***200*** *2.3.8*

Abschaltbedingungen
beim 2. Fehler, IT-Systeme .... **B** 8.1<413.1.5.5> [S. 158],
N ***410*** *413.1.5.5*
durch Überstrom-Schutzeinrichtungen nicht zu erfüllen, IT-Systeme .... **B** 8.1<413.1.5.7> [S. 159],
N ***410*** *413.1.5.7*
durch Überstrom-Schutzeinrichtungen nicht zu erfüllen, TN-Systeme .... **B** 8.1<413.1.3.6> [S. 154],
N ***410*** *413.1.3.6*
nicht zu erfüllen in TT-Systemen .... **B** 8.1<413.1.4.3> [S. 156],
N ***410*** *413.1.4.3*
TN-Systeme .... **B** 8.1<413.1.3.3> [S. 153],
N ***410*** *413.1.3.3*

zusätzlicher Potentialausgleich als Ersatz für
nichterfüllbare Abschaltbedingungen .... **B** Bild 6.19 [S. 107]

abschalten
Neutralleiter .... **B** 8.2<NB.4> [S. 174],
N ***470*** *NB.4*

Abschaltströme
TN-Systeme 400/230 V .... **B** Tabelle 6.2a [S. 76]
TN-Systeme 690/400 V und höher .... **B** Tabelle 6.2b [S. 77]

Abschaltung der Stromversorgung
Schutz durch automatische Abschaltung der
Stromversorgung .... **B** 8.1<413.1.1.1> [S. 150],
N ***410*** *413.1.1.1*
Schutz durch Schutztrennung .... **B** 8.1<413.5.3.4> [S. 166],
N ***410*** *413.5.3.4*

Abschaltzeiten
bei öffentlichen Verteilungsnetzen, TN-Systeme ..... **B** 8.1<NB.1> [S. 167],
N ***410*** *NB.1*
bis zu 5 s bei Endstromkreisen oder
Verteilungsstromkreisen, TN-Systeme .... **B** 8.1<413.1.3.5> [S. 154],
N ***410*** *413.1.3.5*
früher (TN-Systeme) .... **B** Bild 6.1 [S. 62]
Gleichspannung (IT-Systeme) .... **B** 6.1.5 [S. 102]
größere Werte für die Abschaltzeit beim Schutz
durch automatische Abschaltung der
Stromversorgung .... **B** 8.1<413.1.1.1
Anmerkung 6> [S. 151],
N ***410*** *413.1.1.1*
Anmerkung 6
IT-Systeme .... **B** 8.1<Tabelle 41B> [S. 159],
Tabelle 6.3 [S. 96],
N ***410*** *Tabelle 41B*
nicht zu erfüllen, zusätzlicher Potentialausgleich .... **B** 8.1<413.1.2.2> [S. 152],
N ***410*** *413.1.2.2*
Schutz durch automatische Abschaltung der
Stromversorgung .... **B** 6.1.1 [S. 62]
Schutztrennung mit mehreren Verbrauchsmitteln .... **B** 6.5 [S. 132]
TN-Systeme .... **B** 6.1.3 [S. 72],
8.1<Tabelle 41A> [S. 153],
Bild 6.6 [S. 75],
Tabelle 6.1 [S. 73],
N ***410*** *Tabelle 41A*
TN-Systeme 400/230 V .... **B** Tabelle 6.2a [S. 76]
TN-Systeme 690/400 V und höher .... **B** Tabelle 6.2b [S. 77]
TT-Systeme .... **B** 8.1<413.1.4.2> [S. 156],
N ***410*** *413.1.4.2*

Abschnittsnumerierung
der DIN VDE 0100-410 (VDE 0100
Teil 410):1997-01 ...... **B** Bild 2.2 [S. 23]

Abstand
von Abdeckungen oder Umhüllungen von aktiven
Teilen ...... **B** 8.1<412.2.3> [S. 148],
N ***410*** *412.2.3*
→ siehe auch Schutz durch Abstand und Schutz
durch Hindernisse

Abtrennen
Erdungsleiter ...... *N* ***540*** *4.4.2*

Aderleitungen
Schutz gegen direktes Berühren ...... **B** 5.1 [S. 44]

aktive Teile
Begriff ...... **B** 1 [S. 7],
N ***200*** *2.3.1*
im nach oben betrachteten Handbereich
(Schutz gegen direktes Berühren) ...... **B** Bild 5.8 [S. 50]
IT-Systeme ...... **B** 8.1<413.1.5.1> [S. 156],
N ***410*** *413.1.5.1*
nicht mit aktiven Teilen anderer Stromkreise
verbinden bei SELV ...... **B** 8.1<411.1.4.1> [S. 144],
N ***410*** *411.1.4.1*
nicht mit Erde verbinden bei SELV ...... **B** 8.1<411.1.4.1> [S. 144],
N ***410*** *411.1.4.1*
nicht mit Schutzleitern verbinden bei SELV ...... **B** 8.1<411.1.4.1> [S. 144],
N ***410*** *411.1.4.1*
Schutz durch Schutztrennung ...... **B** 8.1<413.5.1.3> [S. 165],
N ***410*** *413.5.1.3*
Schutz gegen unbeabsichtigtes Berühren ...... **B** 5.3 [S. 45]

allstromsensitive Fehlerstrom-Schutzeinrichtungen
Abbildung ...... **B** Bild 5.11 [S. 58]
Anwendung bei reinen Gleichfehlerströmen ...... **B** 5.5 [S. 58]

Änderungen
gegenüber der früheren Ausgabe
der Norm (Überblick) ...... **B** 7 [S. 135]

Anlagen
Arten von Verteilungssystemen ...... *N* ***300*** *312*
außerhalb des Einflußbereiches des
Hauptpotentialausgleichs ...... **B** 6.1.3 [S. 74]
außerhalb von Gebäuden (TN-Systeme) ...... **B** 6.1.3 [S. 74]
Haupterdungsklemme oder -schiene ...... *N* ***540*** *4.4.1*
im Freien (Begriff) ...... *N* ***200*** *A.1.6*

IT-Systeme .... *N* ***300*** *312.2.3*
mit erhöhtem Risiko (zusätzlicher
Potentialausgleich) .... **B** 6.1.6.2 [S. 108]
TN-C-S-Systeme .... *N* ***300*** *312.2.1*
TN-C-Systeme .... *N* ***300*** *312.2.1*
TN-S-Systeme .... *N* ***300*** *312.2.1*
TN-Systeme .... *N* ***300*** *312.2.1*
TT-Systeme .... *N* ***300*** *312.2.2*

Anlagenerder R_A
Ermittlung bei gemeinsamem Erder in TT-Systemen **B** Bild 6.8a [S. 85], Bild 6.8b [S. 86]
IT-Systeme .... **B** 6.1.5 [S. 90]
TT-Systeme .... **B** 6.1.4 [S. 83]

Anschluß
Erder .... *N* ***540*** *4.3.2*
Erdungsleiter .... *N* ***540*** *4.3.2*
fester Anschluß (Begriff) .... *N* ***200*** *A.2.3*

Ansprechstrom
Begriff .... *N* ***200*** *2.5.9*

Anstriche
ungeeignet als isolierende Umhüllung, Schutz durch Verwendung von Betriebsmitteln der Schutzklasse II oder durch gleichwertige Isolierung ..... **B** 6.2 [S. 118], 8.1<413.2.3> [S. 161], *N* ***410*** *413.2.3*
ungeeignet als Schutz durch Isolierung .... **B** 8.1<412.1> [S. 147], *N* ***410*** *412.1*

Anwendung
der Schutzmaßnahmen .... **B** 8.2 [S. 169], *N* ***470***
Schutz gegen elektrischen Schlag .... **B** 8.1<410.1> [S. 140], *N* ***410*** *410.1*
von Betriebsmitteln der Schutzklasse II .... **B** 8.2<471.2.1.3> [S. 171], *N* ***470*** *471.2.1.3*

Arbeiten in leitfähiger Umgebung mit begrenzter Bewegungsfreiheit
Wegfall des besonderen Leiters bei Schutztrennung mit einem Verbrauchsmittel .... **B** Bild 6.27 [S. 129]

Arten von Verteilungssystemen
elektrische Anlagen .... *N* ***300*** *312*

Aufteilung
PEN-Leiter .... *N* ***540*** *8.2.3*

Ausbreitungswiderstand
Begriff .... **B** 1 [S. 8],
N ***200*** *A.5.10*

Außenleiter
Begriff .... *N* ***200*** *A.3.1*
erden in IT-Systemen .... **B** 8.1<413.1.5.1> [S. 157],
N ***410*** *413.1.5.1*
erden in TN-Systemen .... **B** 8.1<413.1.3.1> [S. 152],
N ***410*** *413.1.3.1*
erden in TT-Systemen .... **B** 8.1<413.1.4.1> [S. 155],
N ***410*** *413.1.4.1*
Erdschluß, TN-Systeme .... **B** 8.1<413.1.3.7> [S. 154],
N ***410*** *413.1.3.7*
nicht als PEN-Leiter in TN-Systemen .... **B** 8.1<413.1.3.1> [S. 152],
N ***410*** *413.1.3.1*

äußere Einflüsse
Schutz gegen elektrischen Schlag .... **B** 3 [S. 29]

Auslösung
Fehlerstrom-Schutzeinrichtungen .... **B** 5.5 [S. 56]

ausreichender Abstand als Schutz gegen Zugang zu gefährlichen Teilen
Begriff .... **B** 1 [S. 8]

Auswahl
Erdungsanlage .... *N* ***540*** *4.1.2*
Erdungsschelle .... *N* ***540*** *4.3.2*
PEN-Leiter .... *N* ***540*** *8.2*
Potentialausgleichsleiter .... *N* ***540*** *9*
Schutzleiter .... *N* ***540***

B

Badewannen
zusätzlicher Potentialausgleich .... **B** Bild 6.20 [S. 109]

Bahnanlagen
TN-Systeme .... **B** 6.1.3 [S. 70]

Band I
Beschreibung und Werte .... *N* ***410*** *Nationales Vorwort*
→ siehe auch Spannungsbereich I

Band II
Beschreibung und Werte .... *N* ***410*** *Nationales Vorwort*
→ siehe auch Spannungsbereich II

Banderder
Erder .... *N* ***540*** *4.2.1*

Basisisolierung
Begriff ..... **B** 1 [S. 8],
N ***200*** *A.8.2*
Schutz gegen direktes Berühren ..... **B** 5.1 [S. 43]

Basisschutz
Abdeckungen, die entfernt werden müssen ..... **B** 8.1<412.2.4> [S. 148],
N ***410*** *412.2.4*
Abstand von Abdeckungen oder Umhüllungen von aktiven Teilen ..... **B** 8.1<412.2.3> [S. 148],
N ***410*** *412.2.3*
Anstriche ungeeignet als Schutz durch Isolierung ... **B** 8.1<412.1> [S. 147],
N ***410*** *412.1*
Farbe ungeeignet als Schutz durch Isolierung ..... **B** 8.1<412.1> [S. 147],
N ***410*** *412.1*
Festigkeit von Abdeckungen oder Umhüllungen ..... **B** 8.1<412.2.3> [S. 148],
N ***410*** *412.2.3*
gleichzeitig berührbare Teile ..... **B** 8.1<412.4.1> [S. 148],
N ***410*** *412.4.1*
Grenzen des Handbereichs ..... **B** 8.1<412.4.1> [S. 148],
N ***410*** *412.4.1*
Haltbarkeit von Abdeckungen oder Umhüllungen .. **B** 8.1<412.2.3> [S. 148],
N ***410*** *412.2.3*
Handbereich ..... **B** 8.1<Bild 41C> [S. 149],
N ***410*** *Bild 41C*
Handbereich bei Hindernis ..... **B** 8.1<412.4.2> [S. 149],
N ***410*** *412.4.2*
Handbereich beim üblichen Umgang mit sperrigen oder langen leitfähigen Gegenständen ..... **B** 8.1<412.4.3> [S. 149],
N ***410*** *412.4.3*
horizontale obere Flächen ..... **B** 8.1<412.2.2> [S. 148],
N ***410*** *412.2.2*
Lacke ungeeignet als Schutz durch Isolierung ..... **B** 8.1<412.1> [S. 147],
N ***410*** *412.1*
Lampenfassungen ..... **B** 8.1<412.2.1> [S. 147],
N ***410*** *412.2.1*
Öffnungen ..... **B** 8.1<412.2.1> [S. 147],
N ***410*** *412.2.1*
Schutz durch Abdeckungen oder Umhüllungen ..... **B** 8.1<412.2> [S. 147],
8.1<NB.2> [S. 167],
N ***410*** *412.2, NB.2*
Schutz durch Abstand ..... **B** 8.1<412.4> [S. 148],
8.1<NB.2> [S. 167],
N ***410*** *412.4, NB.2*
Schutz durch Hindernisse ..... **B** 8.1<412.3> [S. 148],
8.1<NB.2> [S. 167],
N ***410*** *412.3, NB.2*

Schutz durch Isolierung von aktiven Teilen .... **B** 8.1<412.1> [S. 147], 8.1<NB.2> [S. 167], *N* ***410*** *412.1, NB.2*
Schutz gegen elektrischen Schlag .... **B** 8.1<412> [S. 147], *N* ***410*** *412*
Schutzart .... **B** 8.1<412.2.1> [S. 147], *N* ***410*** *412.2.1*
Sicherungen .... **B** 8.1<412.2.1> [S. 147], *N* ***410*** *412.2.1*
Umhüllungen, die ganz oder teilweise abgenommen werden müssen .... **B** 8.1<412.2.4> [S. 148], *N* ***410*** *412.2.4*
Umhüllungen, die geöffnet werden müssen .... **B** 8.1<412.2.4> [S. 148], *N* ***410*** *412.2.4*
unbeabsichtigtes Entfernen von Hindernissen verhindern .... **B** 8.1<412.3.2> [S. 148], *N* ***410*** *412.3.2*
zusätzlicher Schutz durch RCDs .... **B** 8.1<412.5> [S. 149], *N* ***410*** *412.5*
Zwischenabdeckungen .... **B** 8.1<412.2.4> [S. 148], *N* ***410*** *412.2.4*
→ siehe auch Schutz gegen direktes Berühren .... **B** 5 [S. 43]

Basistrennung
FELV .... **B** 4.1.3 [S. 36], 8.2<471.3.1> [S. 172], *N* ***470*** *471.3.1*

Batterien
PELV .... **B** 8.1<411.1.2.3> [S. 142], *N* ***410*** *411.1.2.3*
SELV .... **B** 8.1<411.1.2.3> [S. 142], *N* ***410*** *411.1.2.3*

Bedienungsgänge
Begriff .... *N* ***200*** *A.1.9*

Bedienungsgriffe
Schutz durch Verwendung von Betriebsmitteln der Schutzklasse II oder durch gleichwertige Isolierung .... **B** 8.1<413.2.5> [S. 161], *N* ***410*** *413.2.5*

Begriffe
Abdeckungen .... **B** 1 [S. 7] *N* ***200*** *2.3.13*
abgeschlossene elektrische Betriebsstätten .... *N* ***200*** *A.6.2*
Ableitstrom (in einer Anlage) .... **B** 1 [S. 7], *N* ***200*** *2.3.8*

aktive Teile .... **B** 1 [S. 7]
N ***200*** *2.3.1*
Anlagen im Freien .... ***N*** ***200*** *A.1.6*
Anschluß, fester .... ***N*** ***200*** *A.2.3*
Ansprechstrom .... ***N*** ***200*** *2.5.9*
Ausbreitungswiderstand .... **B** 1 [S. 8],
N ***200*** *A.5.10*
Außenleiter .... ***N*** ***200*** *A.3.1*
ausreichender Abstand als Schutz gegen Zugang
zu gefährlichen Teilen .... **B** 1 [S. 8]
Basisisolierung .... **B** 1 [S. 8],
N ***200*** *A.8.2*
Bedienungsgänge .... ***N*** ***200*** *A.1.9*
Berühren, direktes .... ***N*** ***200*** *2.3.5*
Berühren, indirektes .... ***N*** ***200*** *2.3.6*
Berühren, Schutz bei indirektem Berühren .... ***N*** ***200*** *A.8.4*
Berühren, Schutz gegen direktes .... ***N*** ***200*** *A.8.1*
Berührungsspannung .... **B** 1 [S. 8],
N ***200*** *2.2.2*
Berührungsspannung, vereinbarte Grenze der .... ***N*** ***200*** *2.2.4*
Berührungsspannung, zu erwartende .... ***N*** ***200*** *2.2.3*
Betriebserdung .... **B** 1 [S. 8],
N ***200*** *A.5.3*
Betriebsmittel, elektrische .... **B** 1 [S. 9]
Betriebsmittel, festangebrachte .... ***N*** ***200*** *2.7.7*
Betriebsmittel, ortsfeste .... **B** 1 [S. 14],
N ***200*** *2.7.6*
Betriebsmittel, ortsveränderliche .... **B** 1 [S. 14],
N ***200*** *2.7.4*
Betriebsstätten, abgeschlossene elektrische .... ***N*** ***200*** *A.6.2*
Betriebsstätten, elektrische .... ***N*** ***200*** *A.6.1*
Differenzstrom .... **B** 1 [S. 8],
N ***200*** *2.3.9*
direktes Berühren .... **B** 1 [S. 9],
N ***200*** *2.3.5*
direktes Berühren, Schutz gegen .... **B** 1 [S. 16],
N ***200*** *A.8.1*
elektrisch unabhängige Erder .... **B** 1 [S. 9],
N ***200*** *2.4.4*
elektrische Anlagen (von Gebäuden) .... ***N*** ***200*** *2.1.1*
elektrische Betriebsmittel .... **B** 1 [S. 9],
N ***200*** *2.7.1*
elektrische Betriebsstätten .... ***N*** ***200*** *A.6.1*
elektrische Verbrauchsmittel .... **B** 1 [S. 9],
N ***200*** *2.7.2*
elektrischer Schlag .... **B** 1 [S. 9],
N ***200*** *2.3.4*

elektrischer Stromkreis .... **B** 1 [S. 9], *N* ***200*** *2.5, 2.5.1*
Endstromkreise .... **B** 1 [S. 9] *N* ***200*** *2.5.3*
Erde .... **B** 1 [S. 10], *N* ***200*** *2.4.1*
Erden .... **B** 1 [S. 10], *N* ***200*** *A.5.1*
Erder .... **B** 1 [S. 10], *N* ***200*** *2.4.2*
Erder, elektrisch unabhängige .... *N* ***200*** *2.4.4*
Erder, natürlicher .... **B** 1 [S. 14], *N* ***200*** *A.5.4*
Erdschluß .... **B** 1 [S. 10], *N* ***200*** *A.7.7*
Erdschluß, vollkommener .... *N* ***200*** *A.7.8*
erdschlußsicher .... *N* ***200*** *A.7.6*
Erdschlußstrom .... **B** 1 [S. 10], *N* ***200*** *A.7.10*
Erdung .... **B** 1 [S. 10], *N* ***200*** *A.5.2*
Erdungsanlage .... **B** 1 [S. 10], *N* ***200*** *A.5.8*
Erdungsleiter .... **B** 1 [S. 11], *N* ***200*** *2.4.7*
Erdungssammelleitung .... *N* ***200*** *A.5.7*
Erdwiderstand, spezifischer .... *N* ***200*** *A.5.9*
Fehlerstrom .... **B** 1 [S. 11], *N* ***200*** *A.7.9*
festangebrachte Betriebsmittel .... *N* ***200*** *2.7.7*
fester Anschluß .... *N* ***200*** *A.2.3*
Freischalten .... *N* ***200*** *A.8.3*
fremde leitfähige Teile .... **B** 1 [S. 11] *N* ***200*** *2.3.3*
Fundamenterder .... **B** 1 [S. 11], *N* ***200*** *A.5.5*
Funktionskleinspannung .... *N* ***200*** *A.8.8*
Gefahr .... **B** 1 [S. 11]
gefährlicher Körperstrom .... **B** 1 [S. 11], *N* ***200*** *2.3.7*
gefährliches aktives Teil .... **B** 1 [S. 11]
gefährliches mechanisches Teil .... **B** 1 [S. 11]
gefährliches Teil .... **B** 1 [S. 11]
Gehäuse .... **B** 1 [S. 12]
Gesamterdungswiderstand .... **B** 1 [S. 12], *N* ***200*** *2.4.3*

gleichzeitig berührbare Teile .... **B** 1 [S. 12],
N ***200*** *2.3.10*
Grenzrisiko .... **B** 1 [S. 12]
Handbereich .... **B** 1 [S. 12],
N ***200*** *2.3.11*
Handgeräte .... **B** 1 [S. 12],
N ***200*** *2.7.5*
Haupterdungsklemme .... **B** 1 [S. 13],
N ***200*** *2.4.8*
Haupterdungsschiene .... **B** 1 [S. 13],
N ***200*** *2.4.8*
Hauptstromkreise .... *N* ***200*** *A.1.5.1*
Hausanschlußkasten .... **B** 1 [S. 13]
Hilfsstromkreise .... *N* ***200*** *A.1.5.2*
Hindernis .... *N* ***200*** *2.3.14*
Hindernisse .... **B** 1 [S. 13]
indirektem Berühren, Schutz bei .... **B** 1 [S. 16],
N ***200*** *A.8.4*
indirektes Berühren .... **B** 1 [S. 13],
N ***200*** *2.3.6*
IP-Code .... **B** 1 [S. 13]
Isolationsfehler .... *N* ***200*** *A.7.1*
Kabel- und Leitungssysteme (-anlagen) .... **B** 1 [S. 13]
Körper .... **B** 1 [S. 13]
N ***200*** *2.3.2*
Körperschluß .... **B** 1 [S. 14],
N ***200*** *A.7.2*
Körperschluß, vollkommener .... *N* ***200*** *A.7.8*
Körperstrom, gefährlicher .... *N* ***200*** *2.3.7*
Kurzschluß .... **B** 1 [S.14],
N ***200*** *A.7.4*
Kurzschluß, vollkommener .... *N* ***200*** *A.7.8*
kurzschlußsicher .... *N* ***200*** *A.7.6*
Leiterschluß .... **B** 1 [S. 14],
N ***200*** *A.7.3*
leitfähiges Teil, fremdes .... *N* ***200*** *2.3.3*
N (Neutralleiter) .... *N* ***200*** *2.1.3*
natürlicher Erder .... **B** 1 [S. 14],
N ***200*** *A.5.4*
Nennspannung (einer Anlage) .... *N* ***200*** *2.2.1*
Nennspannung eines Netzes .... *N* ***200*** *A.4.2*
Nennwerte von Größen .... *N* ***200*** *A.4.1*
ortsfeste Betriebsmittel .... **B** 1 [S. 14],
N ***200*** *2.7.6*
ortsveränderliche Betriebsmittel .... **B** 1 [S. 14],
N ***200*** *2.7.4*

PE (Schutzleiter) .... **B** 1 [S. 17],
N ***200*** *2.4.5*
PEN-Leiter .... **B** 1 [S. 15],
N ***200*** *2.4.6*
Potentialausgleich .... **B** 1 [S. 15],
N ***200*** *2.4.9*
Potentialausgleichsleiter .... **B** 1 [S. 15],
N ***200*** *2.4.10*
Potentialsteuerung .... **B** 1 [S. 15],
N ***200*** *A.5.11*
PRCD-S .... **B** Tabelle 5.1 [S. 54]
PRCDs .... **B** Tabelle 5.1 [S. 54]
Räume, trockene .... ***N*** ***200*** *A.6.3*
RCBOs .... **B** Tabelle 5.1 [S. 54]
RCCBs .... **B** Tabelle 5.1 [S. 54]
RCDs .... **B** 1 [S. 15], 5.5 [S. 51],
Tabelle 5.1 [S. 54]
RCMs .... **B** Tabelle 5.1 [S. 54]
Risiko .... **B** 1 [S. 15]
Schaltgeräte .... **B** 1 [S. 15],
N ***200*** *2.7.3*
Schlag, elektrischer .... **B** 1 [S. 9],
N ***200*** *2.3.4*
Schleifenimpedanzen .... **B** 1 [S. 16]
N ***200*** *A.4.6*
Schutz .... **B** 1 [S. 16]
Schutz bei indirektem Berühren .... **B** 1 [S. 16],
N ***200*** *A.8.4*
Schutz durch Gehäuse gegen den Zugang zu
gefährlichen Teilen .... **B** 1 [S. 16]
Schutz gegen direktes Berühren .... **B** 1 [S. 16],
N ***200*** *A.8.1*
Schutzart .... **B** 1 [S. 17]
Schutzgrad .... **B** 1 [S. 17]
Schutzisolierung .... **B** 1 [S. 17],
N ***200*** *A.8.5*
Schutzkleinspannung .... ***N*** ***200*** *A.8.7*
Schutzkontaktstücke .... ***N*** ***200*** *A.3.2*
Schutzleiter .... **B** 1 [S. 17],
N ***200*** *2.4.5*
Schutztrennung .... **B** 1 [S. 17],
N ***200*** *A.8.6*
Sicherheit .... **B** 1 [S. 17]
sicherheitstechnische Festlegungen .... **B** 1 [S. 17]
Spannung gegen Erde .... ***N*** ***200*** *A.4.5*
Speisepunkt (Anfang) einer elektrischen Anlage .... **B** 1 [S. 18]
spezifischer Erdwiderstand .... ***N*** ***200*** *A.5.9*

SRCDs .... **B** Tabelle 5.1 [S. 54]
Starkstromanlagen .... **B** 1 [S. 18],
N ***200*** *A.1.1*
Steuererder .... **B** 1 [S. 18],
N ***200*** *A.5.6*
Steuergeräte .... **B** 1 [S. 15],
N ***200*** *2.7.3*
Stromkreis .... ***N*** ***200*** *A.1.5*
Stromkreis, elektrischer .... ***N*** ***200*** *2.5, 2.5.1*
Teil, fremdes leitfähiges .... **B** 1 [S. 11],
N ***200*** *2.3.3*
Teile, gleichzeitig berührbare .... **B** 1 [S. 12],
N ***200*** *2.3.10*
Trennen .... **B** 1 [S. 18],
N ***200*** *2.8.1*
trockene Räume .... ***N*** ***200*** *A.6.3*
U_L (vereinbarte Grenze der Berührungsspannung) . **B** 1 [S. 19],
N ***200*** *2.2.4*
Umhüllungen .... **B** 1 [S. 18]
N ***200*** *2.3.12*
unbeeinflußter, vollkommener Kurzschlußstrom ..... **B** 1 [S. 19]
Verbraucheranlage .... **B** 1 [S. 19],
N ***200*** *A.1.4*
Verbrauchsmittel, elektrische .... **B** 1 [S. 9],
N ***200*** *2.7.2*
vereinbarte Grenze der Berührungsspannung .... **B** 1 [S. 19],
N ***200*** *2.2.4*
vereinbarter Ansprechstrom .... **B** 1 [S. 19],
N ***200*** *2.5.9*
Verteilungsnetz .... **B** 1 [S. 19],
N ***200*** *A.1.2*
Verteilungsstromkreis .... ***N*** ***200*** *2.5.2*
vollkommener Körper-, Kurz- oder Erdschluß .... ***N*** ***200*** *A.7.8*
Wartungsgänge .... ***N*** ***200*** *A.1.10*
Wasserrohrnetz .... ***N*** ***540*** *Erläuterung zu 5.2.2*
Wasserverbrauchsleitungen .... ***N*** ***540*** *Erläuterung zu 5.2.2*
zu erwartende Berührungsspannung .... **B** 1 [S. 19],
N ***200*** *2.2.3*

Beharrungsberührungsstrom und Ladung
Werte .... **B** 4.2 [S. 42]

Beiblätter
der Reihe DIN VDE 0100 .... **B** 9.1 [S. 175]

Bemessungsdifferenzströme
Fehlerstrom-Schutzeinrichtungen .... **B** 5.5 [S. 53]

Berechnung
Schutzleiter .... *N* ***540*** *5.1.1*

Bereiche erhöhter Gefährdung
Schutz sowohl gegen direktes als auch bei indirektem Berühren .... **B** 4.1 [S. 31]

Bereichseinteilung
Schwimmbäder .... **B** Bild 6.21 [S. 112]

Berühren
direktes Berühren (Begriff) .... *N* ***200*** *2.3.5*
indirektes Berühren (Begriff) .... *N* ***200*** *2.3.6*
Schutz bei indirektem Berühren (Begriff) .... *N* ***200*** *A.8.4*
Schutz gegen direktes Berühren (Begriff) .... *N* ***200*** *A.8.1*

Berührungsspannung
Begriff .... **B** 1 [S. 8], *N* ***200*** *2.2.2*
vereinbarte Grenze der Berührungsspannung (Begriff) .... *N* ***200*** *2.2.4*
zu erwartende Berührungsspannung (Begriff) .... *N* ***200*** *2.2.3*

Berührungsspannung U_L
Schutz durch automatische Abschaltung der Stromversorgung .... **B** 8.1<413.1.1.1> [S. 150], *N* ***410*** *413.1.1.1*
vereinbarte Grenzen .... **B** 8.1<413.1.1.1 Anmerkung 6> [S. 151], *N* ***410*** *413.1.1.1 Anmerkung 6*

Betätigungseinrichtungen
Schutz durch Verwendung von Betriebsmitteln der Schutzklasse II oder durch gleichwertige Isolierung .... **B** 6.2 [S. 120]

Betätigungselemente
in der Nähe berührungsgefährlicher Teile (Schutz gegen direktes Berühren) .... **B** 5.2 [S. 45]

Betonböden mit Baustahlmatten
zusätzlicher Potentialausgleich .... **B** 6.1.6.2 [S. 114]

Betriebserdung
allgemeine Anforderungen .... *N* ***540*** *7.1*
Begriff .... **B** 1 [S. 8], *N* ***200*** *A.5.3*

Betriebsmittel
der Schutzklasse I und Berührung mit Erde (Schutztrennung) .... **B** 6.5 [S. 131]

der Schutzklasse II (Schutz durch nichtleitende Räume) ..... **B** 6.3 [S. 122]
Erdungsanlage ..... *N* ***540*** *4.1.2*
Errichten beim Schutz durch Verwendung von Betriebsmitteln der Schutzklasse II oder durch gleichwertige Isolierung ..... **B** 8.1<413.2.9> [S. 162], *N* ***410*** *413.2.9*
Schutz durch das Betriebsmittel selbst ..... **B** 8.2<470.3> [S. 170], *N* ***470*** *470.3*

Betriebsmittel, elektrische
Begriff ..... **B** 1 [S. 9], *N* ***200*** *2.7.1*

Betriebsmittel, festangebrachte
Begriff ..... *N* ***200*** *2.7.7*

Betriebsmittel, ortsfeste
Begriff ..... **B** 1 [S. 14], *N* ***200*** *2.7.6*

Betriebsmittel, ortsveränderliche
Begriff ..... **B** 1 [S. 14], *N* ***200*** *2.7.4*

Betriebsstätten, abgeschlossene elektrische
Begriff ..... *N* ***200*** *A.6.2*

Betriebsstätten, elektrische
Begriff ..... *N* ***200*** *A.6.1*

bewegliche Stromquellen
Schutz durch Schutztrennung ..... **B** 8.1<413.5.1.1> [S. 164], *N* ***410*** *413.5.1.1*

bewehrter Beton
zusätzlicher Potentialausgleich ..... **B** 6.1.6.1 [S. 106]

Bezeichnungen
für Schutz bei indirektem Berühren ..... **B** 6 [S. 59]
Gegenüberstellung früher und heute bei Schutz durch automatische Abschaltung der Stromversorgung **B** 6.1 [S. 59]

Bleimantel
Erder ..... *N* ***540*** *4.2.7*

Blitzschutzerder
Hauptpotentialausgleich ..... **B** 6.1.2 [S. 63]

Busleitungen
gemeinsames Verlegen der Kabel und Leitungen von Stromkreisen, die unterschiedlichen Spannungsbereichen angehören ..... **B** 4.1.4 [S. 36]

D

Deckel
Schutz durch Verwendung von Betriebsmitteln der Schutzklasse II oder durch gleichwertige Isolierung ..... **B** 8.1<413.2.6> [S. 161], *N* ***410*** *413.2.6*

Differenzstrom
Begriff ..... **B** 1 [S. 8], *N* ***200*** *2.3.9*

Differenzstrom-Schutzeinrichtungen
Schutz bei direktem Berühren ..... **B** 5.5 [S. 51]

Dimensionierung
zusätzlicher Potentialausgleich ..... **B** 6.1.6.1 [S. 105], 6.1.6.2 [S. 108], Bild 6.20 [S. 109]

direktes Berühren
Begriff ..... **B** 1 [S. 9], *N* ***200*** *2.3.5*

direktes Berühren, Schutz gegen
Begriff ..... **B** 1 [S. 16], *N* ***200*** *A.8.1*

dreiadrige Netzanschlußleitungen
Schutz durch Verwendung von Betriebsmitteln der Schutzklasse II oder durch gleichwertige Isolierung ..... **B** 6.2 [S. 121]

Drosselspulen
Schutzmaßnahmen gegen thermische Einflüsse ..... **B** 8.2<NB.2> [S. 174], *N* ***470*** *NB.2*

durchgehende elektrische Verbindung
Schutzleiter ..... *N* ***540*** *5.3*

Duschwannen
zusätzlicher Potentialausgleich ..... **B** Bild 6.20 [S. 109]

E

Einstiegleitern
Schwimmbäder ..... **B** 6.1.6.2 [S. 113]

Eintrittspunkt in das Gebäude
Hauptpotentialausgleich ..... **B** 8.1<413.1.2.1> [S. 152], *N* ***410*** *413.1.2.1*

elektrisch unabhängige Erder
Begriff .... **B** 1 [S. 9], ***N*** ***200*** *2.4.4*

elektrische Anlagen (von Gebäuden)
Begriff .... ***N*** ***200*** *2.1.1*

elektrische Betriebsmittel
Begriff .... **B** 1 [S. 9], ***N*** ***200*** *2.7.1*
Schutz bei indirektem Berühren .... **B** 8.2<471.2.1> [S. 170], ***N*** ***470*** *471.2.1*

elektrische Betriebsstätten
Begriff .... ***N*** ***200*** *A.6.1*
Schutz durch Abstand .... **B** 8.1<NB.2> [S. 167], ***N*** ***410*** *NB.2*
Schutz durch Hindernisse .... **B** 8.1<NB.2> [S. 167], ***N*** ***410*** *NB.2*
Schutz gegen direktes Berühren .... **B** 5.3 [S. 45], 5.4 [S. 46]

elektrische Verbrauchsmittel
Begriff .... **B** 1 [S. 9], ***N*** ***200*** *2.7.2*

elektrischer Schlag
Begriff .... **B** 1 [S. 9], ***N*** ***200*** *2.3.4*

elektrischer Stromkreis
Begriff .... **B** 1 [S. 9], ***N*** ***200*** *2.5, 2.5.1*

elektrochemische Stromquellen
PELV .... **B** 8.1<411.1.2.3> [S. 142], ***N*** ***410*** *411.1.2.3*
SELV .... **B** 8.1<411.1.2.3> [S. 142], ***N*** ***410*** *411.1.2.3*

elektrolytische Einflüsse
Erdungsanlage .... ***N*** ***540*** *4.1.3*

elektronische Einrichtungen
als Stromquellen bei SELV .... **B** 4.1.1 [S. 33]
als Stromquellen für PELV .... **B** 8.1<411.1.2.5> [S. 142], ***N*** ***410*** *411.1.2.5*
als Stromquellen für SELV .... **B** 8.1<411.1.2.5> [S. 142], ***N*** ***410*** *411.1.2.5*

elektronische Konverter
SELV .... **B** 4.1.1 [S. 33]

Endstromkreise
Begriff .... **B** 1 [S. 9], *N* ***200*** *2.5.3*
TN-Systeme .... **B** 8.1<413.1.3.4> [S. 154], *N* ***410*** *413.1.3.4*

Entwürfe
der Reihe DIN VDE 0100 .... **B** 9.1 [S. 175]

Erde
Begriff .... **B** 1 [S. 10], *N* ***200*** *2.4.1*
Beziehung der Kleinspannungen dazu .... **B** 8.1<Anhang ZB> [S. 146], *N* ***410*** *Anhang ZB*
IT-Systeme .... **B** 8.1<413.1.5.1> [S. 156], *N* ***410*** *413.1.5.1*

Erden
Begriff .... **B** 1 [S. 10], *N* ***200*** *A.5.1*

Erder
Anschluß .... *N* ***540*** *4.3.2*
Banderder .... *N* ***540*** *4.2.1*
Begriff .... **B** 1 [S. 10], *N* ***200*** *2.4.2*
Bleimantel .... *N* ***540*** *4.2.7*
Fundamenterder .... *N* ***540*** *4.2.1*
Korrosion .... *N* ***540*** *4.2.4*
Metallbewehrung .... *N* ***540*** *4.2.1*
metallene Umhüllung (für Kabel) .... *N* ***540*** *4.2.7*
Plattenerder .... *N* ***540*** *4.2.1*
Rohrerder .... *N* ***540*** *4.2.1*
Rohrleitungen .... *N* ***540*** *4.2.6*
Seilerder .... *N* ***540*** *4.2.1*
Spannbeton .... *N* ***540*** *4.2.1*
Staberder .... *N* ***540*** *4.2.1*
TT-Systeme .... **B** 8.1<413.1.4.1> [S. 155], *N* ***410*** *413.1.4.1*
unterirdische Konstruktionsteile .... *N* ***540*** *4.2.1*
Verlegetiefe .... *N* ***540*** *4.2.2*
Wasserrohrnetz .... *N* ***540*** *4.2.1, 4.2.5*
Werkstoff .... *N* ***540*** *4.2.3*

Erder, elektrisch unabhängige
Begriff .... *N* ***200*** *2.4.4*

Erder, natürlicher
Begriff .... **B** 1 [S. 14], *N* ***200*** *A.5.4*

Erdschluß
Begriff ... **B** 1 [S. 10],
N ***200*** *A.7.7*
vollkommener Erdschluß (Begriff) ... *N* ***200*** *A.7.8*

erdschlußsicher
Begriff ... *N* ***200*** *A.7.6*

Erdschlußstrom
Begriff ... **B** 1 [S. 10],
N ***200*** *A.7.10*

Erdung
Begriff ... **B** 1 [S. 10],
N ***200*** *A.5.2*
der Stromkreise bei PELV ... **B** 8.1<411.1.5> [S. 144],
N ***410*** *411.1.5*
eines Außenleiters bei FELV ... **B** 4.1.3 [S. 36]
hochohmig bei IT-Systemen ... **B** 6.1.5 [S. 89]
Schutz durch automatische Abschaltung der Stromversorgung ... **B** 8.1<413.1.1.2> [S. 151],
N ***410*** *413.1.1.2*
Schutz durch erdfreien örtlichen Potentialausgleich **B** 6.4 [S. 125]
TN-Systeme ... **B** 6.1.3 [S. 69],
8.1<413.1.3.1> [S. 152],
N ***410*** *413.1.3.1*

Erdungsanlage
Auswahl ... *N* ***540*** *4.1.2*
Begriff ... **B** 1 [S. 10],
N ***200*** *A.5.8*
Betriebsmittel ... *N* ***540*** *4.1.2*
elektrolytische Einflüsse ... *N* ***540*** *4.1.3*
Errichten ... *N* ***540*** *4.1.2*
Funktionszwecke ... *N* ***540*** *4.1.1*
Schutzzwecke ... *N* ***540*** *4.1.1*
Zuverlässigkeit ... *N* ***540*** *4.2.5*

Erdungsleiter
Abtrennen ... *N* ***540*** *4.4.2*
Anschluß ... *N* ***540*** *4.3.2*
Begriff ... **B** 1 [S. 11],
N ***200*** *2.4.7*
Fehlerspannungs-Schutzeinrichtungen ... *N* ***540*** *6.2*
Mindestquerschnitt ... *N* ***540*** *4.3.1*
Trennvorrichtung ... *N* ***540*** *4.4.2*

Erdungssammelleitung
Begriff ... *N* ***200*** *A.5.7*

Erdungsschelle
Auswahl .... ***N*** ***540*** *4.3.2*

Erdverbindungen
Systeme nach Art der Erdverbindung .... ***N*** ***300*** *312.2*

Erdwiderstand, spezifischer
Begriff .... ***N*** ***200*** *A.5.9*

Erläuterungen
der DIN VDE 0100-410 (VDE 0100 Teil 410):1997-01 .... **B** 2 [S. 24]

Errichten
Erdungsanlage .... ***N*** ***540*** *4.1.2*
PEN-Leiter .... ***N*** ***540***
Potentialausgleichsleiter .... ***N*** ***540***
Schutzleiter .... ***N*** ***540***

Errichtung
Schutzmaßnahmen .... **B** 8.2<470.3> [S. 170], ***N*** ***470*** *470.3*

Ersatz für nichterfüllbare Abschaltbedingungen
zusätzlicher Potentialausgleich .... **B** 6.1.6.1 [S. 105]

F

fabrikfertige Betriebsmittel
Schutz durch Verwendung von Betriebsmitteln der Schutzklasse II oder durch gleichwertige Isolierung .... **B** 6.2 [S. 115]

Fadenmaß
Erklärung .... **B** Fußnote 5 [S. 124]

Farbe
ungeeignet als isolierende Umhüllung, Schutz durch Verwendung von Betriebsmitteln der Schutzklasse II oder durch gleichwertige Isolierung .... **B** 6.2 [S. 118], 8.1<413.2.3> [S. 161], ***N*** ***410*** *413.2.3*
ungeeignet als Schutz durch Isolierung .... **B** 8.1<412.1> [S. 147], ***N*** ***410*** *412.1*

Fehlauslösungen
Fehlerstrom-Schutzeinrichtungen .... **B** 5.5 [S. 57]

Fehlerschutz
Schutz durch automatische Abschaltung der Stromversorgung ..... **B** 8.1<413.1> [S. 150], *N* ***410*** *413.1*
Schutz gegen elektrischen Schlag ..... **B** 8.1<413> [S. 150], *N* ***410*** *413*
→ siehe auch Schutz bei indirektem Berühren

Fehlerspannungs-Schutzeinrichtungen
Erdungsleiter ..... *N* ***540*** *6.2*
Hilfserder ..... *N* ***540*** *6.2*
Schutzleiter ..... *N* ***540*** *6.2*
TT-Systeme ..... **B** 6.1.4 [S. 86], 8.1<413.1.4.4> [S. 156], *N* ***410*** *413.1.4.4*

Fehlerstrom
Begriff ..... **B** 1 [S. 11], *N* ***200*** *A.7.9*

Fehlerstrom-Schutzeinrichtungen
„allstromsensitive“ Fehlerstrom-Schutzeinrichtungen **B** 5.5 [S. 58]
Abbildung ..... **B** Bild 5.10 [S. 56]
Abbildung einer allstromsensitiven Fehlerstrom-Schutzeinrichtung ..... **B** Bild 5.11 [S. 58]
Auslösung ..... **B** 5.5 [S. 56]
Beeinflussung durch Gleichfehlerströme ..... **B** 5.5 [S. 58]
Bemessungsdifferenzströme ..... **B** 5.5 [S. 53]
bis zur Abschaltung keine Strombegrenzung ..... **B** 5.5 [S. 57]
Fehlauslösungen ..... **B** 5.5 [S. 57]
FI/LS-Schalter ..... **B** 5.5 [S. 58]
hochempfindliche Fehlerstrom-Schutzeinrichtungen **B** 5.5 [S. 55]
Indizes „N“ und „n“ ..... **B** 5.5 [S. 53]
Nennfehlerströme ..... **B** 5.5 [S. 53]
Schutz bei direktem Berühren ..... **B** 5.5 [S. 51, 53]
Schutz bei indirektem Berühren ..... **B** 5.5 [S. 53]
Schutz bei Überstrom ..... **B** 5.5 [S. 58]
Schutzwirkung ..... **B** 5.5 [S. 57]

Fehlerströme
beim ersten Fehler im IT-System ..... **B** Bild 6.10 [S. 91]

FELV
Basistrennung ..... **B** 4.1.3 [S. 36], 8.2<471.3.1> [S. 172], *N* ***470*** *471.3.1*
Erdung eines Außenleiters ..... **B** 4.1.3 [S. 36]
Isolierung ..... **B** 8.2<471.3.2> [S. 172], *N* ***470*** *471.3.2*

primärseitig ein IT-System vorhanden .... **B** Bild 4.6 [S. 40, 41]
primärseitig ein TN-System vorhanden .... **B** Bild 4.4 [S. 38]
primärseitig ein TT-System vorhanden .... **B** Bild 4.5 [S. 39]
Qualität der Trennung zwischen Primär- und Sekundärseite .... **B** 4.1.3 [S. 36]
Schutz bei indirektem Berühren .... **B** 8.2<471.3.3> [S. 173], ***N*** ***470*** *471.3.3*
Schutz gegen direktes Berühren .... **B** 8.2<471.3.2> [S. 172], ***N*** ***470*** *471.3.2*
Schutz gegen elektrischen Schlag .... **B** 8.1<Anhang ZB> [S. 146], ***N*** ***410*** *Anhang ZB*
Schutz sowohl gegen direktes als auch bei indirektem Berühren .... **B** 4.1 [S. 31, 32]
Spannungsgrenzen .... **B** 4.1 [S. 32]
SPS-Steuerungen .... **B** 4.1.3 [S. 35]
Steckdosen .... **B** 8.2<471.3.4> [S. 173], ***N*** ***470*** *471.3.4*
Stecker .... **B** 8.2<471.3.4> [S. 173], ***N*** ***470*** *471.3.4*
Stromkreise höherer Spannung .... **B** 8.2<471.3.1> [S. 172], ***N*** ***470*** *471.3.1*
Überblick .... **B** 4.1 [S. 32]
Ursprung .... **B** 4.1 [S. 32]
Vergleich zur bisherigen Funktionskleinspannung ohne sichere Trennung .... **B** 4.1.3 [S. 35]
zulässige und unzulässige Ausführung .... **B** Bild 4.3 [S. 35]

FELV-Stromkreise
Schutz sowohl gegen direktes als auch bei indirektem Berühren .... **B** 8.2<471.3> [S. 172], ***N*** ***470*** *471.3*

festangebrachte Betriebsmittel
Begriff .... ***N*** ***200*** *2.7.7*

fester Anschluß
Begriff .... ***N*** ***200*** *A.2.3*

FI/LS-Schalter
Fehlerstrom-Schutzeinrichtungen .... **B** 5.5 [S. 58]

flexible Anschlußleitungen
Schutz durch Schutztrennung .... **B** 8.1<413.5.3.3> [S. 166], ***N*** ***410*** *413.5.3.3*

flexible Kabel/Leitungen
Schutz durch Schutztrennung .... **B** 8.1<413.5.1.4> [S. 165], ***N*** ***410*** *413.5.1.4, Nationales Vorwort zu 413.5.1.4*

Schutztrennung .... **B** 6.5 [S. 131]

Freileitungen

TN-Systeme .... **B** 8.1<413.1.3.7> [S. 154], ***N*** ***410*** *413.1.3.7*

Freileitungszubehör

Schutz bei indirektem Berühren entbehrlich .... **B** 8.2<471.2.2> [S. 171], ***N*** ***470*** *471.2.2*

Freischalten

Begriff .... ***N*** ***200*** *A.8.3*

fremde leitfähige Teile

als PEN-Leiter .... ***N*** ***540*** *5.2.6*

als Schutzleiter .... ***N*** ***540*** *5.2.4*

Begriff .... **B** 1 [S. 11], ***N*** ***200*** *2.3.3*

gleichzeitig berührbar (zusätzlicher Potentialausgleich) .... **B** 8.1<413.1.6.1> [S. 159], ***N*** ***410*** *413.1.6.1*

Hauptpotentialausgleich .... **B** 8.1<413.1.2.1> [S. 151], ***N*** ***410*** *413.1.2.1*

Schutz durch erdfreien örtlichen Potentialausgleich **B** 6.4 [S. 125], 8.1<413.4.1> [S. 163], 8.1<413.4.2> [S. 163], ***N*** ***410*** *413.4.1, 413.4.2*

Schutz durch nichtleitende Räume .... **B** 8.1<413.3.6> [S. 163], ***N*** ***410*** *413.3.6*

zusätzlicher Potentialausgleich .... **B** 6.1.6.1 [S. 106], 6.1.6.2 [S. 108], 6.1.6.2 [S. 113]

fremdspannungsarmer Potentialausgleich

informationstechnische Anlagen .... ***N*** ***540*** *C.2*

frühere Ausgaben

Gestaltung der DIN VDE 0100-410 (VDE 0100 Teil 410):1997-01 .... **B** 2 [S. 21, 25]

Überblick .... **B** 7 [S. 135]

Fundamenterder

Begriff .... **B** 1 [S. 11], ***N*** ***200*** *A.5.5*

Erder .... ***N*** ***540*** *4.2.1*

Funktionserdung

allgemeine Anforderungen .... ***N*** ***540*** *7.1*

Funktionskleinspannung

Begriff .... ***N*** ***200*** *A.8.8*

mit sicherer Trennung .... **B** 4.1 [S. 31]
ohne sichere Trennung .... **B** 4.1 [S. 31]

Funktionszwecke
Erdungsanlage .... ***N*** ***540*** *4.1.1*

Fußböden
aus nichtisolierendem Material (zusätzlicher Potentialausgleich) .... **B** 6.1.6.1 [S. 106]
Kriterium für isolierend oder nichtisolierend .... **B** 6.1.6.1 [S. 106], 6.1.6.2 [S. 113]
Schutz durch erdfreien örtlichen Potentialausgleich **B** 8.1<413.4.3> [S. 164], ***N*** ***410*** *413.4.3*
Schutz durch nichtleitende Räume .... **B** 6.3 [S. 123]
Schwimmbäder .... **B** 6.1.6.2 [S. 113]

G

Gasrohre
als Schutzleiter .... ***N*** ***540*** *5.2.4*

geerdete metallene Umhüllungen
PELV .... **B** 8.1<411.1.3.2> [S. 143], ***N*** ***410*** *411.1.3.2*
SELV .... **B** 8.1<411.1.3.2> [S. 143], ***N*** ***410*** *411.1.3.2*

geerdete Metallschirme
PELV .... **B** 8.1<411.1.3.2> [S. 143], ***N*** ***410*** *411.1.3.2*
SELV .... **B** 8.1<411.1.3.2> [S. 143], ***N*** ***410*** *411.1.3.2*

geerdete Teile
Schutz durch erdfreien örtlichen Potentialausgleich **B** 8.1<413.4.2> [S. 163], 8.1<413.4.3> [S. 164], ***N*** ***410*** *413.4.2, 413.4.3*

Gefahr
Begriff .... **B** 1 [S. 11]

gefährlicher Körperstrom
Begriff .... **B** 1 [S. 11], ***N*** ***200*** *2.3.7*

gefährliches aktives Teil
Begriff .... **B** 1 [S. 11]

gefährliches mechanisches Teil
Begriff .... **B** 1 [S. 11]

gefährliches Teil
Begriff .... **B** 1 [S. 11]

Gehäuse
als Schutzleiter .... *N* ***540*** *5.2.2*
Begriff .... **B** 1 [S. 12]

Generatoren
als Stromquellen für PELV .... **B** 8.1<411.1.2.4> [S. 142], *N* ***410*** *411.1.2.4*
als Stromquellen für SELV .... **B** 8.1<411.1.2.4> [S. 142], *N* ***410*** *411.1.2.4*

Gesamterdungswiderstand
Begriff .... **B** 1 [S. 12], *N* ***200*** *2.4.3*

geschirmte Kabel/Leitungen
einführen bei Schutz durch Verwendung von Betriebsmitteln der Schutzklasse II oder durch gleichwertige Isolierung .... **B** 6.2 [S. 121]

Gestaltung der DIN VDE 0100-410 (VDE 0100 Teil 410):1997-01
Abschnittsnumerierung .... **B** Bild 2.2 [S. 23]
Erläuterungen .... **B** 2 [S. 24]
europäisches Erscheinungsbild .... **B** Bild 2.1 [S. 22]
frühere Ausgaben .... **B** 2 [S. 21, 25]
Harmonisierungsdokument .... **B** 2 [S. 21]
IP-Code .... **B** 2 [S. 25]
Konkordanzliste .... **B** 2 [S. 24]
Literaturhinweise .... **B** 2 [S. 25]
Numerierung der Abschnitte .... **B** 2 [S. 23]
Nummernsystem .... **B** 2 [S. 23]
Seitenzählungen .... **B** 2 [S. 23]
Übergangsfrist .... **B** 2 [S. 21]
Untertitel .... **B** 2 [S. 21]
Zitierungen der internationalen Veröffentlichungen **B** 2 [S. 24]

Gleichfehlerströme
Beeinflussung von Fehlerstrom-Schutzeinrichtungen **B** 5.5 [S. 58]

Gleichspannung
Anwendungsbereich für Schutz durch automatische Abschaltung der Stromversorgung .... **B** 6.1.1 [S. 61]
SELV .... **B** 8.1<411.1.4.3> [S. 144], *N* ***410*** *411.1.4.3*

Gleichstrom
Spannungsbereiche .... **B** Tabelle 4.1 [S. 37], *N* ***410*** *Nationales Vorwort*

Gleichstromsysteme
Schutz durch automatische Abschaltung der Stromversorgung .... **B** 6.1 [S. 60]

gleichzeitig berührbare Körper
Schutz durch automatische Abschaltung der Stromversorgung .... **B** 8.1<413.1.1.2> [S. 151], ***N*** ***410*** *413.1.1.2*

gleichzeitig berührbare leitfähige Teile
Schutz durch erdfreien örtlichen Potentialausgleich **B** 6.4 [S. 125]
Schutz durch nichtleitende Räume .... **B** 6.3 [S. 121]

gleichzeitig berührbare Teile
Basisschutz .... **B** 8.1<412.4.1> [S. 148], ***N*** ***410*** *412.4.1*
Begriff .... **B** 1 [S. 12], ***N*** ***200*** *2.3.10*
Schutz gegen direktes Berühren .... **B** 8.1<412.4.1> [S. 148], ***N*** ***410*** *412.4.1*
Schutz gegen elektrischen Schlag unter normalen Bedingungen .... **B** 8.1<412.4.1> [S. 148], ***N*** ***410*** *412.4.1*

Grenzen des Handbereichs
Basisschutz .... **B** 8.1<412.4.1> [S. 148], ***N*** ***410*** *412.4.1*
Schutz gegen elektrischen Schlag unter normalen Bedingungen .... **B** 8.1<Bild 41C> [S. 149], ***N*** ***410*** *Bild 41C*

Grenzrisiko
Begriff .... **B** 1 [S. 12]

große Gebäude
IT-Systeme .... **B** 8.1<413.1.5.3> [S. 157], ***N*** ***410*** *413.1.5.3*
TN-Systeme .... **B** 8.1<413.1.3.1> [S. 152], ***N*** ***410*** *413.1.3.1*

H

Handbereich
Basisschutz .... **B** 8.1<Bild 41C> [S. 149], ***N*** ***410*** *Bild 41C*
Begriff .... **B** 1 [S. 12], ***N*** ***200*** *2.3.11*
bei Hindernissen, Basisschutz .... **B** 8.1<412.4.2> [S. 149], ***N*** ***410*** *412.4.2*

beim Umgang mit sperrigen oder langen leitfähigen Gegenständen, Basisschutz .... **B** 8.1<412.4.3> [S. 149], ***N*** ***410*** *412.4.3*

Grenzen beim Schutz gegen direktes Berühren .... **B** 8.1<412.4.1> [S. 148], ***N*** ***410*** *412.4.1*

Schutz gegen direktes Berühren .... **B** 8.1<Bild 41C> [S. 149], ***N*** ***410*** *Bild 41C*

Schutz gegen elektrischen Schlag unter normalen Bedingungen .... **B** 8.1<Bild 41C> [S. 149], ***N*** ***410*** *Bild 41C*

Handgeräte

Begriff .... **B** 1 [S. 12], ***N*** ***200*** *2.7.5*

Handläufe

Schwimmbäder .... **B** 6.1.6.2 [S. 113]

Harmonisierungsdokument

als Bestandteil der DIN VDE 0100-410 (VDE 0100 Teil 410):1997-01 .... **B** 2 [S. 21]

Haupterdungsklemme

Begriff .... **B** 1 [S. 13], ***N*** ***200*** *2.4.8*

Hauptpotentialausgleich .... **B** 8.1<413.1.2.1> [S. 151], ***N*** ***410*** *413.1.2.1*

Haupterdungsklemme oder -schiene

Anlage .... ***N*** ***540*** *4.4.1*

Haupterdungsleiter

Hauptpotentialausgleich .... **B** 8.1<413.1.2.1> [S. 151], ***N*** ***410*** *413.1.2.1*

Haupterdungsschiene

Begriff .... **B** 1 [S. 13], ***N*** ***200*** *2.4.8*

Hauptpotentialausgleich

„zusätzlicher" Hauptpotentialausgleich .... **B** 6.1.3 [S. 74]

Ausdehnung auf Anlagenteile außerhalb von Gebäuden (TN-Systeme) .... **B** 6.1.3 [S. 79], Bild 6.7b [S. 81], Bild 6.7c [S. 82]

Ausführungsbeispiel .... **B** Bild 6.2a [S. 64]

Blitzschutzerder .... **B** 6.1.2 [S. 63]

Eintrittspunkt in das Gebäude .... **B** 8.1<413.1.2.1> [S. 151], ***N*** ***410*** *413.1.2.1*

fremde leitfähige Teile .... **B** 8.1<413.1.2.1> [S. 151], ***N*** ***410*** *413.1.2.1*

Haupterdungsklemme .... **B** 8.1<413.1.2.1> [S. 151], *N* ***410*** *413.1.2.1*

Haupterdungsleiter .... **B** 8.1<413.1.2.1> [S. 151], *N* ***410*** *413.1.2.1*

Hauptschutzleiter .... **B** 8.1<413.1.2.1> [S. 151], *N* ***410*** *413.1.2.1*

in jedem Gebäude .... **B** 6.1.2 [S. 63]

in jedem Gebäude (TN-System) .... **B** Bild 6.2b [S. 65]

in jedem Gebäude (TT-System) .... **B** Bild 6.2c [S. 66]

IT-Systeme .... **B** 6.1.5 [S. 105]

Klimaanlagen .... **B** 8.1<413.1.2.1> [S. 151], *N* ***410*** *413.1.2.1*

metallene fremde leitfähige Teile .... **B** 6.1.2 [S. 67]

metallene Rohrleitungen .... **B** 8.1<413.1.2.1> [S. 151], *N* ***410*** *413.1.2.1*

metallene Verstärkungen von Gebäudekonstruktionen **B** 8.1<413.1.2.1> [S. 151], *N* ***410*** *413.1.2.1*

metallische Umhüllungen von Fernmeldekabeln und -leitungen .... **B** 8.1<413.1.2.1> [S. 152], *N* ***410*** *413.1.2.1*

Metallteile der Gebäudekonstruktion .... **B** 8.1<413.1.2.1> [S. 151], *N* ***410*** *413.1.2.1*

Mindestquerschnitte .... *N* ***540*** *9.1.1*

Schutz durch automatische Abschaltung der Stromversorgung .... **B** 8.1<413.1.2.1> [S. 151], *N* ***410*** *413.1.2.1*

TN-Systeme .... **B** Bild 6.2b [S. 65]

TT-Systeme .... **B** Bild 6.2c [S. 66]

Umhüllungen von Fernmeldekabeln und -leitungen **B** 6.1.2 [S. 63]

Zentralheizungsanlagen .... **B** 8.1<413.1.2.1> [S. 151], *N* ***410*** *413.1.2.1*

Hauptschutzleiter

Hauptpotentialausgleich .... **B** 8.1<413.1.2.1> [S. 151], *N* ***410*** *413.1.2.1*

Hauptstromkreise

Begriff .... *N* ***200*** *A.1.5.1*

Hauptstromversorgungssysteme

Schutz durch automatische Abschaltung der Stromversorgung .... **B** 6.1.1 [S. 61]

Hausanschlußkasten

Begriff .... **B** 1 [S. 13]

Hilfserder

Fehlerspannungs-Schutzeinrichtungen .... *N* ***540*** *6.2*

Hilfsstromkreise
Begriff .... *N* ***200*** *A.1.5.2*

Hindernisse
Begriff .... **B** 1 [S. 13],
N ***200*** *2.3.14*
Schutz durch nichtleitende Räume .... **B** 6.3 [S. 124], 8.1<413.3.3> [S. 162],
N ***410*** *413.3.3*
Schutz gegen direktes Berühren .... **B** 5.4 [S. 46]
unbeabsichtigtes Entfernen verhindern, Basisschutz **B** 8.1<412.3.2> [S. 148],
N ***410*** *412.3.2*

hochempfindliche Fehlerstrom-Schutzeinrichtungen
Bezeichnung .... **B** 5.5 [S. 55]

Hochhäuser
IT-Systeme .... **B** 8.1<413.1.5.3> [S. 157],
N ***410*** *413.1.5.3*
TN-Systeme .... **B** 8.1<413.1.3.1> [S. 152],
N ***410*** *413.1.3.1*

horizontale obere Flächen
Basisschutz .... **B** 8.1<412.2.2> [S. 148],
N ***410*** *412.2.2*
Schutz gegen direktes Berühren .... **B** 8.1<412.2.2> [S. 148],
N ***410*** *412.2.2*
Schutz gegen elektrischen Schlag unter normalen Bedingungen .... **B** 8.1<412.2.2> [S. 148],
N ***410*** *412.2.2*

I

Impedanz
IT-Systeme .... **B** 8.1<413.1.5.1> [S. 156],
N ***410*** *413.1.5.1*

Impedanz der Fehlerschleife
IT-Systeme .... **B** 8.1<413.1.5.6> [S. 158],
N ***410*** *413.1.5.6*

indirektem Berühren, Schutz bei
Begriff .... **B** 1 [S. 16],
N ***200*** *A.8.4*

indirektes Berühren
Begriff .... **B** 1 [S. 13],
N ***200*** *2.3.6*

informationstechnische Anlagen
fremdspannungsarmer Potentialausgleich .... *N* ***540*** *C.2*

Installationsbussysteme
Schutz sowohl gegen direktes als auch bei indirektem Berühren .... **B** 4.1 [S. 31]

Installationskleinverteiler
Schutzart .... **B** 5.2 [S. 45]

Installationsmaterialien
Schutz gegen direktes Berühren .... **B** 5.1 [S. 44]

Installationsverteiler
Schutzart .... **B** 5.2 [S. 45]

internationale Veröffentlichungen
vergleichbare Deutsche Normen .... **B** 2 [S. 24]

IP-Code
Anordnung und Bedeutung .... **B** Bild 2.3 [S. 26]
Anwendung in DIN VDE 0100-410 (VDE 0100 Teil 410):1997-01 .... **B** 2 [S. 25]
Begriff .... **B** 1 [S. 13]

Isolationsfehler
Begriff .... *N* ***200*** *A.7.1*

Isolationsüberwachungseinrichtungen
Einstellwerte .... **B** 6.1.5 [S. 90]
immer gefordert in IT-Systemen .... **B** 6.1.5 [S. 88]
IT-Systeme .... **B** 6.1.5 [S. 89], 8.1<413.1.5.4> [S. 157], 8.1<413.1.5.8> [S. 159],
N ***410*** *413.1.5.4, 413.1.5.8*

isolierende Fußböden
Schutz durch nichtleitende Räume .... **B** 8.1<413.3.3> [S. 162], 8.1<413.3.4> [S. 163],
N ***410*** *413.3.3, 413.3.4*

isolierende Umhüllung
Schutz durch Verwendung von Betriebsmitteln der Schutzklasse II oder durch gleichwertige Isolierung .... **B** 8.1<413.2.2> [S. 161], 8.1<413.2.3> [S. 161], 8.1<413.2.4> [S. 161],
N ***410*** *413.2.2, 413.2.3, 413.2.4*

isolierende Wände
Schutz durch nichtleitende Räume .... **B** 8.1<413.3.3> [S. 162], 8.1<413.3.4> [S. 163], ***N*** ***410*** *413.3.3, 413.3.4*

Isolierung
errichten, die gleichwertig zu der von Betriebsmitteln der Schutzklasse II ist .... **B** 6.2 [S. 115]

Isolierungen
PEN-Leiter .... ***N*** ***540*** *8.2.2*
Schutz durch Schutztrennung .... **B** 8.1<413.5.1.3> [S. 165], ***N*** ***410*** *413.5.1.3*
Schutz durch Verwendung von Betriebsmitteln der Schutzklasse II oder durch gleichwertige Isolierung .... **B** 8.1<413.2.1.1> [S. 160], 8.1<413.2.1.2> [S. 160], ***N*** ***410*** *413.2.1.1, 413.2.1.2*

IT-Systeme
Abschaltbedingung durch Überstrom-Schutzeinrichtungen nicht zu erfüllen .... **B** 8.1<413.1.5.7> [S. 159], ***N*** ***410*** *413.1.5.7*
Abschaltbedingungen beim 2. Fehler .... **B** 8.1<413.1.5.5> [S. 158], ***N*** ***410*** *413.1.5.5*
Abschaltung nicht gefordert .... **B** 8.1<413.1.5.1> [S. 157], ***N*** ***410*** *413.1.5.1*
Abschaltzeiten .... **B** 8.1<Tabelle 41B> [S. 159], Tabelle 6.3 [S. 96], ***N*** ***410*** *Tabelle 41B*
Abschaltzeiten bei Gleichspannung .... **B** 6.1.5 [S. 102]
aktive Teile .... **B** 8.1<413.1.5.1> [S. 156], ***N*** ***410*** *413.1.5.1*
alle Körper über Schutzleiter an einem Erder angeschlossen .... **B** Bild 6.15 [S. 97], **B** Bilder 6.16a–e [S. 98 bis 100]
Anlagenerder R_A .... **B** 6.1.5 [S. 90]
Auftreten eines ersten Fehlers .... **B** 8.1<413.1.5.5> [S. 158], ***N*** ***410*** *413.1.5.5*
Außenleiter erden .... **B** 8.1<413.1.5.1> [S. 157], ***N*** ***410*** *413.1.5.1*
Bedingungen .... **B** 8.1<413.1.5.3> [S. 157], ***N*** ***410*** *413.1.5.3*
Betrachtung von 2 Fehlern .... **B** 6.1.5 [S. 92]
Erde .... **B** 8.1<413.1.5.1> [S. 156], ***N*** ***410*** *413.1.5.1*
Erklärung .... ***N*** ***300*** *312.2.3*

Fehlerstrom beim ersten Fehler ... **B** Bild 6.10 [S. 91]
große Gebäude ... **B** 8.1<413.1.5.3> [S. 157],
N ***410*** *413.1.5.3*
Hauptpotentialausgleich ... **B** 6.1.5 [S. 105]
Hochhäuser ... **B** 8.1<413.1.5.3> [S. 157],
N ***410*** *413.1.5.3*
hochohmige Erdung ... **B** 6.1.5 [S. 89]
Impedanz ... **B** 8.1<413.1.5.1> [S. 156],
N ***410*** *413.1.5.1*
Impedanz der Fehlerschleife ... **B** 8.1<413.1.5.6> [S. 158],
N ***410*** *413.1.5.6*
Isolationsüberwachungseinrichtungen ... **B** 6.1.5 [S. 89],
8.1<413.1.5.4> [S. 157],
8.1<413.1.5.8> [S. 159],
N ***410*** *413.1.5.4, 413.1.5.8*
Isolationsüberwachungseinrichtungen (Einstellwerte) ... **B** 6.1.5 [S. 90]
Isolationsüberwachungseinrichtungen immer gefordert ... **B** 6.1.5 [S. 88]
Körper ... **B** 8.1<413.1.5.3> [S. 157],
N ***410*** *413.1.5.3*
Körper einzeln geerdet ... **B** Bild 6.11 [S. 92],
Bild 6.13 [S. 94]
Körper hinter derselben Schutzeinrichtung nicht an getrennte Erder ... **B** Bild 6.14 [S. 95]
Körper in Gruppen geerdet ... **B** Bild 6.12 [S. 93]
künstlicher Sternpunkt ... **B** 6.1.5 [S. 89]
mit Neutralleiter ... **B** 6.1.5 [S. 101], 6.1.5 [S. 103],
Bilder 6.16d–e [S. 99, 100]
Nennspannungen und maximale Abschaltzeiten ... **B** 8.1<Tabelle 41B> [S. 159],
N ***410*** *Tabelle 41B*
Neutralleiter mit verteilt ... **B** 8.1<413.1.5.6> [S. 158],
N ***410*** *413.1.5.6*
Neutralleiter nicht mit verteilt ... **B** 8.1<413.1.5.6> [S. 158],
N ***410*** *413.1.5.6*
primärseitig für FELV ... **B** Bild 4.6 [S. 40, 41]
RCDs ... **B** 6.1.5 [S. 103],
8.1<413.1.5.7> [S. 159],
8.1<413.1.5.8> [S. 159],
Bild 6.18 [S. 104],
N ***410*** *413.1.5.7, 413.1.5.8*
RCDs (Körper gemeinsam geerdet) ... **B** Bild 6.17 [S. 102]
Schleifenimpedanzen ... **B** 6.1.5 [S. 95]
Schutz bei indirektem Berühren ... **B** 6.1.5 [S. 87]
Schutz durch automatische Abschaltung der Stromversorgung ... **B** 6.1.1 [S. 61], 8.1<413.1.5> [S. 156],

N ***410*** *413.1.5*
Schutz durch Meldung .... **B** 6.1.5 [S. 87]
Schutz durch Meldung (früher) .... **B** Bild 6.9 [S. 87]
Schutz gegen elektrischen Schlag .... **B** 8.1<413.1.5> [S. 156], *N* ***410*** *413.1.5*
Schutzeinrichtungen .... **B** 6.1.5 [S. 104]
Sternpunkt .... **B** 8.1<413.1.5.1> [S. 156], *N* ***410*** *413.1.5.1*
Systeme nach Art der Erdverbindungen .... *N* ***300*** *312.2.3*
Überspannungen .... **B** 8.1<413.1.5.2> [S. 157], *N* ***410*** *413.1.5.2*
Überstrom-Schutzeinrichtungen .... **B** 8.1<413.1.5.8> [S. 159], *N* ***410*** *413.1.5.8*
Überstrom-Schutzeinrichtungen bei RCDs vor mehreren Verbrauchsmitteln .... **B** 6.1.5 [S. 88]
Überwachungseinrichtungen .... **B** 6.1.5 [S. 104], 8.1<413.1.5.8> [S. 159], *N* ***410*** *413.1.5.8*
zusätzlicher Potentialausgleich .... **B** 6.1.5 [S. 103], 8.1<413.1.5.7> [S. 159], *N* ***410*** *413.1.5.7*
zusätzlicher Potentialausgleich als Ersatz für nichterfüllbare Abschaltbedingungen .... **B** 6.1.6.1 [S. 105]

K

Kabel
Schutz durch Schutztrennung .... **B** 8.1<413.5.1.5> [S. 165], *N* ***410*** *413.5.1.5*
Schutz durch Verwendung von Betriebsmitteln der Schutzklasse II oder durch gleichwertige Isolierung .... **B** 6.2 [S. 118]

Kabel und Leitungen
Anordnung beim Schutz durch Schutztrennung ...... **B** 8.1<413.5.1.5> [S. 165], *N* ***410*** *413.5.1.5*
Bemessungsspannung beim Schutz durch Schutztrennung .... **B** 8.1<413.5.1.5> [S. 165], *N* ***410*** *413.5.1.5*
gemeinsames Verlegen der Kabel und Leitungen von Stromkreisen, die unterschiedlichen Spannungsbereichen angehören .... **B** 4.1.4 [S. 36]

Kabel- und Leitungssysteme (-anlagen)
Begriff .... **B** 1 [S. 13]

Kennzeichnung
bei errichteter verstärkter oder zusätzlicher Isolierung **B** 6.2 [S. 117]

Kindersicherungen
Schutz gegen direktes Berühren .... **B** 5.2 [S. 45]

Kleinspannungen
Beziehungen zur Erde .... **B** 8.1<Anhang ZB> [S. 146], ***N*** ***410*** *Anhang ZB*
sichere Trennung .... **B** 8.1<Anhang ZB> [S. 146], ***N*** ***410*** *Anhang ZB*
Überblick .... **B** 8.1<Anhang ZB> [S. 146], ***N*** ***410*** *Anhang ZB*

Kleinspannungsbeleuchtungssysteme
Schutz sowohl gegen direktes als auch bei indirektem Berühren .... **B** 4.1 [S. 31]

Klemmstellen
Schutzleiter .... ***N*** ***540*** *5.3.3*

Klimaanlagen
Hauptpotentialausgleich .... **B** 8.1<413.1.2.1> [S. 151], ***N*** ***410*** *413.1.2.1*

Konkordanzliste
Inhalt .... **B** 2 [S. 24]

Konstruktionsteile
als Schutzleiter .... ***N*** ***540*** *5.2.2*

Körper
an einem Erder angeschlossen (IT-Systeme) .... **B** Bilder 6.16a–e [S. 98 bis 100], Bild 6.15 [S. 97]
Anordnung beim Schutz durch nichtleitende Räume **B** 8.1<413.3.1> [S. 162], 8.1<413.3.3> [S. 162], ***N*** ***410*** *413.3.1, 413.3.3*
Begriff .... **B** 1 [S. 13]
Begriff Körper (eines elektrischen Betriebsmittels) .. ***N*** ***200*** *2.3.2*
einzeln geerdet im IT-System .... **B** Bild 6.11 [S. 92], Bild 6.13 [S. 94]
gleichzeitig berührbar beim Schutz durch erdfreien örtlichen Potentialausgleich .... **B** 8.1<413.4.1> [S. 163], ***N*** ***410*** *413.4.1*
gleichzeitig berührbar (zusätzlicher Potentialausgleich) .... **B** 8.1<413.1.6.1> [S. 159], ***N*** ***410*** *413.1.6.1*
hinter der selben Schutzeinrichtung (IT-Systeme) ... **B** Bild 6.14 [S. 95]
in Gruppen geerdet (IT-Systeme) .... **B** Bild 6.12 [S. 93]
IT-Systeme .... **B** 8.1<413.1.5.3> [S. 157], ***N*** ***410*** *413.1.5.3*

möglichst nicht mit fremden leitfähigen Teilen verbinden bei SELV ..... **B** 8.1<411.1.4.2> [S. 144], ***N*** ***410*** *411.1.4.2*

nicht mit Erde verbinden bei SELV ..... **B** 8.1<411.1.4.2> [S. 144], ***N*** ***410*** *411.1.4.2*

nicht mit Körpern anderer Stromkreise verbinden bei SELV ..... **B** 8.1<411.1.4.2> [S. 144], ***N*** ***410*** *411.1.4.2*

nicht mit Schutzleitern verbinden bei SELV ..... **B** 8.1<411.1.4.2> [S. 144], ***N*** ***410*** *411.1.4.2*

Schutz bei indirektem Berühren entbehrlich bei kleinen Abmessungen ..... **B** 8.2<471.2.2> [S. 171], ***N*** ***470*** *471.2.2*

Schutz durch automatische Abschaltung der Stromversorgung ..... **B** 8.1<413.1.1.2> [S. 151], ***N*** ***410*** *413.1.1.2*

Schutz durch erdfreien örtlichen Potentialausgleich **B** 8.1<413.4.2> [S. 163], ***N*** ***410*** *413.4.2*

Schutz durch Schutztrennung ..... **B** 8.1<413.5.3.1> [S. 165], ***N*** ***410*** *413.5.3.1*

Schutzleiter ..... ***N*** ***540*** *5.3.5*

Schutztrennung ..... **B** 6.5 [S. 130]

TN-Systeme ..... **B** 8.1<413.1.3.1> [S. 152], ***N*** ***410*** *413.1.3.1*

TT-Systeme ..... **B** 8.1<413.1.4.1> [S. 155], ***N*** ***410*** *413.1.4.1*

zusätzlicher Potentialausgleich ..... **B** 6.1.6.1 [S. 106]

zwei Fehler von zwei Körpern beim Schutz durch Schutztrennung ..... **B** 8.1<413.5.3.4> [S. 166], ***N*** ***410*** *413.5.3.4*

Körperschluß

Begriff ..... **B** 1 [S. 14], ***N*** ***200*** *A.7.2*

vollkommener Körperschluß (Begriff) ..... ***N*** ***200*** *A.7.8*

Körperstrom

beim Einzel- und Doppelfehler (SELV) ..... **B** Bild 4.1 [S. 33]

gefährlicher Körperstrom (Begriff) ..... ***N*** ***200*** *2.3.7*

Korrosion

Erder ..... ***N*** ***540*** *4.2.4*

künstlicher Sternpunkt

IT-Systeme ..... **B** 6.1.5 [S. 89]

Kurzformen

PRCD-S ..... **B** Tabelle 5.1 [S. 54]

PRCDs ..... **B** Tabelle 5.1 [S. 54]

RCBOs .... **B** Tabelle 5.1 [S. 54]
RCCBs .... **B** Tabelle 5.1 [S. 54]
RCDs .... **B** 5.5 [S. 51], Tabelle 5.1 [S. 54]
RCMs .... **B** Tabelle 5.1 [S. 54]
SRCDs .... **B** Tabelle 5.1 [S. 54]

Kurzschluß
Begriff .... **B** 1 [S. 14], ***N*** ***200*** *A.7.4*

Kurzschluß, vollkommener
Begriff .... ***N*** ***200*** *A.7.8*

kurzschlußsicher
Begriff .... ***N*** ***200*** *A.7.6*

L

Lacke
ungeeignet als Schutz durch Isolierung .... **B** 8.1<412.1> [S. 147], ***N*** ***410*** *412.1*

Lampenfassungen
Basisschutz .... **B** 8.1<412.2.1> [S. 147], ***N*** ***410*** *412.2.1*
Schaltgerätekombinationen der Schutzklasse II .... ***N*** ***410*** *Nationales Vorwort zu 413.2*
Schutz gegen direktes Berühren .... **B** 8.1<412.2.1> [S. 147], ***N*** ***410*** *412.2.1*
Schutz gegen elektrischen Schlag unter normalen Bedingungen .... **B** 8.1<412.2.1> [S. 147], ***N*** ***410*** *412.2.1*

Lampenwechsel
Schutz gegen direktes Berühren .... **B** 5.2 [S. 44]

Leerlaufspannung
PELV .... **B** 8.1<411.1.2.5> [S. 142], ***N*** ***410*** *411.1.2.5*

Leiterschluß
Begriff .... **B** 1 [S. 14], ***N*** ***200*** *A.7.3*

leitfähige Teile
durchdringend bei Schutz durch Verwendung von Betriebsmitteln der Schutzklasse II oder durch gleichwertige Isolierung .... **B** 6.2 [S. 121]
fremdes leitfähiges Teil (Begriff) .... ***N*** ***200*** *2.3.3*

innerhalb der isolierenden Umhüllung bei Schutz durch Verwendung von Betriebsmitteln der Schutzklasse II oder durch gleichwertige Isolierung .... **B** 8.1<413.2.7> [S. 161], *N* ***410*** *413.2.7*

Leitungen
Schutz durch Schutztrennung .... **B** 8.1<413.5.1.5> [S. 165], *N* ***410*** *413.5.1.5*
Schutz durch Verwendung von Betriebsmitteln der Schutzklasse II oder durch gleichwertige Isolierung .... **B** 6.2 [S. 118]

Leitungslängen
Schutztrennung .... **B** 6.5 [S. 130]

Literaturhinweise
in der DIN VDE 0100-410 (VDE 0100 Teil 410):1997-01 .... **B** 2 [S. 25]

M

Materialbeiwerte *k*
Ermittlung .... *N* ***540*** *Anhang A*
Werte .... *N* ***540*** *C.1, Tabelle 3, Tabelle 4, Tabelle 5*

Messen
des zulässigen Widerstandwertes (zusätzlicher Potentialausgleich) .... **B** 6.1.6.1 [S. 106], 6.1.6.2 [S. 110]

Meßverfahren
zusätzlicher Potentialausgleich .... **B** 6.1.6.1 [S. 108], 6.1.6.2 [S. 114]

Metallbewehrung
Erder .... *N* ***540*** *4.2.1*

metallene fremde leitfähige Teile
Hauptpotentialausgleich .... **B** 6.1.2 [S. 67]

metallene Kessel
Schutztrennung .... **B** 6.5 [S. 128]

metallene Rohrleitungen
Hauptpotentialausgleich .... **B** 8.1<413.1.2.1> [S. 151], *N* ***410*** *413.1.2.1*

metallene Rohrsysteme
Schwimmbäder .... **B** 6.1.6.2 [S. 113]

metallene Umhüllung (für Kabel)
Erder ... *N* ***540*** *4.2.7*

metallene Verstärkungen von Gebäudekonstruktionen
Hauptpotentialausgleich ... **B** 8.1<413.1.2.1> [S. 151], *N* ***410*** *413.1.2.1*
zusätzlicher Potentialausgleich ... **B** 6.1.6.1 [S. 106], 8.1<413.1.6.1> [S. 159], *N* ***410*** *413.1.6.1*

metallener leitfähiger Standort
Schutztrennung ... **B** 6.5 [S. 128]

Metallgerüst
Schutztrennung ... **B** 6.5 [S. 128]

metallische Umhüllungen von Fernmeldekabeln und -leitungen
Hauptpotentialausgleich ... **B** 8.1<413.1.2.1> [S. 151], *N* ***410*** *413.1.2.1*

Metallrohre
als Schutzleiter ... *N* ***540*** *5.2.3*
Schutz bei indirektem Berühren entbehrlich ... **B** 8.2<471.2.2> [S. 171], *N* ***470*** *471.2.2*

Metallteile der Gebäudekonstruktion
Hauptpotentialausgleich ... **B** 8.1<413.1.2.1> [S. 151], *N* ***410*** *413.1.2.1*
Schwimmbäder ... **B** 6.1.6.2 [S. 113]

Metallumhüllungen
Schutz bei indirektem Berühren entbehrlich ... **B** 8.2<471.2.2> [S. 171], *N* ***470*** *471.2.2*

Metallverschraubungen an Kabel-/Leitungseinführungen
Schutz durch Verwendung von Betriebsmitteln der Schutzklasse II oder durch gleichwertige Isolierung ... **B** 6.2 [S. 121]

Mindestquerschnitte
Erdungsleiter ... *N* ***540*** *4.3.1*
Hauptpotentialausgleich ... *N* ***540*** *9.1.1*
PEN-Leiter ... *N* ***540*** *8.2.1*
Potentialausgleichsleiter ... *N* ***540*** *9.1*
Schutzleiter ... *N* ***540*** *5.1*
zusätzlicher Potentialausgleich ... **B** Bild 6.20 [S. 109], *N* ***540*** *9.1.2*

Motorgeneratoren
als Stromquellen für PELV ... **B** 8.1<411.1.2.2> [S. 142], *N* ***410*** *411.1.2.2*

als Stromquellen für SELV .... **B** 8.1<411.1.2.2> [S. 142], ***N*** ***410*** *411.1.2.2*

Mutterboden
zusätzlicher Potentialausgleich .... **B** 6.1.6.2 [S. 114]

N

natürlicher Erder
Begriff .... **B** 1 [S. 14], ***N*** ***200*** *A.5.4*

Nennfehlerströme
Fehlerstrom-Schutzeinrichtungen .... **B** 5.5 [S. 53]

Nennspannung
einer Anlage (Begriff) .... ***N*** ***200*** *2.2.1*
eines Netzes (Begriff) .... ***N*** ***200*** *A.4.2*

Nennwerte von Größen
Begriff .... ***N*** ***200*** *A.4.1*

Netze
Spannungsbereiche .... **B** Tabelle 4.1 [S. 37]

Neutralleiter
abschalten .... **B** 8.2<NB.4> [S. 174], ***N*** ***470*** *NB.4*
Begriff .... ***N*** ***200*** *2.1.3*
IT-Systeme .... **B** 6.1.5 [S. 101], 6.1.5 [S. 103], Bilder 6.16d–e [S. 99, 100]
mit verteilt, IT-Systeme .... **B** 8.1<413.1.5.6> [S. 158], ***N*** ***410*** *413.1.5.6*
nicht erden .... ***N*** ***540*** *8.2.3*
nicht mit verteilt, IT-Systeme .... **B** 8.1<413.1.5.6> [S. 158], ***N*** ***410*** *413.1.5.6*
Schutzeinrichtungen .... **B** 8.2<NB.4> [S. 174], ***N*** ***470*** *NB.4*

Niedervolt-Halogenbeleuchtung
Schutz sowohl gegen direktes als auch bei indirektem Berühren .... **B** 4.1 [S. 31]

Normen
der Reihe DIN VDE 0100 .... **B** 9.1 [S. 175]
für RCDs .... **B** Tabelle 5.1 [S. 54]

Nullung
vergleichbare heutige Schutzmaßnahme .... **B** 6.1.3 [S. 69]

Numerierung der Abschnitte
der DIN VDE 0100-410 (VDE 0100
Teil 410):1997-01 .... **B** 2 [S. 23]

Nummernsystem
der DIN VDE 0100-410 (VDE 0100
Teil 410):1997-01 .... **B** 2 [S. 23]

Nutztiere
Schutz gegen direktes Berühren .... **B** 5.2 [S. 45]

O

öffentliche Verteilungsnetze
Erlaubnis des Wegfalls des Schutzes bei
indirektem Berühren .... **B** 8.2<NB.1> [S. 174], ***N*** ***470*** *NB.1*
TN-Systeme .... **B** 8.1<NB.1> [S. 167], ***N*** ***410*** *NB.1*

Öffnungen
Basisschutz .... **B** 8.1<412.2.1> [S. 147], ***N*** ***410*** *412.2.1*
Schutz gegen direktes Berühren .... **B** 8.1<412.2.1> [S. 147], ***N*** ***410*** *412.2.1*
Schutz gegen elektrischen Schlag unter normalen
Bedingungen .... **B** 8.1<412.2.1> [S. 147], ***N*** ***410*** *412.2.1*

örtlicher Potentialausgleich
→ siehe zusätzlicher Potentialausgleich
.... **B** Fußnote 3 [S. 103]

örtlicher zusätzlicher Potentialausgleich
→ siehe zusätzlicher Potentialausgleich .... **B** Fußnote 3 [S. 103]

ortsfeste Betriebsmittel
Begriff .... **B** 1 [S. 14], ***N*** ***200*** *2.7.6*

ortsfeste Stromquellen
Schutz durch Schutztrennung .... **B** 8.1<413.5.1.1> [S. 164], ***N*** ***410*** *413.5.1.1*

ortsveränderliche Betriebsmittel
Begriff .... **B** 1 [S. 14], ***N*** ***200*** *2.7.4*
Schutz durch erdfreien örtlichen Potentialausgleich **B** 6.4 [S. 126]
Schutz durch nichtleitende Räume .... **B** 8.1<413.3.5> [S. 163], ***N*** ***410*** *413.3.5*

ortsveränderliche Trenntransformatoren
Schutztrennung .... **B** 6.5 [S. 130]

P

PE (Schutzleiter)
Begriff .... **B** 1 [S. 17],
N ***200*** *2.4.5*

PELV
Anordnungen von Stromkreisen .... **B** 8.1<411.1.3> [S. 142],
N ***410*** *411.1.3*
Batterien .... **B** 8.1<411.1.2.3> [S. 142],
N ***410*** *411.1.2.3*
elektrochemische Stromquellen .... **B** 8.1<411.1.2.3> [S. 142],
N ***410*** *411.1.2.3*
elektronische Einrichtungen als Stromquellen .... **B** 8.1<411.1.2.5> [S. 142],
N ***410*** *411.1.2.5*
Erdung der Stromkreise .... **B** 8.1<411.1.5> [S. 144],
N ***410*** *411.1.5*
geerdete metallene Umhüllungen .... **B** 8.1<411.1.3.2> [S. 143],
N ***410*** *411.1.3.2*
geerdete Metallschirme .... **B** 8.1<411.1.3.2> [S. 143],
N ***410*** *411.1.3.2*
Generator, der von einer Verbrennungsmaschine angetrieben wird als Stromquelle .... **B** 8.1<411.1.2.4> [S. 142],
N ***410*** *411.1.2.4*
höhere Leerlaufspannung .... **B** 8.1<411.1.2.5> [S. 142],
N ***410*** *411.1.2.5*
mehradrige Kabel, Leitungen oder Leiterbündel mit verschiedenen Spannungen .... **B** 8.1<411.1.3.2> [S. 143],
N ***410*** *411.1.3.2*
Motorgeneratoren als Stromquelle .... **B** 8.1<411.1.2.2> [S. 142],
N ***410*** *411.1.2.2*
Schutz gegen direktes Berühren .... **B** 8.1<411.1.5.1> [S. 145],
N ***410*** *411.1.5.1*
Schutz gegen direktes Berühren bei Nennspannungen nicht größer als AC 25 V oder DC 60 V .... **B** 8.1<411.1.5.2> [S. 145],
N ***410*** *411.1.5.2*
Schutz gegen direktes Berühren bei Nennspannungen nicht größer als AC 6 V oder DC 15 V .... **B** 8.1<411.1.5.2> [S. 145],
N ***410*** *411.1.5.2*
Schutz gegen direktes Berühren nicht mehr gefordert **B** 4.1.2 [S. 34]
Schutz gegen elektrischen Schlag .... **B** 8.1<411.1> [S. 141],
8.1<Anhang ZB> [S. 146],
N ***410*** *411.1, Anhang ZB*

Schutz sowohl gegen direktes als auch bei
indirektem Berühren ..... **B** 4.1 [S. 31, 32]
sichere Trennung ..... **B** 8.1<411.1.3.1> [S. 142], 8.1<411.1.3.2> [S. 143],
N ***410*** *411.1.3.1, 411.1.3.2*
Spannungsgrenzen ..... **B** 4.1 [S. 32], 8.1<411.1.1> [S. 141],
N ***410*** *411.1.1*
Steckdose ..... **B** 8.1<411.1.3.3> [S. 143],
N ***410*** *411.1.3.3*
Stecker ..... **B** 8.1<411.1.3.3> [S. 143],
N ***410*** *411.1.3.3*
Steckvorrichtungen ohne Schutzkontakt ..... **B** 8.1<411.1.3.3> [S. 143],
N ***410*** *411.1.3.3*
Stromkreise ..... **B** 8.1<411.1.5> [S. 144],
N ***410*** *411.1.5*
Stromquellen ..... **B** 8.1<411.1.2> [S. 141],
N ***410*** *411.1.2*
Transformatoren mit sicherer Trennung ..... **B** 8.1<411.1.2.1> [S. 141],
N ***410*** *411.1.2.1*
Überblick ..... **B** 4.1 [S. 32]
Unverwechselbarkeit des Steckvorrichtungssystems **B** 8.1<411.1.3.3> [S. 143],
N ***410*** *411.1.3.3*
Ursprung ..... **B** 4.1 [S. 32]
Vergleich zur bisherigen Funktionskleinspannung
mit sicherer Trennung ..... **B** 4.1.2 [S. 34]
zu PELV, sichere Trennung nicht gefordert ..... *N* ***410*** *Nationales Vorwort*
zu SELV, sichere Trennung gefordert ..... **B** 8.1<411.1.3.2> [S. 143],
N ***410*** *411.1.3.2*
zulässige und unzulässige Ausführung ..... **B** Bild 4.3 [S. 35]

PEN-Leiter
Aufteilung ..... *N* ***540*** *8.2.3*
Auswahl ..... *N* ***540***
Begriff ..... **B** 1 [S. 15],
N ***200*** *2.4.6*
durchschleifen durch Betriebsmittel der Schutz-
klasse II oder mit gleichwertiger Isolierung ..... **B** Bild 6.22 [S. 119]
N ***410*** *Nationales Vorwort zu 413.2*
Errichten ..... *N* ***540***
Isolierung ..... *N* ***540*** *8.2.2*
Mindestquerschnitte ..... *N* ***540*** *8.2.1*
Profilschienen ..... *N* ***540*** *8.2.5, C.3*
TN-Systeme ..... **B** 8.1<413.1.3.2> [S. 153],
N ***410*** *413.1.3.2*

Plattenbeläge
zusätzlicher Potentialausgleich .... **B** 6.1.6.2 [S. 114]

Plattenerder
Erder .... ***N*** ***540*** *4.2.1*

Potentialausgleich
Arten des Potentialausgleichs .... **B** 6.1.2 [S. 63]
Begriff .... **B** 1 [S. 15],
N ***200*** *2.4.9*
Schutz bei indirektem Berühren .... **B** 6.1.2 [S. 63]
Schutz durch automatische Abschaltung der
Stromversorgung .... **B** 8.1<413.1.2> [S. 151],
N ***410*** *413.1.2*
ungeerdet bei Schutztrennung mit mehreren
Verbrauchsmitteln .... **B** Bild 6.26 [S. 129]
→ siehe Hauptpotentialausgleich oder zusätzlicher
Potentialausgleich

Potentialausgleichsleiter
Auswahl .... ***N*** ***540***
Begriff .... **B** 1 [S. 15],
N ***200*** *2.4.10*
Errichten .... ***N*** ***540***
Mindestquerschnitte .... ***N*** ***540*** *9.1*
Schutz durch erdfreien örtlichen Potentialausgleich **B** 6.4 [S. 125],
8.1<413.4.1> [S. 163],
N ***410*** *413.4.1*
ungeerdete isolierte Potentialausgleichsleiter
beim Schutz durch Schutztrennung .... **B** 8.1<413.5.3.1> [S. 166],
N ***410*** *413.5.3.1*

Potentialsteuerung
Begriff .... **B** 1 [S. 15],
N ***200*** *A.5.11*
Schwimmbäder .... **B** 6.1.6.2 [S. 114]
zusätzlicher Potentialausgleich .... **B** 6.1.6.2 [S. 114]

PRCD-S
Bedeutung der Kurzform .... **B** Tabelle 5.1 [S. 54]

PRCDs
Bedeutung der Kurzform .... **B** Tabelle 5.1 [S. 54]

Profilschienen
PEN-Leiter .... ***N*** ***540*** *8.2.5, C.3*

Prüfspannung
für die Isolierung bei Schutz durch Verwendung
von Betriebsmitteln der Schutzklasse II oder
durch gleichwertige Isolierung .... **B** 6.2 [S. 117]

Q

Querschnitt
Schutzleiter ... *N* ***540*** *5.1*

R

Rasenflächen
zusätzlicher Potentialausgleich ... **B** 6.1.6.2 [S. 114]

Räume mit Badewanne oder Dusche
ohne elektrische Anlage (zusätzlicher Potentialausgleich) ... **B** 6.1.6.2 [S. 111]

Räume, trockene
Begriff ... *N* ***200*** *A.6.3*

RCBOs
Bedeutung der Kurzform ... **B** Tabelle 5.1 [S. 54]

RCCBs
Bedeutung der Kurzform ... **B** Tabelle 5.1 [S. 54]

RCDs
Bedeutung der Kurzform ... **B** 5.5 [S. 51], Tabelle 5.1 [S. 54]
Begriff ... **B** 1 [S. 15]
bei gemeinsam geerdeten Körpern in IT-Systemen . **B** Bild 6.17 [S. 102]
IT-Systeme ... **B** 6.1.5 [S. 103], 8.1<413.1.5.7> [S. 159], 8.1<413.1.5.8> [S. 159], Bild 6.18 [S. 104], *N* ***410*** *413.1.5.7, 413.1.5.8*
Kurzformen ... **B** Tabelle 5.1 [S. 54]
nicht anzuwenden in TN-C-Systemen ... **B** 8.1<413.1.3.8> [S. 155], *N* ***410*** *413.1.3.8*
Normen ... **B** Tabelle 5.1 [S. 54]
TN-C-S-Systeme ... **B** 8.1<413.1.3.8> [S. 155], *N* ***410*** *413.1.3.8*
TN-Systeme ... **B** 6.1.3 [S. 70], 6.1.3 [S. 74], 6.1.3 [S. 79], 8.1<413.1.3.6> [S. 154], 8.1<413.1.3.8> [S. 155], Bild 6.3 [S. 69], *N* ***410*** *413.1.3.6, 413.1.3.8*
TT-Systeme ... **B** 6.1.4 [S. 85], 8.1<413.1.4.4> [S. 156], *N* ***410*** *413.1.4.4*

zeitverzögert in TN-Systemen .... **B** 8.1<413.1.3.8> [S. 155],
N ***410*** *413.1.3.8*

zeitverzögert in TT-Systemen .... **B** 8.1<413.1.4.2> [S. 156],
N ***410*** *413.1.4.2*

zum Schutz außerhalb des Einflußbereiches des Hauptpotentialausgleichs in TN-Systemen .... **B** 8.1<413.1.3.9> [S. 155],
N ***410*** *413.1.3.9*

RCMs
Bedeutung der Kurzform .... **B** Tabelle 5.1 [S. 54]

Risiko
Begriff .... **B** 1 [S. 15]

Rohrerder
Erder .... *N* ***540*** *4.2.1*

Rohrleitungen
Erder .... *N* ***540*** *4.2.6*

S

Schalteinrichtung
Schutzleiter .... *N* ***540*** *5.3.3*

Schalter
Schutz gegen direktes Berühren .... **B** 5.1 [S. 44]

Schaltgeräte
Begriff .... **B** 1 [S. 15],
N ***200*** *2.7.3*

Schaltgerätekombinationen
Einbau von Lampenfassungen bei Schutzklasse II ... *N* ***410*** *Nationales Vorwort zu 413.2*

Einbau von Schraubsicherungen bei Schutzklasse II *N* ***410*** *Nationales Vorwort zu 413.2*

Einbau von Steckdosen bei Schutzklasse II .... *N* ***410*** *Nationales Vorwort zu 413.2*

PEN-Leiter durchschleifen bei Schutzklasse II .... *N* ***410*** *Nationales Vorwort zu 413.2*

Schutz durch Verwendung der Schutzklasse II oder durch gleichwertige Isolierung .... *N* ***410*** *Nationales Vorwort zu 413.2*

Schutzleiter durchschleifen bei Schutzklasse II .... *N* ***410*** *Nationales Vorwort zu 413.2*

Schirmwicklungen
Schutz durch Verwendung von Betriebsmitteln der Schutzklasse II oder durch gleichwertige Isolierung **B** 6.2 [S. 121]

Schlag, elektrischer
Begriff .... **B** 1 [S. 9],
N ***200*** *2.3.4*

Schleifenimpedanzen
Begriff .... **B** 1 [S. 16],
N ***200*** *A.4.6*
IT-Systeme .... **B** 6.1.5 [S. 95]
TN-Systeme .... **B** 6.1.3 [S. 70],
8.1<413.1.3.3> [S. 153],
Bild 6.4 [S. 71],
N ***410*** *413.1.3.3*
TN-Systeme 400/230 V .... **B** Tabelle 6.2a [S. 76]
TN-Systeme 690/400 V und höher .... **B** Tabelle 6.2b [S. 77]

schnelle Nullung
vergleichbare heutige Schutzmaßnahme .... **B** 6.1.3 [S. 69]

Schrauben
Schutz durch Verwendung von Betriebsmitteln der Schutzklasse II oder durch gleichwertige Isolierung .... **B** 8.1<413.2.5> [S. 161],
N ***410*** *413.2.5*

Schraubsicherungen
Schaltgerätekombinationen der Schutzklasse II .... *N* ***410*** *Nationales Vorwort zu 413.2*

Schutz
Begriff .... **B** 1 [S. 16]

Schutz bei direktem Berühren
Beispiele .... **B** Bild 5.9 [S. 52]
Differenzstrom-Schutzeinrichtungen .... **B** 5.5 [S. 51]
Fehlerstrom-Schutzeinrichtungen .... **B** 5.5 [S. 51, 53]
Steckdosen .... **B** 8.2<471.2.3 Anmerkung 3> [S. 172],
N ***470*** *471.2.3 Anmerkung 3*
zusätzlicher Schutz durch RCDs .... **B** 5.5 [S. 51]
→ siehe zusätzlicher Schutz

Schutz bei indirektem Berühren
alternative Bezeichnungen dafür .... **B** 6 [S. 59]
Anwendung von Betriebsmitteln der Schutzklasse II **B** 8.2<471.2.1.3> [S. 171],
N ***470*** *471.2.1.3*
Begriff .... **B** 1 [S. 16],
N ***200*** *A.8.4*
elektrische Betriebsmittel .... **B** 8.2<471.2.1> [S. 170],
N ***470*** *471.2, 471.2.1*

Erlaubnis des Wegfalls .... **B** 8.2<471.2.2> [S. 171], 8.2<NB.1> [S. 174], ***N*** ***470*** *471.2.2, 471.2.2, NB.1*
Fehlerstrom-Schutzeinrichtungen .... **B** 5.5 [S. 53]
FELV .... **B** 8.2<471.3.3> [S. 173], ***N*** ***470*** *471.3.3*
Freileitungszubehör .... **B** 8.2<471.2.2> [S. 171], ***N*** ***470*** *471.2.2*
IT-Systeme .... **B** 6.1.5 [S. 87]
Körper von Betriebsmitteln mit kleinen Abmessungen .... **B** 8.2<471.2.2> [S. 171], ***N*** ***470*** *471.2.2*
Metallrohre .... **B** 8.2<471.2.2> [S. 171], ***N*** ***470*** *471.2.2*
Metallumhüllungen .... **B** 8.2<471.2.2> [S. 171], ***N*** ***470*** *471.2.2*
Potentialausgleich .... **B** 6.1.2 [S. 63]
Rangfolge für die Auswahl von Schutzmaßnahmen **B** 6 [S. 59]
Schutz durch automatische Abschaltung der Stromversorgung .... **B** 6.1 [S. 59], 8.1<413.1> [S. 150], 8.2<471.2.1.1> [S. 170], ***N*** ***410*** *413.1,* ***N*** ***470*** *471.2.1.1*
Schutz durch erdfreien örtlichen Potentialausgleich **B** 6.4 [S. 124], 8.2<471.2.1.2> [S. 171], ***N*** ***470*** *471.2.1.2*
Schutz durch nichtleitende Räume .... **B** 6.3 [S. 121], 8.2<471.2.1.2> [S. 171], ***N*** ***470*** *471.2.1.2*
Schutz durch Schutzkleinspannung .... **B** 8.2<471.2.1.3> [S. 171], ***N*** ***470*** *471.2.1.3*
Schutz durch Schutztrennung .... **B** 6.5 [S. 127]
Schutz durch Verwendung von Betriebsmitteln der Schutzklasse II oder durch gleichwertige Isolierung .... **B** 6.2 [S. 115]
Schutz gegen elektrischen Schlag .... **B** 8.1<413> [S. 150], ***N*** ***410*** *413*
Schutzisolierung .... **B** 8.2<471.2.1.3> [S. 171], ***N*** ***470*** *471.2.1.3*
Schutztrennung .... **B** 8.2<471.2.1.3> [S. 171], ***N*** ***470*** *471.2.1.3*
Stahlbetonmaste .... **B** 8.2<471.2.2> [S. 171], ***N*** ***470*** *471.2.2*
Steckdosen im Freien .... **B** 8.2<471.2.3> [S. 171], ***N*** ***470*** *471.2.3*

Steckdosen zur gelegentlichen Versorgung von tragbaren Betriebsmitteln für den Gebrauch im Freien .... **B** 8.2<471.2.3> [S. 171], *N* ***470*** *471.2.3*
Stegleitungen .... **B** 6.2 [S. 120]
Systeme nach Art der Erdverbindung .... **B** **410** Klappkarte, *N* ***410*** *Tabelle N.1*
TN-Systeme .... **B** 6.1.3 [S. 68]
TT-Systeme .... **B** 6.1.4 [S. 83]
Unterputz-Verteiler .... **B** 6.2 [S. 120]
Unterteile von Freileitungsisolatoren .... **B** 8.2<471.2.2> [S. 171], *N* ***470*** *471.2.2*
Vorrangrolle des Schutzes durch automatische Abschaltung der Stromversorgung .... **B** 6 [S. 59]
zusätzlicher Potentialausgleich .... **B** 6.1.6 [S. 105]
zusätzlicher Potentialausgleich als Ersatz für nichterfüllbare Abschaltbedingungen .... **B** 6.1.6.1 [S. 105]
zusätzlicher Potentialausgleich in Anlagen mit erhöhtem Risiko .... **B** 6.1.6.2 [S. 108]

Schutz bei Überstrom
Fehlerstrom-Schutzeinrichtungen .... **B** 5.5 [S. 58]

Schutz durch Abdeckungen oder Umhüllungen
Anwendung .... **B** 8.1<NB.2> [S. 167], *N* ***410*** *NB.2*
Basisschutz .... **B** 8.1<412.2> [S. 147], 8.1<NB.2> [S. 167], *N* ***410*** *412.2, NB.2*
Schutz gegen direktes Berühren .... **B** 5.2 [S. 44], 8.1<412.2> [S. 147], 8.1<NB.2> [S. 167], *N* ***410*** *412.2, NB.2*
Schutz gegen elektrischen Schlag unter normalen Bedingungen .... **B** 8.1<412.2> [S. 147], 8.1<NB.2> [S. 167], *N* ***410*** *412.2, NB.2*

Schutz durch Abstand
abgeschlossene elektrische Betriebsstätten .... **B** 8.1<NB.2> [S. 167], *N* ***410*** *NB.2*
Anordnung aktiver Teile .... **B** Bild 5.3 [S. 48], Bild 5.4 [S. 48]
Anordnung aktiver Teile außerhalb des „einfachen“ Handbereichs .... **B** Bild 5.2 [S. 47]
Anordnung aktiver Teile oberhalb des Handbereichs **B** Bild 5.1 [S. 47]
Anwendung .... **B** 8.1<NB.2> [S. 167], *N* ***410*** *NB.2*

Basisschutz .... **B** 8.1<412.4> [S. 148], 8.1<NB.2> [S. 167], *N* ***410*** *412.4, NB.2*

durch nichtleitfähige Hindernisse .... **B** Bild 5.6 [S. 49]

elektrische Betriebsstätten .... **B** 8.1<NB.2> [S. 167], *N* ***410*** *NB.2*

Handbereich bei leitfähigen Trennwänden .... **B** Bild 5.5 [S. 49], Bild 5.7 [S. 50]

Schutz gegen direktes Berühren **B** 5.4 [S. 46], 8.1<412.4> [S. 148], 8.1<NB.2> [S. 167], *N* ***410*** *412.4, NB.2*

Schutz gegen elektrischen Schlag .... **B** 8.1<412.4> [S. 148], *N* ***410*** *412.4*

Schutz gegen elektrischen Schlag unter normalen Bedingungen .... **B** 8.1<412.4> [S. 148], 8.1<NB.2> [S. 167], *N* ***410*** *412.4, NB.2*

Schutz durch automatische Abschaltung der Stromversorgung

Abschaltung beim IT-System .... **B** 6.1.1 [S. 61]

Abschaltung der Stromversorgung .... **B** 8.1<413.1.1.1> [S. 150], *N* ***410*** *413.1.1.1*

Abschaltzeiten .... **B** 6.1.1 [S. 62]

Abschaltzeiten im TN-System (früher) .... **B** Bild 6.1 [S. 62]

Änderung der Bezeichnungen gegenüber früher .... **B** 6.1 [S. 59]

Anwendung in Anlagen .... **B** 8.2<471.2.1.1> [S. 170], *N* ***470*** *471.2.1.1*

Anwendungsbereich für Gleichspannung .... **B** 6.1.1 [S. 61]

Anwendungsbereich hinsichtlich der Frequenz von Wechselspannung .... **B** 6.1.1 [S. 61]

Berührungsspannung U_L .... **B** 8.1<413.1.1.1> [S. 150], *N* ***410*** *413.1.1.1*

Erdung .... **B** 8.1<413.1.1.2> [S. 151], *N* ***410*** *413.1.1.2*

Fehlerschutz .... **B** 8.1<413.1> [S. 150], *N* ***410*** *413.1*

Gleichstromsysteme .... **B** 6.1 [S. 60]

gleichzeitig berührbare Körper .... **B** 8.1<413.1.1.2> [S. 151], *N* ***410*** *413.1.1.2*

größere Werte für Abschaltzeit und Spannung .... **B** 8.1<413.1.1.1 Anmerkung 6> [S. 151], *N* ***410*** *413.1.1.1 Anmerkung 6*

Hauptpotentialausgleich .... **B** 8.1<413.1.2.1> [S. 151], *N* ***410*** *413.1.2.1*

Hauptstromversorgungssysteme ..... **B** 6.1.1 [S. 61]
IT-Systeme ..... **B** 8.1<413.1.5> [S. 156], *N* ***410*** *413.1.5*
Körper ..... **B** 8.1<413.1.1.2> [S. 151], *N* ***410*** *413.1.1.2*
Potentialausgleich ..... **B** 8.1<413.1.2> [S. 151], *N* ***410*** *413.1.2*
Schutz bei indirektem Berühren **B** 6.1 [S. 59], 8.1<413.1> [S. 150], *N* ***410*** *413.1*
Schutz durch Meldung für sich allein keine Schutzmaßnahme ..... **B** 6.1 [S. 60]
Schutz gegen elektrischen Schlag unter Fehlerbedingungen ..... **B** 8.1<413.1> [S. 150], *N* ***410*** *413.1*
Schutzleiter ..... **B** 8.1<413.1.1.2> [S. 151], *N* ***410*** *413.1.1.2*
Schutzleiter-Schutzmaßnahmen ..... **B** 6.1 [S. 59]
TN-Systeme ..... **B** 8.1<413.1.3> [S. 152], *N* ***410*** *413.1.3*
TT-Systeme ..... **B** 8.1<413.1.4> [S. 155], *N* ***410*** *413.1.4*
Vorrangrolle ..... **B** 6 [S. 59]
zusätzlicher Potentialausgleich ..... **B** 8.1<413.1.2.2> [S. 152], 8.1<413.1.6> [S. 159], *N* ***410*** *413.1.2.2, 413.1.6*

Schutz durch Begrenzung von Beharrungsberührungsstrom und Ladung
Schutz gegen elektrischen Schlag ..... **B** 8.1<411.2> [S. 147], *N* ***410*** *411.2*
Werte für Beharrungsberührungsstrom und Ladung **B** 4.2 [S. 42]

Schutz durch erdfreien örtlichen Potentialausgleich
Anwendung ..... **B** 8.2<471.2.1.2> [S. 171], *N* ***470*** *471.2.1.2*
Beispiel ..... **B** Bild 6.24 [S. 126]
Erdung ..... **B** 6.4 [S. 125]
fremde leitfähige Teile ..... **B** 6.4 [S. 125], 8.1<413.4.1> [S. 163], 8.1<413.4.2> [S. 163], *N* ***410*** *413.4.1, 413.4.2*
Fußböden ..... **B** 8.1<413.4.3> [S. 164], *N* ***410*** *413.4.3*
geerdete Teile ..... **B** 8.1<413.4.2> [S. 163], 8.1<413.4.3> [S. 164], *N* ***410*** *413.4.2, 413.4.3*

gleichzeitig berührbare Körper .... **B** 8.1<413.4.1> [S. 163],
N ***410*** *413.4.1*

gleichzeitig berührbare leitfähige Teile .... **B** 6.4 [S. 125]
Körper .... **B** 8.1<413.4.2> [S. 163],
N ***410*** *413.4.2*

ortsveränderliche Betriebsmittel .... **B** 6.4 [S. 126]
Potentialausgleichsleiter .... **B** 6.4 [S. 125],
8.1<413.4.1> [S. 163],
N ***410*** *413.4.1*

Schutz bei indirektem Berühren .... **B** 6.4 [S. 124]
Schutz gegen elektrischen Schlag .... **B** 8.1<413.4> [S. 163],
N ***410*** *413.4*

Steckdosen .... **B** 6.4 [S. 126]

Schutz durch Gehäuse gegen den Zugang zu gefährlichen Teilen
Begriff .... **B** 1 [S. 16]

Schutz durch Hindernisse
abgeschlossene elektrische Betriebsstätten .... **B** 8.1<NB.2> [S. 167],
N ***410*** *NB.2*

Anwendung .... **B** 8.1<NB.2> [S. 167],
N ***410*** *NB.2*

Basisschutz .... **B** 8.1<412.3> [S. 148],
8.1<NB.2> [S. 167],
N ***410*** *412.3, NB.2*

elektrische Betriebsstätten .... **B** 8.1<NB.2> [S. 167],
N ***410*** *NB.2*

Schutz gegen direktes Berühren .... **B** 5.3 [S. 45],
8.1<412.3> [S. 148],
8.1<NB.2> [S. 167],
N ***410*** *412.3, NB.2*

Schutz gegen elektrischen Schlag unter normalen
Bedingungen .... **B** 8.1<412.3> [S. 148],
8.1<NB.2> [S. 167],
N ***410*** *412.3, NB.2*

Schutz durch Isolierung von aktiven Teilen
Anwendung .... **B** 8.1<NB.2> [S. 167],
N ***410*** *NB.2*

Basisschutz .... **B** 8.1<412.1> [S. 147],
8.1<NB.2> [S. 167],
N ***410*** *412.1, NB.2*

Schutz gegen direktes Berühren .... **B** 5.1 [S. 43],
8.1<412.1> [S. 147],
8.1<NB.2> [S. 167],
N ***410*** *412.1, NB.2*

Schutz gegen elektrischen Schlag unter normalen Bedingungen .... **B** 8.1<412.1> [S. 147], 8.1<NB.2> [S. 167], *N* ***410*** *412.1, NB.2*

Schutz durch Kleinspannung
Schutz sowohl gegen direktes als auch bei indirektem Berühren .... **B** 4.1 [S. 31]

Schutz durch Meldung
früher .... **B** Bild 6.9 [S. 87]
für sich allein keine Schutzmaßnahme .... **B** 6.1 [S. 60]
IT-Systeme .... **B** 6.1.5 [S. 87]

Schutz durch nichtleitende Räume
Anwendung .... **B** 8.2<471.2.1.2> [S. 171], *N* ***470*** *471.2.1.2*
Beispiel .... **B** Bild 6.23 [S. 122]
Betriebsmittel der Schutzklasse II .... **B** 6.3 [S. 122]
Dauerhaftigkeit der Vorkehrungen .... **B** 8.1<413.3.5> [S. 163], *N* ***410*** *413.3.5*
fremde leitfähige Teile .... **B** 8.1<413.3.6> [S. 163], *N* ***410*** *413.3.6*
gleichzeitig berührbare leitfähige Teile .... **B** 6.3 [S. 121]
Hindernisse .... **B** 6.3 [S. 124], 8.1<413.3.3> [S. 162], *N* ***410*** *413.3.3*
isolierende Fußböden .... **B** 6.3 [S. 123], 8.1<413.3.3> [S. 162], *N* ***410*** *413.3.3*
isolierende Wände .... **B** 6.3 [S. 123], 8.1<413.3.3> [S. 162], *N* ***410*** *413.3.3*
kein Schutzleiter .... **B** 8.1<413.3.2> [S. 162], *N* ***410*** *413.3.2*
Körper (Anordnung) .... **B** 8.1<413.3.1> [S. 162], 8.1<413.3.3> [S. 162], *N* ***410*** *413.3.1, 413.3.3*
ortsveränderliche Betriebsmittel .... **B** 8.1<413.3.5> [S. 163], *N* ***410*** *413.3.5*
Schutz bei indirektem Berühren .... **B** 6.3 [S. 121]
Schutz gegen elektrischen Schlag .... **B** 8.1<413.3> [S. 162], *N* ***410*** *413.3*
Schutzklasse 0 .... **B** 8.1<413.3 Anmerkung> [S. 162], *N* ***410*** *413.3 Anmerkung*
Steckdosen .... **B** 6.3 [S. 124]

Wasserrohre aus Metall .... **B** 8.1<413.3.5> [S. 163],
N ***410*** *413.3.5*

Widerstand von isolierenden Fußböden .... **B** 8.1<413.3.4> [S. 163],
N ***410*** *413.3.4*

Widerstand von isolierenden Wänden .... **B** 8.1<413.3.4> [S. 163],
N ***410*** *413.3.4*

Schutz durch Schutzkleinspannung

Anwendung .... **B** 8.2<471.2.1.3> [S. 171],
N ***470*** *471.2.1.3*

→ siehe SELV

Schutz durch Schutztrennung

Abschaltung der Stromversorgung .... **B** 8.1<413.5.3.4> [S. 166],
N ***410*** *413.5.3.4*

aktive Teile .... **B** 8.1<413.5.1.3> [S. 165],
N ***410*** *413.5.1.3*

Anordnung von Kabeln und Leitungen .... **B** 8.1<413.5.1.5> [S. 165],
N ***410*** *413.5.1.5*

Bemessungsspannung von Kabeln und Leitungen .. **B** 8.1<413.5.1.5> [S. 165],
N ***410*** *413.5.1.5*

bewegliche Stromquellen .... **B** 8.1<413.5.1.1> [S. 164],
N ***410*** *413.5.1.1*

flexible Anschlußleitungen .... **B** 8.1<413.5.3.3> [S. 166],
N ***410*** *413.5.3.3*

flexible Kabel .... **B** 8.1<413.5.1.4> [S. 165],
N ***410*** *413.5.1.4, Nationales Vorwort zu 413.5.1.4*

flexible Leitungen .... **B** 8.1<413.5.1.4> [S. 165],
N ***410*** *413.5.1.4, Nationales Vorwort zu 413.5.1.4*

Isolierung .... **B** 8.1<413.5.1.3> [S. 165],
N ***410*** *413.5.1.3*

Kabel .... **B** 8.1<413.5.1.5> [S. 165],
N ***410*** *413.5.1.5*

Körper .... **B** 8.1<413.5.3.1> [S. 165],
N ***410*** *413.5.3.1*

Leitungen .... **B** 8.1<413.5.1.5> [S. 165],
N ***410*** *413.5.1.5*

maximale Spannung .... **B** 8.1<413.5.1.2> [S. 165],
N ***410*** *413.5.1.2*

mit einem Verbrauchsmittel .... **B** 8.1<413.5.2> [S. 165],
N ***410*** *413.5.2*

mit mehreren Verbrauchsmitteln .... **B** 8.1<413.5.3> [S. 165],
N ***410*** *413.5.3*

ortsfeste Stromquellen .... **B** 8.1<413.5.1.1> [S. 164],
N ***410*** *413.5.1.1*
Schutz bei indirektem Berühren .... **B** 6.5 [S. 127]
Schutz gegen elektrischen Schlag .... **B** 8.1<413.5> [S. 164],
N ***410*** *413.5*
sichere Trennung .... **B** 8.1<413.5.1.3> [S. 165],
N ***410*** *413.5.1.3*
Steckdosen .... **B** 8.1<413.5.3.2> [S. 166],
N ***410*** *413.5.3.2*
Stromkreise .... **B** 8.1<413.5.1.1> [S. 164],
8.1<413.5.1.5> [S. 165],
N ***410*** *413.5.1.1, 413.5.1.5*
Stromquellen .... **B** 8.1<413.5.1.1> [S. 164],
N ***410*** *413.5.1.1*
ungeerdete isolierte Potentialausgleichsleiter .... **B** 8.1<413.5.3.1> [S. 166],
N ***410*** *413.5.3.1*
zwei Fehler von zwei Körpern .... **B** 8.1<413.5.3.4> [S. 166],
N ***410*** *413.5.3.4*

Schutz durch Verwendung von Betriebsmitteln der Schutzklasse II oder durch gleichwertige Isolierung
Anbringen von zusätzlicher Isolierung .... **B** 8.1<413.2.1.3> [S. 160],
N ***410*** *413.2.1.3*
Anschlußmöglichkeiten für Schutzleiter .... **B** 8.1<413.2.7> [S. 161],
N ***410*** *413.2.7*
Anstriche ungeeignet als isolierende Umhüllung .... **B** 8.1<413.2.3> [S. 161],
N ***410*** *413.2.3*
Bedienungsgriffe .... **B** 8.1<413.2.5> [S. 161],
N ***410*** *413.2.5*
Betätigungseinrichtungen .... **B** 6.2 [S. 120]
Deckel .... **B** 8.1<413.2.6> [S. 161],
N ***410*** *413.2.6*
dreiadrige Netzanschlußleitungen .... **B** 6.2 [S. 121]
durchdringende leitfähige Teile .... **B** 6.2 [S. 121]
Durchführung leitfähiger Teile .... **B** 8.1<413.2.5> [S. 161],
N ***410*** *413.2.5*
Errichten von Betriebsmitteln .... **B** 8.1<413.2.9> [S. 162],
N ***410*** *413.2.9*
fabrikfertige Betriebsmittel .... **B** 6.2 [S. 115]
Farbe ungeeignet als isolierende Umhüllung .... **B** 8.1<413.2.3> [S. 161],
N ***410*** *413.2.3*
geschirmte Kabel/Leitungen einführen .... **B** 6.2 [S. 121]
gleichwertige Isolierung errichten .... **B** 6.2 [S. 115]
isolierende Umhüllung .... **B** 8.1<413.2.2> [S. 161],
8.1<413.2.3> [S. 161],
8.1<413.2.4> [S. 161],

	N	***410*** *413.2.2, 413.2.3, 413.2.4*
Isolierung	**B**	8.1<413.2.1.1> [S. 160], 8.1<413.2.1.2> [S. 160],
	N	***410*** *413.2.1.1, 413.2.1.2*
Kabel	**B**	6.2 [S. 118]
Kennzeichnung bei errichteter verstärkter oder zusätzlicher Isolierung	**B**	6.2 [S. 117]
leitfähige Teile innerhalb der isolierenden Umhüllung	**B**	8.1<413.2.7> [S. 161],
	N	***410*** *413.2.7*
Leitungen	**B**	6.2 [S. 118]
Metallverschraubungen an Kabel-/Leitungseinführungen	**B**	6.2 [S. 121]
Prüfspannung für die Isolierung	**B**	6.2 [S. 117]
Schaltgerätekombinationen	***N***	***410*** *Nationales Vorwort zu 413.2*
	B	6.2 [S. 121]
Schirmwicklungen	**B**	6.2 [S. 121]
Schrauben	**B**	8.1<413.2.5> [S. 161],
	N	***410*** *413.2.5*
Schutz bei indirektem Berühren	**B**	6.2 [S. 115]
Schutz gegen elektrischen Schlag	**B**	8.1<413.2> [S. 160],
	N	***410*** *413.2*
Schutzart	**B**	8.1<413.2.2> [S. 161],
	N	***410*** *413.2.2*
Schutzart der Umhüllung	**B**	6.2 [S. 117]
Schutzleiter in Anschlußleitung mitführen	**B**	6.2 [S. 121]
Schutzleiter nicht anschließen	**B**	6.2 [S. 118]
Schutzleiter oder PEN-Leiter durchschleifen	**B**	Bild 6.22 [S. 119]
Steckdosen in der äußeren Umhüllung	**B**	6.2 [S. 120]
Symbole	**B**	6.2 [S. 115]
	B	8.1<413.2.1.1> [S. 160],
	N	***410*** *413.2.1.1*
Totalisolierung	**B**	6.2 [S. 116], 8.1<413.2.1.1> [S. 160],
	N	***410*** *413.2.1.1*
Türen	**B**	6.2 [S. 118], 8.1<413.2.6> [S. 161],
	N	***410*** *413.2.6*
Umhüllung	**B**	8.1<413.2.8> [S. 162],
	N	***410*** *413.2.8*
verstärkte Isolierung	**B**	6.2 [S. 115]
Vollisolierung	**B**	6.2 [S. 116]
zusätzliche Isolierung	**B**	6.2 [S. 115]
zusätzliche Metallumhüllung	**B**	6.2 [S. 120]
Zwischenabdeckung	**B**	6.2 [S. 120]

Schutz gegen direktes Berühren

Abdeckungen, die entfernt werden müssen .... **B** 8.1<412.2.4> [S. 148], ***N*** ***410*** *412.2.4*

abgeschlossene elektrische Betriebsstätten .... **B** 5.3 [S. 45], 5.4 [S. 46]

Abstand von Abdeckungen oder Umhüllungen von aktiven Teilen .... **B** 8.1<412.2.3> [S. 148], ***N*** ***410*** *412.2.3*

Aderleitungen, direkt berührbar .... **B** 5.1 [S. 44]

aktive Teile unterschiedlichen Potentials im nach oben betrachteten Handbereich .... **B** Bild 5.8 [S. 50]

Anstriche ungeeignet als Schutz durch Isolierung ... **B** 8.1<412.1> [S. 147], ***N*** ***410*** *412.1*

Basisisolierung .... **B** 5.1 [S. 43]

Begriff .... **B** 1 [S. 16], ***N*** ***200*** *A.8.1*

Bemessungsdifferenzstrom beim zusätzlichen Schutz **B** 8.1<412.5.1> [S. 149], ***N*** ***410*** *412.5.1*

Betätigungselemente in der Nähe berührungsgefährlicher Teile .... **B** 5.2 [S. 45]

elektrische Betriebsmittel .... **B** 8.2<471.1> [S. 170], ***N*** ***470*** *471.1*

elektrische Betriebsstätten .... **B** 5.3 [S. 45], 5.4 [S. 46]

Farbe ungeeignet als Schutz durch Isolierung .... **B** 8.1<412.1> [S. 147], ***N*** ***410*** *412.1*

FELV .... **B** 8.2<471.3.2> [S. 172], ***N*** ***470*** *471.3.2*

Festigkeit von Abdeckungen oder Umhüllungen ..... **B** 8.1<412.2.3> [S. 148], ***N*** ***410*** *412.2.3*

gleichzeitig berührbare Teile .... **B** 8.1<412.4.1> [S. 148], ***N*** ***410*** *412.4.1*

Grenzen des Handbereichs .... **B** 8.1<412.4.1> [S. 148], ***N*** ***410*** *412.4.1*

Haltbarkeit von Abdeckungen oder Umhüllungen ... **B** 8.1<412.2.3> [S. 148], ***N*** ***410*** *412.2.3*

Handbereich .... **B** 8.1<Bild 41C> [S. 149], ***N*** ***410*** *Bild 41C*

Handbereich bei Hindernis .... **B** 8.1<412.4.2> [S. 149], ***N*** ***410*** *412.4.2*

Handbereich beim üblichen Umgang mit sperrigen oder langen leitfähigen Gegenständen .... **B** 8.1<412.4.3> [S. 149], ***N*** ***410*** *412.4.3*

Hindernisse .... **B** 5.4 [S. 46]

horizontale obere Flächen .... **B** 8.1<412.2.2> [S. 148], ***N*** ***410*** *412.2.2*

Installationsmaterialien .... **B** 5.1 [S. 44]

Kindersicherungen .... **B** 5.2 [S. 45]

Lacke ungeeignet als Schutz durch Isolierung .... **B** 8.1<412.1> [S. 147],
N ***410*** *412.1*

Lampenfassungen .... **B** 8.1<412.2.1> [S. 147],
N ***410*** *412.2.1*

Lampenwechsel .... **B** 5.2 [S. 44]
nicht gefordert bei PELV .... **B** 4.1.2 [S. 34]
nicht gefordert bei SELV .... **B** 4.1.1 [S. 32]
Nutztiere .... **B** 5.2 [S. 45]
Öffnungen .... **B** 8.1<412.2.1> [S. 147],
N ***410*** *412.2.1*

PELV .... **B** 8.1<411.1.5.1> [S. 145],
N ***410*** *411.1.5.1*

Schalter .... **B** 5.1 [S. 44]
Schutz durch Abdeckungen oder Umhüllungen ...... **B** 5.2 [S. 44],
8.1<412.2> [S. 147],
8.1<NB.2> [S. 167],
N ***410*** *412.2, NB.2*

Schutz durch Abstand .... **B** 5.4 [S. 46],
8.1<412.4> [S. 148],
8.1<NB.2> [S. 167],
N ***410*** *412.4, NB.2*

Schutz durch Abstand, Anordnung aktiver Teile ...... **B** Bild 5.3 [S. 48],
Bild 5.4 [S. 48]

Schutz durch Abstand, Anordnung aktiver Teile außerhalb des „einfachen" Handbereichs .... **B** Bild 5.2 [S. 47]
Schutz durch Abstand, Anordnung aktiver Teile oberhalb des Handbereichs .... **B** Bild 5.1 [S. 47]
Schutz durch Abstand durch nichtleitfähige Hindernisse .... **B** Bild 5.6 [S. 49]
Schutz durch Abstand, Handbereich bei leitfähigen Trennwänden .... **B** Bild 5.5 [S. 49],
Bild 5.7 [S. 50]

Schutz durch Hindernisse .... **B** 5.3 [S. 45],
8.1<412.3> [S. 148],
8.1<NB.2> [S. 167],
N ***410*** *412.3, NB.2*

Schutz durch Isolierung von aktiven Teilen .... **B** 5.1 [S. 43],
8.1<412.1> [S. 147],
8.1<NB.2> [S. 167],
N ***410*** *412.1, NB.2*

Schutz gegen elektrischen Schlag .... **B** 8.1<412> [S. 147],
N ***410*** *412*

Schutzart .... **B** 8.1<412.2.1> [S. 147],
N ***410*** *412.2.1*

Sicherungen .... **B** 8.1<412.2.1> [S. 147],
N ***410*** *412.2.1*

Steckdosen .... **B** 5.1 [S. 44]

Stegleitungen .... **B** 5.1 [S. 44]
Umhüllungen, die ganz oder teilweise abgenommen werden müssen .... **B** 8.1<412.2.4> [S. 148], ***N*** ***410*** *412.2.4*
Umhüllungen, die geöffnet werden müssen .... **B** 8.1<412.2.4> [S. 148], ***N*** ***410*** *412.2.4*
unbeabsichtigtes Berühren aktiver Teile .... **B** 5.3 [S. 45]
unbeabsichtigtes Entfernen von Hindernissen verhindern .... **B** 8.1<412.3.2> [S. 148], ***N*** ***410*** *412.3.2*
Verbindungsdosen .... **B** 5.1 [S. 44]
Wechseln von Sicherungen .... **B** 5.2 [S. 44]
zusätzlicher Schutz durch RCDs .... **B** 8.1<412.5> [S. 149], ***N*** ***410*** *412.5*
zweite Schutzebene muß wirksam werden .... **B** 5.1 [S. 43]
Zwischenabdeckungen .... **B** 8.1<412.2.4> [S. 148], ***N*** ***410*** *412.2.4*

Schutz gegen elektrischen Schlag
Anwendung .... **B** 8.1<410.1> [S. 140], ***N*** ***410*** *410.1*
Aufgliederung in grundlegende Anforderungen und Anwendungen .... **B** 3 [S. 29]
Basisschutz .... **B** 8.1<412> [S. 147], ***N*** ***410*** *412*
Beziehung zur Erde bei Kleinspannung .... **B** 8.1<Anhang ZB> [S. 146], ***N*** ***410*** *Anhang ZB*
Fehlerschutz .... **B** 8.1<413> [S. 150], ***N*** ***410*** *413*
FELV .... **B** 8.1<Anhang ZB> [S. 146], ***N*** ***410*** *Anhang ZB*
in Abhängigkeit von äußeren Einflüssen .... **B** 3 [S. 29]
IT-Systeme .... **B** 8.1<413.1.5> [S. 156], ***N*** ***410*** *413.1.5*
PELV .... **B** 8.1<411.1> [S. 141], 8.1<Anhang ZB> [S. 146], ***N*** ***410*** *411.1, Anhang ZB*
Potentialausgleich .... **B** 8.1<413.1.2> [S. 151], ***N*** ***410*** *413.1.2*
Schutz bei indirektem Berühren .... **B** 8.1<413> [S. 150], 8.2<471.2> [S. 170], ***N*** ***410*** *413,* ***N*** ***470*** *471.2*
Schutz durch Abdeckungen oder Umhüllungen .... **B** 8.1<412.2> [S. 147], ***N*** ***410*** *412.2*
Schutz durch Abstand .... **B** 8.1<412.4> [S. 148], ***N*** ***410*** *412.4*

Schutz durch automatische Abschaltung der Stromversorgung ..... **B** 8.1<413.1> [S. 150], ***N*** ***410*** *413.1*

Schutz durch Begrenzung von Beharrungsberührungsstrom und Ladung ..... **B** 8.1<411.2> [S. 147], ***N*** ***410*** *411.2*

Schutz durch erdfreien örtlichen Potentialausgleich **B** 8.1<413.4> [S. 163], ***N*** ***410*** *413.4*

Schutz durch Hindernisse ..... **B** 8.1<412.3> [S. 148], ***N*** ***410*** *412.3*

Schutz durch Isolierung von aktiven Teilen ..... **B** 8.1<412.1> [S. 147], ***N*** ***410*** *412.1*

Schutz durch nichtleitende Räume ..... **B** 8.1<413.3> [S. 162], ***N*** ***410*** *413.3*

Schutz durch Schutztrennung ..... **B** 8.1<413.5> [S. 164], ***N*** ***410*** *413.5*

Schutz durch Verwendung von Betriebsmitteln der Schutzklasse II oder durch gleichwertige Isolierung ..... **B** 8.1<413.2> [S. 160], ***N*** ***410*** *413.2*

Schutz gegen direktes Berühren ..... **B** 8.1<412> [S. 147], 8.2<471.1> [S. 170], ***N*** ***410*** *412,* ***N*** ***470*** *471.1*

Schutz gegen elektrischen Schlag unter Fehlerbedingungen ..... **B** 8.1<413> [S. 150], ***N*** ***410*** *413*

Schutz gegen elektrischen Schlag unter normalen Bedingungen ..... **B** 8.1<412> [S. 147], ***N*** ***410*** *412*

Schutz sowohl gegen direktes als auch bei indirektem Berühren ..... **B** 8.1<411> [S. 141], ***N*** ***410*** *411*

Schutzebenen ..... **B** 3 [S. 29]

SELV ..... **B** 8.1<411.1> [S. 141], 8.1<Anhang ZB> [S. 146], ***N*** ***410*** *411.1, Anhang ZB*

sichere Trennung ..... **B** 8.1<Anhang ZB> [S. 146], ***N*** ***410*** *Anhang ZB*

TN-Systeme ..... **B** 8.1<413.1.3> [S. 152], ***N*** ***410*** *413.1.3*

TT-Systeme ..... **B** 8.1<413.1.4> [S. 155], ***N*** ***410*** *413.1.4*

zusätzlicher Potentialausgleich ..... **B** 8.1<413.1.6> [S. 159], ***N*** ***410*** *413.1.6*

zusätzlicher Schutz durch RCDs ..... **B** 8.1<412.5> [S. 149], ***N*** ***410*** *412.5*

Schutz gegen elektrischen Schlag unter Fehlerbedingungen
Schutz durch automatische Abschaltung der Stromversorgung .... **B** 8.1<413.1> [S. 150], ***N*** ***410*** *413.1*
Schutz gegen elektrischen Schlag .... **B** 8.1<413> [S. 150], ***N*** ***410*** *413*
→ siehe Schutz bei indirektem Berühren

Schutz gegen elektrischen Schlag unter normalen Bedingungen
Abdeckungen, die entfernt werden müssen .... **B** 8.1<412.2.4> [S. 148], ***N*** ***410*** *412.2.4*
Abstand von Abdeckungen oder Umhüllungen von aktiven Teilen .... **B** 8.1<412.2.3> [S. 148], ***N*** ***410*** *412.2.3*
Anstriche ungeeignet als Schutz durch Isolierung ... **B** 8.1<412.1> [S. 147], ***N*** ***410*** *412.1*
Bemessungsdifferenzstrom beim zusätzlichen Schutz **B** 8.1<412.5.1> [S. 149], ***N*** ***410*** *412.5.1*
Farbe ungeeignet als Schutz durch Isolierung .... **B** 8.1<412.1> [S. 147], ***N*** ***410*** *412.1*
Festigkeit von Abdeckungen oder Umhüllungen ..... **B** 8.1<412.2.3> [S. 148], ***N*** ***410*** *412.2.3*
gleichzeitig berührbare Teile .... **B** 8.1<412.4.1> [S. 148], ***N*** ***410*** *412.4.1*
Grenzen des Handbereichs .... **B** 8.1<Bild 41C> [S. 149], ***N*** ***410*** *Bild 41C*
Haltbarkeit von Abdeckungen oder Umhüllungen ... **B** 8.1<412.2.3> [S. 148], ***N*** ***410*** *412.2.3*
Handbereich .... **B** 8.1<Bild 41C> [S. 149], ***N*** ***410*** *Bild 41C*
Handbereich bei Hindernis .... **B** 8.1<412.4.2> [S. 149], ***N*** ***410*** *412.4.2*
Handbereich beim üblichen Umgang mit sperrigen oder langen leitfähigen Gegenständen .... **B** 8.1<412.4.3> [S. 149], ***N*** ***410*** *412.4.3*
horizontale obere Flächen .... **B** 8.1<412.2.2> [S. 148], ***N*** ***410*** *412.2.2*
Lacke ungeeignet als Schutz durch Isolierung .... **B** 8.1<412.1> [S. 147], ***N*** ***410*** *412.1*
Lampenfassungen .... **B** 8.1<412.2.1> [S. 147], ***N*** ***410*** *412.2.1*
Öffnungen .... **B** 8.1<412.2.1> [S. 147], ***N*** ***410*** *412.2.1*
Schutz durch Abdeckungen oder Umhüllungen .... **B** 8.1<412.2> [S. 147], 8.1<NB.2> [S. 167], ***N*** ***410*** *412.2, NB.2*

Schutz durch Abstand .... **B** 8.1<412.4> [S. 148], 8.1<NB.2> [S. 167],
N ***410*** *412.4, NB.2*

Schutz durch Hindernisse .... **B** 8.1<412.3> [S. 148], 8.1<NB.2> [S. 167],
N ***410*** *412.3, NB.2*

Schutz durch Isolierung von aktiven Teilen .... **B** 8.1<412.1> [S. 147], 8.1<NB.2> [S. 167],
N ***410*** *412.1, NB.2*

Schutz gegen elektrischen Schlag .... **B** 8.1<412> [S. 147],
N ***410*** *412*

Schutzart .... **B** 8.1<412.2.1> [S. 147],
N ***410*** *412.2.1*

Sicherungen .... **B** 8.1<412.2.1> [S. 147],
N ***410*** *412.2.1*

Umhüllungen, die ganz oder teilweise abgenommen werden müssen .... **B** 8.1<412.2.4> [S. 148],
N ***410*** *412.2.4*

Umhüllungen, die geöffnet werden müssen .... **B** 8.1<412.2.4> [S. 148],
N ***410*** *412.2.4*

unbeabsichtigtes Entfernen von Hindernissen verhindern .... **B** 8.1<412.3.2> [S. 148],
N ***410*** *412.3.2*

zusätzlicher Schutz durch RCDs .... **B** 8.1<412.5> [S. 149],
N ***410*** *412.5*

Zwischenabdeckungen .... **B** 8.1<412.2.4> [S. 148],
N ***410*** *412.2.4*

→ siehe Schutz gegen direktes Berühren .... **B** 5 [S. 43]

Schutz sowohl gegen direktes als auch bei indirektem Berühren

Bereiche erhöhter Gefährdung .... **B** 4.1 [S. 31]
FELV .... **B** 4.1 [S. 31, 32]
FELV-Stromkreise .... **B** 8.2<471.3> [S. 172],
N ***470*** *471.3*
Funktionskleinspannung mit sicherer Trennung .... **B** 4.1 [S. 31]
Funktionskleinspannung ohne sichere Trennung .... **B** 4.1 [S. 31]
Installationsbussysteme .... **B** 4.1 [S. 31]
Kleinspannungsbeleuchtungssysteme .... **B** 4.1 [S. 31]
Niedervolt-Halogenbeleuchtung .... **B** 4.1 [S. 31]
PELV .... **B** 4.1 [S. 31, 32]
Schutz durch Kleinspannung .... **B** 4.1 [S. 31]
Schutz gegen elektrischen Schlag .... **B** 8.1<411> [S. 141],
N ***410*** *411*
Schutzkleinspannung .... **B** 4.1 [S. 31]
SELV .... **B** 4.1 [S. 31, 32]

Schutzart
Basisschutz ... **B** 8.1<412.2.1> [S. 147], ***N*** ***410*** *412.2.1*
Begriff ... **B** 1 [S. 17]
Schutz durch Verwendung von Betriebsmitteln der Schutzklasse II oder durch gleichwertige Isolierung **B** 8.1<413.2.2> [S. 161], ***N*** ***410*** *413.2.2*
Schutz gegen direktes Berühren ... **B** 8.1<412.2.1> [S. 147], ***N*** ***410*** *412.2.1*
Schutz gegen elektrischen Schlag unter normalen Bedingungen ... **B** 8.1<412.2.1> [S. 147], ***N*** ***410*** *412.2.1*

Schutzarten
Installationskleinverteiler ... **B** 5.2 [S. 45]
Installationsverteiler ... **B** 5.2 [S. 45]
Umhüllung bei Schutz durch Verwendung von Betriebsmitteln der Schutzklasse II oder durch gleichwertige Isolierung ... **B** 6.2 [S. 117]
Zählerplätze ... **B** 5.2 [S. 45]
→ siehe auch IP-Code

Schutzebenen
Schutz gegen elektrischen Schlag ... **B** 3 [S. 29]

Schutzeinrichtungen
IT-Systeme ... **B** 6.1.5 [S. 104]
Kennwerte, TN-Systeme ... **B** 8.1<413.1.3.3> [S. 153], ***N*** ***410*** *413.1.3.3*
Neutralleiter ... **B** 8.2<NB.4> [S. 174], ***N*** ***470*** *NB.4*
Systeme nach Art der Erdverbindung ... **B** **410** Klappkarte, ***N*** ***410*** *Tabelle N.1*
TN-Systeme ... **B** 8.1<413.1.3.8> [S. 155], ***N*** ***410*** *413.1.3.8*
TT-Systeme ... **B** 8.1<413.1.4.4> [S. 156], Bild 6.8 [S. 84], ***N*** ***410*** *413.1.4.4*

Schutzgrad
Begriff ... **B** 1 [S. 17]
→ siehe auch IP-Code

schutzisolierte Hauptstromversorgungssysteme
TN-Systeme ... **B** 8.1<NB.1> [S. 167], ***N*** ***410*** *NB.1*

Schutzisolierung
Anwendung ... **B** 8.2<471.2.1.3> [S. 171], ***N*** ***470*** *471.2.1.3*

Begriff .... **B** 1 [S. 17],
N ***200*** *A.8.5*

→ siehe Schutz durch Verwendung von Betriebsmitteln der Schutzklasse II oder durch gleichwertige Isolierung .... **B** 6.2 [S. 115]

Schutzklasse 0
Schutz durch nichtleitende Räume .... **B** 8.1<413.3 Anmerkung> [S. 152],
N ***410*** *413.3 Anmerkung*

Schutzklasse II
→ siehe Schutz durch Verwendung von Betriebsmitteln der Schutzklasse II oder durch gleichwertige Isolierung .... **B** 6.2 [S. 118]

Schutzkleinspannung
Begriff .... *N* ***200*** *A.8.7*
Schutz sowohl gegen direktes als auch bei indirektem Berühren .... **B** 4.1 [S. 31]
→ siehe SELV

Schutzkontaktstücke
Begriff .... *N* ***200*** *A.3.2*

Schutzleiter
allgemeine Anforderungen .... *N* ***540*** *5*
an der Eintrittstelle in Gebäude erden, TN-Systeme **B** 8.1<413.1.3.1> [S. 152],
N ***410*** *413.1.3.1*
Anschlußmöglichkeiten beim Schutz durch Verwendung von Betriebsmitteln der Schutzklasse II oder durch gleichwertige Isolierung .... **B** 8.1<413.2.7> [S. 161],
N ***410*** *413.2.7*
Arten .... *N* ***540*** *5.2*
Auswahl .... *N* ***540***
Begriff .... **B** 1 [S. 17],
N ***200*** *2.4.5*
Berechnung .... *N* ***540*** *5.1.1*
durchgehende elektrische Verbindung .... *N* ***540*** *5.3*
durchschleifen durch Betriebsmittel der Schutzklasse II oder mit gleichwertiger Isolierung .... **B** Bild 6.22 [S. 119]
Errichten .... *N* ***540***
Fehlerspannungs-Schutzeinrichtungen .... *N* ***540*** *6.2*
in Anschlußleitungen von Betriebsmitteln der Schutzklasse II oder mit gleichwertiger Isolierung .... **B** 6.2 [S. 121]
Klemmstellen .... *N* ***540*** *5.3.3*
Körper .... *N* ***540*** *5.3.5*

Mindestquerschnitte ... **N** ***540*** *5.1*
nicht anschließen bei Schutz durch Verwendung von Betriebsmitteln der Schutzklasse II oder durch gleichwertige Isolierung ... **B** 6.2 [S. 118]
Querschnitte ... **N** ***540*** *5.1*
Schalteinrichtung ... **N** ***540*** *5.3.3*
Schutz durch automatische Abschaltung der Stromversorgung ... **B** 8.1<413.1.1.2> [S. 151], **N** ***410*** *413.1.1.2*
Spulen ... **N** ***540*** *5.3.4*
TN-Systeme ... **B** 8.1<413.1.3.1> [S. 152], **N** ***410*** *413.1.3.1*
TT-Systeme ... **B** 8.1<413.1.4.1> [S. 155], **N** ***410*** *413.1.4.1*
Überstrom-Schutzeinrichtungen ... **N** ***540*** *6.1*
Umhüllungen von Kabeln ... **N** ***540*** *5.2.3*
unzulässig beim Schutz durch nichtleitende Räume **B** 8.1<413.3.2> [S. 162], **N** ***410*** *413.3.2*
Verbindung, durchgehend elektrisch ... **N** ***540*** *5.3*
zusätzlicher Potentialausgleich ... **B** 6.1.6.1 [S. 106], 6.1.6.2 [S. 108], 8.1<413.1.6.1> [S. 159], **N** ***410*** *413.1.6.1*

Schutzleiter durchschleifen bei Schutzklasse II
Schaltgerätekombinationen ... **N** ***410*** *Nationales Vorwort zu 413.2*

Schutzleiter-Schutzmaßnahmen
Schutz durch automatische Abschaltung der Stromversorgung ... **B** 6.1 [S. 59]

Schutzleiterverbindungen
Zugänglichkeit ... **N** ***540*** *5.3.2*

Schutzmaßnahmen
als Teil der Errichtung ... **B** 8.2<470.3> [S. 170], **N** ***470*** *470.3*
Anwendungen ... **B** 8.1<400.1.2> [S. 140], 8.2 [S. 169], **N** ***410*** *400.1.2*
Bedingungen einer Schutzmaßnahme nicht zu erfüllen ... **B** 8.1<400.1.2> [S. 140], **N** ***410*** *400.1.2*
durch das Betriebsmittel selbst ... **B** 8.2<470.3> [S. 170], **N** ***470*** *470.3*
Einführung ... **B** 8.1<400.1> [S. 140], **N** ***410*** *400.1*

nach den Umgebungsbedingungen in Verantwortung der nationalen Komitees .... **B** 8.2<470.2> [S. 170], *N* ***470*** *470.2*

Rangfolge der Auswahl beim Schutz bei indirektem Berühren .... **B** 6 [S. 59]

Wertigkeit durch die Reihenfolge in der Norm .... **B** 8.1<400.1.3> [S. 140], *N* ***410*** *400.1.3*

Schutzmaßnahmen gegen thermische Einflüsse

Anwendung .... **B** 8.2<NB.2> [S. 174], *N* ***470*** *NB.2*

Drosselspulen .... **B** 8.2<NB.2> [S. 174], *N* ***470*** *NB.2*

Transformatoren .... **B** 8.2<NB.2> [S. 174], *N* ***470*** *NB.2*

Schutztrennung

Anwendung .... **B** 8.2<471.2.1.3> [S. 171], *N* ***470*** *471.2.1.3*

Begriff .... **B** 1 [S. 17], *N* ***200*** *A.8.6*

Betriebsmittel der Schutzklasse I und Berührung mit Erde .... **B** 6.5 [S. 131]

flexible Kabel/Leitungen .... **B** 6.5 [S. 131]

Körper .... **B** 6.5 [S. 130]

maximale Leitungslängen .... **B** 6.5 [S. 130]

metallener Kessel .... **B** 6.5 [S. 128]

metallener leitfähiger Standort .... **B** 6.5 [S. 128]

Metallgerüst .... **B** 6.5 [S. 128]

mit einem Verbrauchsmittel .... **B** 6.5 [S. 127], Bild 6.25 [S. 128]

mit mehreren Verbrauchsmitteln .... **B** 6.5 [S. 127], 6.5 [S. 132]

mit mehreren Verbrauchsmitteln, Abschaltzeiten .... **B** 6.5 [S. 132]

mit mehreren Verbrauchsmitteln, Fehlerbetrachtung **B** Bild 6.28 [S. 131]

ortsveränderliche Trenntransformatoren .... **B** 6.5 [S. 130]

sichere Trennung .... **B** 6.5 [S. 130]

Spannungsbereich .... **B** 6.5 [S. 127]

Steckdosen .... **B** 6.5 [S. 132]

Stromkreise .... **B** 6.5 [S. 128]

Stromquellen .... **B** 6.5 [S. 129], Bild 6.25 [S. 128]

Trenntransformatoren .... **B** 6.5 [S. 133]

ungeerdeter Potentialausgleich bei mehreren Verbrauchsmitteln .... **B** Bild 6.26 [S. 129]

Wegfall des besonderen Leiters bei Arbeiten in leitfähiger Umgebung mit begrenzter Bewegungsfreiheit .... **B** Bild 6.27 [S. 129]

→ siehe auch Schutz durch Schutztrennung

Schutzwirkung
Fehlerstrom-Schutzeinrichtungen .... **B** 5.5 [S. 57]

Schutzzwecke
Erdungsanlage .... ***N*** ***540*** *4.1.1*

Schwimmbäder
Bereichseinteilung .... **B** Bild 6.21 [S. 112]
Einstiegleitern .... **B** 6.1.6.2 [S. 113]
Handläufe .... **B** 6.1.6.2 [S. 113]
metallene Rohrsysteme .... **B** 6.1.6.2 [S. 113]
Metallteile der Gebäudekonstruktion .... **B** 6.1.6.2 [S. 113]
nichtisolierende Fußböden .... **B** 6.1.6.2 [S. 113]
Potentialsteuerung .... **B** 6.1.6.2 [S. 114]
Sprungbretter .... **B** 6.1.6.2 [S. 113]
Sprungtürme .... **B** 6.1.6.2 [S. 113]
zusätzlicher Potentialausgleich .... **B** 6.1.6.2 [S. 111], 6.1.6.2 [S. 113]

Seilerder
Erder .... ***N*** ***540*** *4.2.1*

Seitenzählungen
der DIN VDE 0100-410 (VDE 0100 Teil 410):1997-01 .... **B** 2 [S. 23]

Selektivität
der RCDs (TT-Systeme) .... **B** 6.1.4 [S. 83]
TN-Systeme .... **B** 8.1<413.1.3.8> [S. 155], ***N*** ***410*** *413.1.3.8*
TT-Systeme .... **B** 8.1<413.1.4.2> [S. 156], ***N*** ***410*** *413.1.4.2*

SELV
aktive Teile nicht mit aktiven Teilen anderer Stromkreise verbinden .... **B** 8.1<411.1.4.1> [S. 144], ***N*** ***410*** *411.1.4.1*
aktive Teile nicht mit Erde verbinden .... **B** 8.1<411.1.4.1> [S. 144], ***N*** ***410*** *411.1.4.1*
aktive Teile nicht mit Schutzleitern verbinden .... **B** 8.1<411.1.4.1> [S. 144], ***N*** ***410*** *411.1.4.1*
Anordnungen von Stromkreisen .... **B** 8.1<411.1.3> [S. 142], ***N*** ***410*** *411.1.3*
Batterien .... **B** 8.1<411.1.2.3> [S. 142], ***N*** ***410*** *411.1.2.3*
elektrochemische Stromquellen .... **B** 8.1<411.1.2.3> [S. 142], ***N*** ***410*** *411.1.2.3*
elektronische Einrichtungen als Stromquellen .... **B** 4.1.1 [S. 33], 8.1<411.1.2.5> [S. 142], ***N*** ***410*** *411.1.2.5*

elektronische Konverter .... **B** 4.1.1 [S. 33]
geerdete metallene Umhüllungen .... **B** 8.1<411.1.3.2> [S. 143], *N* ***410*** *411.1.3.2*
geerdete Metallschirme .... **B** 8.1<411.1.3.2> [S. 143], *N* ***410*** *411.1.3.2*
Generator, der von einer Verbrennungsmaschine angetrieben wird als Stromquelle .... **B** 8.1<411.1.2.4> [S. 142], *N* ***410*** *411.1.2.4*
Grundidee .... **B** 4.1.1 [S. 32]
Körper möglichst nicht mit fremdem leitfähigen Teilen verbinden .... **B** 8.1<411.1.4.2> [S. 144], *N* ***410*** *411.1.4.2*
Körper nicht mit Erde verbinden .... **B** 8.1<411.1.4.2> [S. 144], *N* ***410*** *411.1.4.2*
Körper nicht mit Körpern anderer Stromkreise verbinden .... **B** 8.1<411.1.4.2> [S. 144], *N* ***410*** *411.1.4.2*
Körper nicht mit Schutzleitern verbinden .... **B** 8.1<411.1.4.2> [S. 144], *N* ***410*** *411.1.4.2*
Körperstrom beim Doppelfehler .... **B** Bild 4.1 [S. 33]
Körperstrom beim Einzelfehler .... **B** Bild 4.1 [S. 33]
mehradrige Kabel, Leitungen oder Leiterbündel mit verschiedenen Spannungen .... **B** 8.1<411.1.3.2> [S. 143], *N* ***410*** *411.1.3.2*
Motorgeneratoren als Stromquelle .... **B** 8.1<411.1.2.2> [S. 142], *N* ***410*** *411.1.2.2*
oberschwingungsfreie Gleichspannung .... **B** 8.1<411.1.4.3> [S. 144], *N* ***410*** *411.1.4.3*
Prinzipdarstellung .... **B** Bild 4.1 [S. 33]
Scheitelwert bei Gleichspannung .... **B** 8.1<411.1.4.3> [S. 144], *N* ***410*** *411.1.4.3*
Schutz gegen direktes Berühren bei Nennspannungen nicht größer als AC 25 V oder DC 60 V .... **B** 8.1<411.1.4.3> [S. 144], *N* ***410*** *411.1.4.3*
Schutz gegen direktes Berühren bei Nennspannungen über AC 25 V oder DC 60 V .... **B** 8.1<411.1.4.3> [S. 144], *N* ***410*** *411.1.4.3*
Schutz gegen direktes Berühren nicht gefordert .... **B** 4.1.1 [S. 32]
Schutz gegen elektrischen Schlag .... **B** 8.1<411.1> [S. 141], 8.1<Anhang ZB> [S. 146], *N* ***410*** *411.1, Anhang ZB*
Schutz sowohl gegen direktes als auch bei indirektem Berühren .... **B** 4.1 [S. 31, 32]
sichere Trennung .... **B** 4.1.1 [S. 32], 8.1<411.1.3.1> [S. 142], 8.1<411.1.3.2> [S. 143], *N* ***410*** *411.1.3.1, 411.1.3.2*

Spannungsgrenzen .... **B** 4.1 [S. 32], 8.1<411.1.1> [S. 141], *N* ***410*** *411.1.1*
Steckdose .... **B** 8.1<411.1.3.3> [S. 143], *N* ***410*** *411.1.3.3*
Stecker .... **B** 8.1<411.1.3.3> [S. 143], *N* ***410*** *411.1.3.3*
Steckvorrichtungen ohne Schutzkontakt .... **B** 8.1<411.1.3.3> [S. 143], *N* ***410*** *411.1.3.3*
Stromkreise .... **B** 8.1<411.1.4> [S. 144], *N* ***410*** *411.1.4*
Stromquellen .... **B** 4.1.1 [S. 32], 8.1<411.1.2> [S. 141], *N* ***410*** *411.1.2*
Transformatoren mit sicherer Trennung .... **B** 8.1<411.1.2.1> [S. 141], *N* ***410*** *411.1.2.1*
Überblick .... **B** 4.1 [S. 32]
Unverwechselbarkeit des Steckvorrichtungssystems **B** 8.1<411.1.3.3> [S. 143], *N* ***410*** *411.1.3.3*
Ursprung .... **B** 4.1 [S. 32]
Vergleich zur bisherigen Schutzkleinspannung .... **B** 4.1.1 [S. 32]
zu PELV, sichere Trennung gefordert .... **B** 8.1<411.1.3.2> [S. 143], *N* ***410*** *411.1.3.2*
zu SELV, sichere Trennung nicht gefordert .... **B** 8.1<411.1.3.1> [S. 142], *N* ***410*** *411.1.3.1*
zulässige und unzulässige Ausführung .... **B** Bild 4.2 [S. 34]

sichere Trennung
Kleinspannungen .... **B** 8.1<Anhang ZB> [S. 146], *N* ***410*** *Anhang ZB*
PELV .... **B** 8.1<411.1.3.1> [S. 142], 8.1<411.1.3.2> [S. 143], *N* ***410*** *411.1.3.1, 411.1.3.2*
PELV- zu PELV-Stromkreise nicht gefordert .... *N* ***410*** *Nationales Vorwort*
PELV- zu SELV-Stromkreise gefordert .... **B** 8.1<411.1.3.2> [S. 143], *N* ***410*** *411.1.3.2*
Schutz durch Schutztrennung .... **B** 8.1<413.5.1.3> [S. 165], *N* ***410*** *413.5.1.3*
Schutztrennung .... **B** 6.5 [S. 130]
SELV .... **B** 4.1.1 [S. 32], 8.1<411.1.3.1> [S. 142], 8.1<411.1.3.2> [S. 143], *N* ***410*** *411.1.3.1, 411.1.3.2*
SELV- zu PELV-Stromkreise gefordert .... **B** 8.1<411.1.3.2> [S. 143], *N* ***410*** *411.1.3.2*
SELV- zu SELV-Stromkreise nicht gefordert .... **B** 8.1<411.1.3.1> [S. 142], *N* ***410*** *411.1.3.1*

Sicherheit
Begriff .... **B** 1 [S. 17]

sicherheitstechnische Festlegungen
Begriff .... **B** 1 [S. 17]

Sicherungen
Basisschutz .... **B** 8.1<412.2.1> [S. 147], ***N*** ***410*** *412.2.1*
Schutz gegen direktes Berühren .... **B** 8.1<412.2.1> [S. 147], ***N*** ***410*** *412.2.1*
Schutz gegen elektrischen Schlag unter normalen Bedingungen .... **B** 8.1<412.2.1> [S. 147], ***N*** ***410*** *412.2.1*
wechseln (Schutz gegen direktes Berühren) .... **B** 5.2 [S. 44]

Spannbeton
Erder .... ***N*** ***540*** *4.2.1*

Spannung
gegen Erde (Begriff) .... ***N*** ***200*** *A.4.5*

Spannungen
in mehradrigen Kabeln, Leitungen oder Leiterbündeln mit PELV .... **B** 8.1<411.1.3.2> [S. 143], ***N*** ***410*** *411.1.3.2*
in mehradrigen Kabeln, Leitungen oder Leiterbündeln mit SELV .... **B** 8.1<411.1.3.2> [S. 143], ***N*** ***410*** *411.1.3.2*
maximale Spannung beim Schutz durch Schutztrennung .... **B** 8.1<413.5.1.2> [S. 165], ***N*** ***410*** *413.5.1.2*

Spannungsbereiche
Gleichstrom .... **B** Tabelle 4.1 [S. 37], ***N*** ***410*** *Nationales Vorwort*
isolierte oder nicht wirksam geerdete Netze .... **B** Tabelle 4.1 [S. 37]
Maßnahmen beim gemeinsamen Verlegen von Kabeln und Leitungen unterschiedlicher Spannungsbereiche .... **B** 4.1.4 [S. 37]
Netze .... **B** Tabelle 4.1 [S. 37]
Schutztrennung .... **B** 6.5 [S. 127]
Wechselstrom .... **B** Tabelle 4.1 [S. 37], ***N*** ***410*** *Nationales Vorwort*

Spannungsbereich I
Beschreibung und Werte .... **B** Tabelle 4.1 [S. 37], ***N*** ***410*** *Nationales Vorwort*

Spannungsbereich II
Beschreibung und Werte .... **B** Tabelle 4.1 [S. 37],
N ***410*** *Nationales Vorwort*

Spannungsgrenzen
FELV .... **B** 4.1 [S. 32]
PELV .... **B** 4.1 [S. 32],
8.1<411.1.1> [S. 141],
N ***410*** *411.1.1*
SELV .... **B** 4.1 [S. 32],
8.1<411.1.1> [S. 141],
N ***410*** *411.1.1*

Spannungsverschleppung
bei Kurzschlüssen in TN-Systemen .... **B** Bild 6.5 [S. 72]

Spannungswaage
TN-Systeme .... **B** 6.1.3 [S. 69],
8.1<413.1.3.7> [S. 154],
N ***410*** *413.1.3.7*
TT-Systeme (nicht anwendbar) .... **B** 6.1.4 [S. 86]

Speisepunkt (Anfang) einer elektrischen Anlage
Begriff .... **B** 1 [S. 18]

spezifischer Erdwiderstand
Begriff .... *N* ***200*** *A.5.9*

Sprungbretter
Schwimmbäder .... **B** 6.1.6.2 [S. 113]

Sprungtürme
Schwimmbäder .... **B** 6.1.6.2 [S. 113]

SPS-Steuerungen
FELV .... **B** 4.1.3 [S. 35]

Spulen
Schutzleiter .... *N* ***540*** *5.3.4*

SRCDs
Bedeutung der Kurzform .... **B** Tabelle 5.1 [S. 54]

Staberder
Erder .... *N* ***540*** *4.2.1*

Stahlbetonmaste
Schutz bei indirektem Berühren entbehrlich .... **B** 8.2<471.2.2> [S. 171],
N ***470*** *471.2.2*

Starkstromanlagen
Begriff .... **B** 1 [S. 18],
N ***200*** *A.1.1*

Steckdosen
FELV .... **B** 8.2<471.3.4> [S. 173], *N* ***470*** *471.3.4*
in der äußeren Umhüllung von Betriebsmitteln der Schutzklasse II oder mit gleichwertiger Isolierung .... **B** 6.2 [S. 120]
PELV .... **B** 8.1<411.1.3.3> [S. 143], *N* ***410*** *411.1.3.3*
Schaltgerätekombinationen der Schutzklasse II .... *N* ***410*** *Nationales Vorwort zu 413.2*
Schutz bei direktem Berühren .... **B** 8.2<471.2.3 Anmerkung 3> [S. 172], *N* ***470*** *471.2.3 Anmerkung 3*
Schutz durch erdfreien örtlichen Potentialausgleich **B** 6.4 [S. 126]
Schutz durch nichtleitende Räume .... **B** 6.3 [S. 124]
Schutz durch Schutztrennung .... **B** 8.1<413.5.3.2> [S. 166], *N* ***410*** *413.5.3.2*
Schutz gegen direktes Berühren .... **B** 5.1 [S. 44]
Schutztrennung .... **B** 6.5 [S. 132]
SELV .... **B** 8.1<411.1.3.3> [S. 143], *N* ***410*** *411.1.3.3*
zur gelegentlichen Versorgung von tragbaren Betriebsmitteln für den Gebrauch im Freien ...... **B** 8.2<471.2.3> [S. 171], *N* ***470*** *471.2.3*

Steckdosen im Freien
Schutz mit RCDs .... **B** 8.2<471.2.3> [S. 171], *N* ***470*** *471.2.3*

Stecker
FELV .... **B** 8.2<471.3.4> [S. 173], *N* ***470*** *471.3.4*
PELV .... **B** 8.1<411.1.3.3> [S. 143], *N* ***410*** *411.1.3.3*
SELV .... **B** 8.1<411.1.3.3> [S. 143], *N* ***410*** *411.1.3.3*

Steckvorrichtungen ohne Schutzkontakt
PELV .... **B** 8.1<411.1.3.3> [S. 143], *N* ***410*** *411.1.3.3*
SELV .... **B** 8.1<411.1.3.3> [S. 143], *N* ***410*** *411.1.3.3*

Steckvorrichtungssysteme
Unverwechselbarkeit bei PELV .... **B** 8.1<411.1.3.3> [S. 143], *N* ***410*** *411.1.3.3*
Unverwechselbarkeit bei SELV .... **B** 8.1<411.1.3.3> [S. 143], *N* ***410*** *411.1.3.3*

Stegleitungen
Schutz bei indirektem Berühren .... **B** 6.2 [S. 120]
Schutz gegen direktes Berühren .... **B** 5.1 [S. 44]

Sternpunkt
IT-Systeme .... **B** 8.1<413.1.5.1> [S. 156], ***N*** ***410*** *413.1.5.1*
TN-Systeme .... **B** 8.1<413.1.3.1> [S. 152], ***N*** ***410*** *413.1.3.1*
TT-Systeme .... **B** 8.1<413.1.4.1> [S. 155], ***N*** ***410*** *413.1.4.1*

Steuererder
Begriff .... **B** 1 [S. 18], ***N*** ***200*** *A.5.6*

Steuergeräte
Begriff .... **B** 1 [S. 15], ***N*** ***200*** *2.7.3*

Stichwortverzeichnis
Hinweise zur Benutzung .... **B** 10.1 [S. 189]

Stromkreise
Anordnung bei PELV .... **B** 8.1<411.1.3> [S. 142], ***N*** ***410*** *411.1.3*
Anordnung bei SELV .... **B** 8.1<411.1.3> [S. 142], ***N*** ***410*** *411.1.3*
Begriff .... ***N*** ***200*** *A.1.5*
elektrischer Stromkreis (Begriff) .... ***N*** ***200*** *2.5, 2.5.1*
PELV .... **B** 8.1<411.1.5> [S. 144], ***N*** ***410*** *411.1.5*
Schutz durch Schutztrennung .... **B** 8.1<413.5.1.1> [S. 164], 8.1<413.5.1.5> [S. 165], ***N*** ***410*** *413.5.1.1, 413.5.1.5*
Schutztrennung .... **B** 6.5 [S. 128]
SELV .... **B** 8.1<411.1.4> [S. 144], ***N*** ***410*** *411.1.4*

Stromquellen
PELV .... **B** 8.1<411.1.2> [S. 141], ***N*** ***410*** *411.1.2*
Schutz durch Schutztrennung .... **B** 8.1<413.5.1.1> [S. 164], ***N*** ***410*** *413.5.1.1*
Schutztrennung .... **B** 6.5 [S. 129], Bild 6.25 [S. 128]
SELV .... **B** 4.1.1 [S. 32], 8.1<411.1.2> [S. 141], ***N*** ***410*** *411.1.2*

Symbole
Schutz durch Verwendung von Betriebsmitteln der Schutzklasse II oder durch gleichwertige Isolierung **B** 6.2 [S. 115], 8.1<413.2.1.1> [S. 160], ***N*** ***410*** *413.2.1.1*

Systeme nach Art der Erdverbindung
Bedeutung der Buchstaben .... ***N*** ***300*** *312.2*
IT-Systeme .... ***N*** ***300*** *312.2.3*
Schutz bei indirektem Berühren .... **B** Klappkarte, ***N*** ***410*** *Tabelle N.1*
Schutzeinrichtungen .... **B** Klappkarte, ***N*** ***410*** *Tabelle N.1*
TN-C-S-Systeme .... ***N*** ***300*** *312.2.1*
TN-C-Systeme .... ***N*** ***300*** *312.2.1*
TN-S-Systeme .... ***N*** ***300*** *312.2.1*
TN-Systeme .... ***N*** ***300*** *312.2.1*
TT-Systeme .... ***N*** ***300*** *312.2.2*

T

Teil, fremdes leitfähiges
Begriff .... **B** 1 [S. 11], ***N*** ***200*** *2.3.3*

Teile, gleichzeitig berührbare
Begriff .... **B** 1 [S. 12], ***N*** ***200*** *2.3.10*

TN-C-S-Systeme
Erklärung .... ***N*** ***300*** *312.2.1*
Systeme nach Art der Erdverbindungen .... ***N*** ***300*** *312.2.1*

TN-C-Systeme
Erklärung .... ***N*** ***300*** *312.2.1*
Systeme nach Art der Erdverbindungen .... ***N*** ***300*** *312.2.1*

TN-S-Systeme
Erklärung .... ***N*** ***300*** *312.2.1*
Systeme nach Art der Erdverbindungen .... ***N*** ***300*** *312.2.1*

TN-Systeme
Abschaltbedingungen .... **B** 8.1<413.1.3.3> [S. 153], ***N*** ***410*** *413.1.3.3*
Abschaltbedingungen durch Überstrom-Schutzeinrichtungen nicht zu erfüllen .... **B** 8.1<413.1.3.6> [S. 154], ***N*** ***410*** *413.1.3.6*
Abschaltströme und -zeiten und maximale Schleifenimpedanzen bei 400/230 V .... **B** Tabelle 6.2a [S. 76]

Abschaltströme und -zeiten und maximale Schleifenimpedanzen bei 690/400 V und Spannungen darüber ..... **B** Tabelle 6.2b [S. 77]
Abschaltzeit bis zu 5 s bei Endstromkreisen oder Verteilungsstromkreisen ..... **B** 8.1<413.1.3.5> [S. 154], *N* ***410*** *413.1.3.5*
Abschaltzeiten ..... **B** 6.1.3 [S. 72], 8.1<Tabelle 41A> [S. 153], Bild 6.6 [S. 75], Tabelle 6.1 [S. 73], *N* ***410*** *Tabelle 41A*
Abschaltzeiten (früher) ..... **B** Bild 6.1 [S. 62]
Abschaltzeiten bei öffentlichen Verteilungsnetzen ..... **B** 8.1<NB.1> [S. 167], *N* ***410*** *NB.1*
Anlagen außerhalb von Gebäuden ..... **B** 6.1.3 [S. 74]
Ausdehnung des Hauptpotentialausgleichs auf Anlagenteile außerhalb des Gebäudes ..... **B** 6.1.3 [S. 79], Bild 6.7b [S. 81], Bild 6.7c [S. 82]
Außenleiter erden ..... **B** 8.1<413.1.3.1> [S. 152], *N* ***410*** *413.1.3.1*
Außenleiter nicht als PEN-Leiter ..... **B** 8.1<413.1.3.1> [S. 152], *N* ***410*** *413.1.3.1*
Bahnanlagen ..... **B** 6.1.3 [S. 70]
Endstromkreise ..... **B** 8.1<413.1.3.4> [S. 154], *N* ***410*** *413.1.3.4*
Erdung ..... **B** 6.1.3 [S. 69], 8.1<413.1.3.1> [S. 152], *N* ***410*** *413.1.3.1*
Erklärung ..... *N* ***300*** *312.2.1*
Fehler zwischen Außenleiter und Erde kann entstehen ..... **B** 8.1<413.1.3.7> [S. 154], *N* ***410*** *413.1.3.7*
Freileitungen ..... **B** 8.1<413.1.3.7> [S. 154], *N* ***410*** *413.1.3.7*
große Gebäude ..... **B** 8.1<413.1.3.1> [S. 152], *N* ***410*** *413.1.3.1*
Grundprinzip des Schutzes durch automatische Abschaltung der Stromversorgung ..... **B** 6.1.3 [S. 68]
Hauptpotentialausgleich ..... **B** Bild 6.2b [S. 65]
Hochhäuser ..... **B** 8.1<413.1.3.1> [S. 152], *N* ***410*** *413.1.3.1*
Kennwerte der Schutzeinrichtungen ..... **B** 8.1<413.1.3.3> [S. 153], *N* ***410*** *413.1.3.3*
Körper ..... **B** 8.1<413.1.3.1> [S. 152], *N* ***410*** *413.1.3.1*

mögliche Spannungsverschleppung bei Kurzschlüssen .... **B** Bild 6.5 [S. 72]

öffentliche Verteilungsnetze .... **B** 8.1<NB.1> [S. 167], *N* ***410*** *NB.1*

PEN-Leiter .... **B** 8.1<413.1.3.2> [S. 153], *N* ***410*** *413.1.3.2*

primärseitig für FELV .... **B** Bild 4.4 [S. 38]

RCDs .... **B** 6.1.3 [S. 70], 6.1.3 [S. 74], 6.1.3 [S. 79], 8.1<413.1.3.6> [S. 154], 8.1<413.1.3.8> [S. 155], Bild 6.3 [S. 69], *N* ***410*** *413.1.3.6, 413.1.3.8*

RCDs dürfen in TN-C-Systemen nicht angewendet werden .... **B** 8.1<413.1.3.8> [S. 155], *N* ***410*** *413.1.3.8*

RCDs in TN-C-S-Systemen .... **B** 8.1<413.1.3.8> [S. 155], *N* ***410*** *413.1.3.8*

Schleifenimpedanzen .... **B** 6.1.3 [S. 70], 8.1<413.1.3.3> [S. 153], Bild 6.4 [S. 71], *N* ***410*** *413.1.3.3*

Schutz bei indirektem Berühren .... **B** 6.1.3 [S. 68]

Schutz der Anlage außerhalb des Einflußbereiches des Hauptpotentialausgleichs .... **B** 6.1.3 [S. 74]

Schutz durch automatische Abschaltung der Stromversorgung .... **B** 8.1<413.1.3> [S. 152], *N* ***410*** *413.1.3*

Schutz gegen elektrischen Schlag .... **B** 8.1<413.1.3> [S. 152], *N* ***410*** *413.1.3*

Schutz mit RCDs außerhalb des Einflußbereichs des Hauptpotentialausgleichs .... **B** 8.1<413.1.3.9> [S. 155], *N* ***410*** *413.1.3.9*

Schutzeinrichtungen .... **B** 8.1<413.1.3.8> [S. 155], *N* ***410*** *413.1.3.8*

schutzisolierte Hauptstromversorgungssysteme .... **B** 8.1<NB.1> [S. 167], *N* ***410*** *NB.1*

Schutzleiter .... **B** 8.1<413.1.3.1> [S. 152], *N* ***410*** *413.1.3.1*

Schutzleiter an der Eintrittsstelle in Gebäude erden **B** 8.1<413.1.3.1> [S. 152], *N* ***410*** *413.1.3.1*

Selektivität .... **B** 8.1<413.1.3.8> [S. 155], *N* ***410*** *413.1.3.8*

Spannungswaage .... **B** 6.1.3 [S. 69], 8.1<413.1.3.7> [S. 154], *N* ***410*** *413.1.3.7*

Sternpunkt .... **B** 8.1<413.1.3.1> [S. 152],
N ***410*** *413.1.3.1*

Systeme nach Art der Erdverbindungen .... *N* ***300*** *312.2.1*

TT-Abzweig außerhalb des Gebäudes .... **B** 6.1.3 [S. 78],
Bild 6.7a [S. 80]

Überstrom-Schutzeinrichtungen .... **B** 8.1<413.1.3.8> [S. 155],
Bild 6.3 [S. 69],
N ***410*** *413.1.3.8*

Verteilungsstromkreise .... **B** 8.1<413.1.3.5> [S. 154],
N ***410*** *413.1.3.5*

zeitverzögerte RCDs .... **B** 8.1<413.1.3.8> [S. 155],
N ***410*** *413.1.3.8*

zusätzlicher Potentialausgleich .... **B** 8.1<413.1.3.6> [S. 154],
N ***410*** *413.1.3.6*

zusätzlicher Potentialausgleich als Ersatz für nichterfüllbare Abschaltbedingungen .... **B** 6.1.6.1 [S. 105]

Totalisolierung

Schutz durch Verwendung von Betriebsmitteln der Schutzklasse II oder durch gleichwertige Isolierung .... **B** 6.2 [S. 116],
8.1<413.2.1.1> [S. 160],
N ***410*** *413.2.1.1*

Transformatoren

mit sicherer Trennung für PELV .... **B** 8.1<411.1.2.1> [S. 141],
N ***410*** *411.1.2.1*

mit sicherer Trennung für SELV .... **B** 8.1<411.1.2.1> [S. 141],
N ***410*** *411.1.2.1*

Schutzmaßnahmen gegen thermische Einflüsse .... **B** 8.2<NB.2> [S. 174],
N ***470*** *NB.2*

Trennen

Begriff .... **B** 1 [S. 18],
N ***200*** *2.8.1*

Trenntransformatoren

Schutztrennung .... **B** 6.5 [S. 133]

Trennung

zwischen Primär- und Sekundärseite bei FELV .... **B** 4.1.3 [S. 36]

Trennvorrichtung

Erdungsleiter .... *N* ***540*** *4.4.2*

trockene Räume

Begriff .... *N* ***200*** *A.6.3*

TT-Abzweig

für außerhalb des Gebäudes mit TN-System .... **B** 6.1.3 [S. 78],
Bild 6.7a [S. 80]

TT-Systeme
Abschaltbedingungen nicht zu erfüllen .... **B** 8.1<413.1.4.3> [S. 156],
N ***410*** *413.1.4.3*
Abschaltzeiten .... **B** 8.1<413.1.4.2> [S. 156],
N ***410*** *413.1.4.2*
Anlagenerder R_A .... **B** 6.1.4 [S. 83]
Außenleiter erden .... **B** 8.1<413.1.4.1> [S. 155],
N ***410*** *413.1.4.1*
Erder .... **B** 8.1<413.1.4.1> [S. 155],
N ***410*** *413.1.4.1*
Erklärung .... *N* ***300*** *312.2.2*
Fehlerspannungs-Schutzeinrichtungen .... **B** 6.1.4 [S. 86],
8.1<413.1.4.4> [S. 156],
N ***410*** *413.1.4.4*
Hauptpotentialausgleich .... **B** Bild 6.2c [S. 66]
Körper .... **B** 8.1<413.1.4.1> [S. 155],
N ***410*** *413.1.4.1*
primärseitig für FELV .... **B** Bild 4.5 [S. 39]
RCDs .... **B** 6.1.4 [S. 85],
8.1<413.1.4.4> [S. 156],
N ***410*** *413.1.4.4*
RCDs, Ermitteln von R_A bei gemeinsamem
Erder .... **B** Bild 6.8a [S. 85],
Bild 6.8b [S. 86]
Schutz bei indirektem Berühren .... **B** 6.1.4 [S. 83]
Schutz durch automatische Abschaltung der
Stromversorgung .... **B** 8.1<413.1.4> [S. 155],
N ***410*** *413.1.4*
Schutz gegen elektrischen Schlag .... **B** 8.1<413.1.4> [S. 155],
N ***410*** *413.1.4*
Schutzeinrichtungen .... **B** 8.1<413.1.4.4> [S. 156],
Bild 6.8 [S. 84],
N ***410*** *413.1.4.4*
Schutzleiter .... **B** 8.1<413.1.4.1> [S. 155],
N ***410*** *413.1.4.1*
Selektivität .... **B** 8.1<413.1.4.2> [S. 156],
N ***410*** *413.1.4.2*
Selektivität der RCDs .... **B** 6.1.4 [S. 83]
Spannungswaage nicht anwendbar .... **B** 6.1.4 [S. 86]
Sternpunkt .... **B** 8.1<413.1.4.1> [S. 155],
N ***410*** *413.1.4.1*
Systeme nach Art der Erdverbindungen .... *N* ***300*** *312.2.2*
Überstrom-Schutzeinrichtungen .... **B** 6.1.4 [S. 83],
8.1<413.1.4.2> [S. 156],
8.1<413.1.4.4> [S. 156],
N ***410*** *413.1.4.2, 413.1.4.4*
Überstrom-Schutzeinrichtungen im Neutralleiter .... **B** 6.1.4 [S. 85]

zeitverzögerte RCDs .... **B** 8.1<413.1.4.2> [S. 156],
N ***410*** *413.1.4.2*
zusätzlicher Potentialausgleich .... **B** 8.1<413.1.4.3> [S. 156],
N ***410*** *413.1.4.3*
zusätzlicher Potentialausgleich als Ersatz für nichterfüllbare Abschaltbedingungen .... **B** 6.1.6.1 [S. 105]

Türen
Schutz durch Verwendung von Betriebsmitteln der Schutzklasse II oder durch gleichwertige Isolierung .... **B** 6.2 [S. 118],
8.1<413.2.6> [S. 161],
N ***410*** *413.2.6*

U

Überbrücken
Wasserzähler .... *N* ***540*** *9.1.3*

Übergangsfrist
der DIN VDE 0100-410 (VDE 0100 Teil 410):1997-01 .... **B** 2 [S. 21]

Überspannungen
IT-Systeme .... **B** 8.1<413.1.5.2> [S. 157],
N ***410*** *413.1.5.2*

Überstrom-Schutzeinrichtungen
bei RCDs vor mehreren Verbrauchsmitteln (IT-Systeme) .... **B** 6.1.5 [S. 88]
im Neutralleiter (TT-Systeme) .... **B** 6.1.4 [S. 85]
IT-Systeme .... **B** 8.1<413.1.5.8> [S. 159],
N ***410*** *413.1.5.8*
Schutzleiter .... *N* ***540*** *6.1*
TN-Systeme .... **B** 8.1<413.1.3.8> [S. 155],
Bild 6.3 [S. 69],
N ***410*** *413.1.3.8*
TT-Systeme .... **B** 6.1.4 [S. 83],
8.1<413.1.4.2> [S. 156],
8.1<413.1.4.4> [S. 156],
N ***410*** *413.1.4.2, 413.1.4.4*

Überwachungseinrichtungen
IT-Systeme .... **B** 6.1.5 [S. 104],
8.1<413.1.5.8> [S. 159],
N ***410*** *413.1.5.8*

U_L (vereinbarte Grenze der Berührungsspannung)
Begriff .... **B** 1 [S. 19], *N* ***200*** *2.2.4*

Umhüllungen
als Schutzleiter .... *N* ***540*** *5.2.3*
Anstriche .... **B** 6.2 [S. 118]
Begriff .... **B** 1 [S. 18], *N* ***200*** *2.3.12*
die ganz oder teilweise abgenommen werden müssen, Basisschutz .... **B** 8.1<412.2.4> [S. 148], *N* ***410*** *412.2.4*
die geöffnet werden müssen, Basisschutz .... **B** 8.1<412.2.4> [S. 148], *N* ***410*** *412.2.4*
Farbe .... **B** 6.2 [S. 118]
Festigkeit .... **B** 8.1<412.2.3> [S. 148], *N* ***410*** *412.2.3*
Haltbarkeit .... **B** 8.1<412.2.3> [S. 148], *N* ***410*** *412.2.3*
Schutz durch Verwendung von Betriebsmitteln der Schutzklasse II oder durch gleichwertige Isolierung .... **B** 8.1<413.2.8> [S. 162], *N* ***410*** *413.2.8*
von Fernmeldekabeln und -leitungen (Hauptpotentialausgleich) .... **B** 6.1.2 [S. 63]
von Kabeln als Schutzleiter .... *N* ***540*** *5.2.3*

unbeeinflußter, vollkommener Kurzschlußstrom
Begriff .... **B** 1 [S. 19]

unterirdische Konstruktionsteile
Erder .... *N* ***540*** *4.2.1*

Unterputz-Verteiler
Schutz bei indirektem Berühren .... **B** 6.2 [S. 120]

Unterteile von Freileitungsisolatoren
Schutz bei indirektem Berühren entbehrlich .... **B** 8.2<471.2.2> [S. 171], *N* ***470*** *471.2.2*

Untertitel
der DIN VDE 0100-410 (VDE 0100 Teil 410):1997-01 .... **B** 2 [S. 21]

V

Verbindungen
durchgehend elektrische Verbindung bei Schutzleitern .... *N* ***540*** *5.3*

Verbindungsdosen
Schutz gegen direktes Berühren .... **B** 5.1 [S. 44]

Verbraucheranlage
Begriff .... **B** 1 [S. 19],
N ***200*** *A.1.4*

Verbrauchsmittel
elektrische Verbrauchsmittel (Begriff) .... **B** 1 [S. 9],
N ***200*** *2.7.2*
Schutz durch Schutztrennung mit einem
Verbrauchsmittel .... **B** 8.1<413.5.2> [S. 165],
N ***410*** *413.5.2*
Schutz durch Schutztrennung mit mehreren
Verbrauchsmitteln .... **B** 8.1<413.5.3> [S. 165],
N ***410*** *413.5.3*
Schutztrennung .... **B** 6.5 [S. 127], 6.5 [S. 132],
Bild 6.25 [S. 128]

Verbrauchsmittel, elektrische
Begriff .... **B** 1 [S. 9]

vereinbarte Grenze der Berührungsspannung
Begriff .... **B** 1 [S. 19],
N ***200*** *2.2.4*

vereinbarte Grenzen
Berührungsspannung U_L .... **B** 8.1<413.1.1.1
Anmerkung 6> [S. 151],
N ***410*** *413.1.1.1*
Anmerkung 6

vereinbarter Ansprechstrom
Begriff .... **B** 1 [S. 19],
N ***200*** *2.5.9*

Verlegen von Kabeln und Leitungen
unterschiedlicher Spannungsbereiche .... **B** 4.1.4 [S. 37]

Verlegetiefe
Erder .... *N* ***540*** *4.2.2*

verstärkte Isolierung
Schutz durch Verwendung von Betriebsmitteln
der Schutzklasse II oder durch gleichwertige
Isolierung .... **B** 6.2 [S. 115]

Verteilungsnetz
Begriff .... **B** 1 [S. 19],
N ***200*** *A.1.2*

Verteilungsstromkreise
Begriff .... *N* ***200*** *2.5.2*
TN-Systeme .... **B** 8.1<413.1.3.5> [S. 154], *N* ***410*** *413.1.3.5*

Verteilungssysteme
Arten .... *N* ***300*** *312*

Vollisolierung
Schutz durch Verwendung von Betriebsmitteln der Schutzklasse II oder durch gleichwertige Isolierung .... **B** 6.2 [S. 116]

vollkommener Körper-, Kurz- oder Erdschluß
Begriff .... *N* ***200*** *A.7.8*

W

Wände
Schutz durch nichtleitende Räume .... **B** 6.3 [S. 123]

Wartungsgänge
Begriff .... *N* ***200*** *A.1.10*

Wasserrohre
als Schutzleiter .... *N* ***540*** *5.2.4*

Wasserrohre aus Metall
Schutz durch nichtleitende Räume .... **B** 8.1<413.3.5> [S. 163], *N* ***410*** *413.3.5*

Wasserrohrnetz
Begriff .... *N* ***540*** *Erläuterung zu 5.2.2*
Erder .... *N* ***540*** *4.2.1, 4.2.5*

Wasserverbrauchsleitungen
Begriff .... *N* ***540*** *Erläuterung zu 5.2.2*

Wasserzähler
Überbrückung .... *N* ***540*** *9.1.3*

Wechselspannung
Anwendungsbereich bei Schutz durch automatische Abschaltung der Stromversorgung .... **B** 6.1.1 [S. 61]

Wechselstrom
Spannungsbereiche .... **B** Tabelle 4.1 [S. 37], *N* ***410*** *Nationales Vorwort*

Werkstoff
Erder .... *N* ***540*** *4.2.3*

Widerstand
zwischen gleichzeitig berührbaren Körpern und fremden leitfähigen Teilen (zusätzlicher Potentialausgleich) .... **B** 8.1<413.1.6.2> [S. 159], ***N*** ***410*** *413.1.6.2*

Wirksamkeit
zusätzlicher Potentialausgleich .... **B** 8.1<413.1.6.2> [S. 159], ***N*** ***410*** *413.1.6.2*

Z

Zählerplätze
Schutzart .... **B** 5.2 [S. 45]

Zentralheizungsanlagen
Hauptpotentialausgleich .... **B** 8.1<413.1.2.1> [S. 151], ***N*** ***410*** *413.1.2.1*

zu erwartende Berührungsspannung
Begriff .... **B** 1 [S. 19], ***N*** ***200*** *2.2.3*

Zugänglichkeit
Schutzleiterverbindungen .... ***N*** ***540*** *5.3.2*

zusätzliche Isolierung
Schutz durch Verwendung von Betriebsmitteln der Schutzklasse II oder durch gleichwertige Isolierung .... **B** 6.2 [S. 115], 8.1<413.2.1.3> [S. 160], ***N*** ***410*** *413.2.1.3*

zusätzliche Metallumhüllung
Schutz durch Verwendung von Betriebsmitteln der Schutzklasse II oder durch gleichwertige Isolierung .... **B** 6.2 [S. 120]

zusätzlicher örtlicher Potentialausgleich
→ siehe zusätzlicher Potentialausgleich .... **B** Fußnote 3 [S. 103]

zusätzlicher Potentialausgleich
als Ersatz für nichterfüllbare Abschaltbedingungen **B** 6.1.6.1 [S. 105]
Arten .... **B** 6.1.6 [S. 105]
Badewannen .... **B** Bild 6.20 [S. 109]
Bedingungen für das automatische Abschalten nicht erfüllt .... **B** 8.1<413.1.2.2> [S. 152], ***N*** ***410*** *413.1.2.2*
Betonböden mit Baustahlmatten .... **B** 6.1.6.2 [S. 114]
bewehrter Beton .... **B** 6.1.6.1 [S. 106]

Dimensionierung .... **B** 6.1.6.1 [S. 105], 6.1.6.2 [S. 108], Bild 6.20 [S. 109]

Duschwannen .... **B** Bild 6.20 [S. 109]

Ersatz für nichterfüllbare Abschaltbedingungen .... **B** 6.1.6.1 [S. 105], Bild 6.19 [S. 107]

fremde leitfähige Teile .... **B** 6.1.6.1 [S. 106], 6.1.6.2 [S. 108], 6.1.6.2 [S. 113]

Fußboden aus nichtisolierendem Material .... **B** 6.1.6.1 [S. 106]

gleichzeitig berührbare fremde leitfähige Teile .... **B** 8.1<413.1.6.1> [S. 159], *N* ***410*** *413.1.6.1*

gleichzeitig berührbare Körper .... **B** 8.1<413.1.6.1> [S. 159], *N* ***410*** *413.1.6.1*

in Anlagen mit erhöhtem Risiko .... **B** 6.1.6.2 [S. 108]

IT-Systeme .... **B** 6.1.5 [S. 103], 8.1<413.1.5.7> [S. 159], *N* ***410*** *413.1.5.7*

Körper .... **B** 6.1.6.1 [S. 106]

Messen des zulässigen Widerstandwertes .... **B** 6.1.6.1 [S. 106], 6.1.6.2 [S. 110]

Meßverfahren .... **B** 6.1.6.1 [S. 108], 6.1.6.2 [S. 114]

metallene Verstärkungen von Gebäudekonstruktionen .... **B** 6.1.6.1 [S. 106], 8.1<413.1.6.1> [S. 159], *N* ***410*** *413.1.6.1*

Mindestquerschnitt .... **B** Bild 6.20 [S. 109], *N* ***540*** *9.1.2*

Mutterboden .... **B** 6.1.6.2 [S. 114]

nur in einem Teil der Anlage oder einem Bereich .... **B** 6.1.2 [S. 68]

Plattenbeläge .... **B** 6.1.6.2 [S. 114]

Potentialsteuerung .... **B** 6.1.6.2 [S. 114]

Rasenflächen .... **B** 6.1.6.2 [S. 114]

Räume mit Badewanne oder Dusche ohne elektrische Anlage .... **B** 6.1.6.2 [S. 111]

Schutz bei indirektem Berühren .... **B** 6.1.6 [S. 105]

Schutz durch automatische Abschaltung der Stromversorgung .... **B** 8.1<413.1.2.2> [S. 152], 8.1<413.1.6> [S. 159], *N* ***410*** *413.1.2.2, 413.1.6*

Schutz gegen elektrischen Schlag .... **B** 8.1<413.1.6> [S. 159], *N* ***410*** *413.1.6*

Schutzleiter .... **B** 6.1.6.1 [S. 106], 6.1.6.2 [S. 108], 8.1<413.1.6.1> [S. 159], *N* ***410*** *413.1.6.1*

Schwimmbäder .... **B** 6.1.6.2 [S. 111], 6.1.6.2 [S. 113]
TN-Systeme .... **B** 8.1<413.1.3.6> [S. 154], *N* ***410*** *413.1.3.6*
TT-Systeme .... **B** 8.1<413.1.4.3> [S. 156], *N* ***410*** *413.1.4.3*
Widerstand zwischen gleichzeitig berührbaren Körpern und fremden leitfähigen Teilen .... **B** 8.1<413.1.6.2> [S. 159], *N* ***410*** *413.1.6.2*
Wirksamkeit .... **B** 8.1<413.1.6.2> [S. 159], *N* ***410*** *413.1.6.2*

zusätzlicher Schutz
Bemessungsdifferenzstrom .... **B** 8.1<412.5.1> [S. 149], *N* ***410*** *412.5.1*
durch RCDs .... **B** 8.1<412.5> [S. 149], *N* ***410*** *412.5*
durch RCDs (Schutz bei direktem Berühren) .... **B** 5.5 [S. 51]

Zusatzschutz
→ siehe zusätzlicher Schutz

Zuverlässigkeit
Erdungsanlage .... *N* ***540*** *4.2.5*

Zwischenabdeckungen
Basisschutz .... **B** 8.1<412.2.4> [S. 148], *N* ***410*** *412.2.4*
Schutz durch Verwendung von Betriebsmitteln der Schutzklasse II oder durch gleichwertige Isolierung .... **B** 6.2 [S. 120]
Schutz gegen direktes Berühren .... **B** 8.1<412.2.4> [S. 148], *N* ***410*** *412.2.4*
Schutz gegen elektrischen Schlag unter normalen Bedingungen .... **B** 8.1<412.2.4> [S. 148], *N* ***410*** *412.2.4*